基于智能化工程的建筑能效管理策略研究

—— 姜旭东　石增孟　岳　兵◎主编 ——

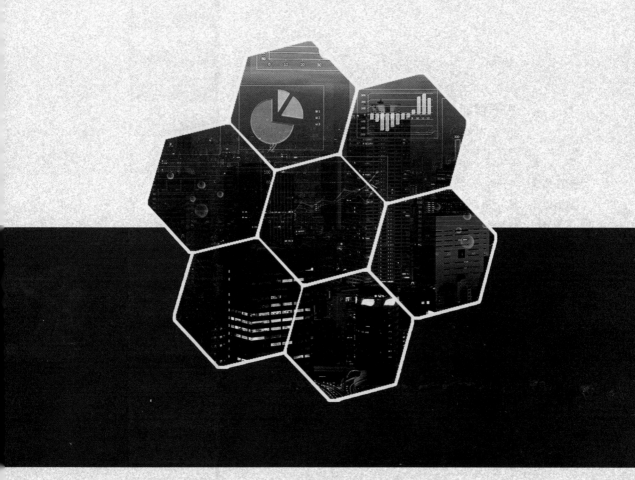

哈尔滨出版社
HARBIN PUBLISHING HOUSE

图书在版编目（CIP）数据

基于智能化工程的建筑能效管理策略研究 / 姜旭东，
石增孟，岳兵主编． — 哈尔滨：哈尔滨出版社，2022.12
ISBN 978-7-5484-6652-9

Ⅰ．①基… Ⅱ．①姜… ②石… ③岳… Ⅲ．①智能化
建筑－节能－研究 Ⅳ．①TU111.4

中国版本图书馆 CIP 数据核字（2022）第 151988 号

书　　名：**基于智能化工程的建筑能效管理策略研究**
JIYU ZHINENGHUA GONGCHENG DE JIANZHU NENGXIAO GUANLI CELUE YANJIU

作　　者：姜旭东　石增孟　岳　兵　主编

责任编辑：韩伟锋

封面设计：张　华

出版发行：哈尔滨出版社（Harbin Publishing House）

社　　址：哈尔滨市香坊区泰山路 82-9 号　邮编：150090

经　　销：全国新华书店

印　　刷：廊坊市广阳区九洲印刷厂

网　　址：www.hrbcbs.com

E - mail：hrbcbs@yeah.net

编辑版权热线：（0451）87900271　87900272

开　　本：787mm×1092mm　1/16　印张：12.75　字数：280 千字

版　　次：2023 年 1 月第 1 版

印　　次：2023 年 1 月第 1 次印刷

书　　号：ISBN 978-7-5484-6652-9

定　　价：68.00 元

凡购本社图书发现印装错误，请与本社印刷部联系调换。

服务热线：（0451）87900279

前　言

随着全球人口的不断上升以及人均能源消费的不断增加，建筑能效管理的重要性也日益突出。当前，在发达国家，建筑能源系统正面临着越来越大的维护和升级成本，以跟上建筑能源需求和基础设施老化的步伐；而在发展中国家，能源系统必须竞相跟上爆炸式增长的能源需求。这些因素将推动各国不断改善建筑节能措施、完善建筑能效管理系统，以提高能源使用效率和弹性。在世界范围内，很多国家和地区早已认识到信息技术对节能、绿色、环保的重要性并大规模应用部署，将节能技术应用于能源的生产、储运、应用、再生等各个环节，可以实现能源网络的互联互通，通过融合新一代信息技术，优化能源的可监、可控、可管。信息技术与能源的应用与管理深度融合，可实现信息与能源的双向流动，达到建筑能效管理的规模化、体系化。

目前，基于智能化工程的建筑能效管理策略研究及应用尚未形成完整的系统，利用智能化技术与方法全面解决建筑能效管理及建筑节能仍是一个需要深入研究和探索的课题。

本书旨在探究新时期智能化背景下建筑节能具体措施。本书共分为九章，分别介绍了智能化节能控制手段、照明节能手段、节能标准、节能技术及路线、节能施工方案、节能所产生的环境效益与节能建筑管理。本书对智能化工程的研究希望能起到抛砖引玉之用，以期促进全社会对应用智能化技术、措施实现建筑能效管理及建筑节能方法的重视，和广泛、深入及系统的研究。

目　录

第一章　智能化节能控制

智能化技术是对计算机、精密传感和 GPS 定位等技术进行综合应用，在当前新环境下应用越来越多，也是建筑行业今后发展的主要趋势，我们应对其加以重视。

第一节　一般要求

1. 一般要求

应根据既有建筑的节能与智能化系统应用现状诊断、节能改造目标及设计要求等，依据现行国家与行业相关标准，采用合理的智能化技术提高既有建筑节能效果；既有建筑节能改造前应进行节能与智能化系统应用现状诊断，制订合理、经济、可行的智能化技术方案，并设计施工图；既有建筑节能改造智能化设计不应降低建筑使用功能，应确保整体建筑安全及高效运营；宜建立智能化系统，实现对建筑用能、建筑设备的智能化管理；智能化系统应具有远程升级和远程维护功能，其信息的采集和通信方式以适宜既有建筑的现状为宜；采用的智能化技术与方案应先进可靠，具有可操作性、可维护性和扩展性，确保工程可实施；工程所用材料、设备和系统应符合设计与相关标准要求，严禁使用国家和地方明令禁止使用与淘汰的材料和设备，并应贯彻绿色建筑理念。

2. 一般规定

（1）应对建筑的供暖通风与空气调节、照明、电梯、供配电、给水排水、可再生能源应用、建筑能耗监测与用能管理等进行节能与智能化的现状进行诊断，通过现场勘查、测试、计算、分析等，掌握和判断既有建筑的能耗与智能化状况。

（2）应收集下列资料作为诊断分析的基础文件：

1）建筑设计施工图、竣工图和技术文件。

2）建筑的历年装修改造、房屋修缮及设备改造记录。

3）相关设备技术参数和近 1—3 年的运行记录。

4）至少一个运行周期的室内温湿度状况。

5）近 1—3 年燃气、燃油、电、水、蒸汽等能源消费账单。

（3）应对建筑围护结构的热工性能、主要用能系统的能耗与运行控制情况、室内热环境状况等进行检测分析，并通过设计验算和全年能耗分析，对拟改造建筑的能耗水平及节能潜力做出评价，作为节能改造智能化技术应用的依据之一。

（4）应对建筑内设备运行的监控状况和用能设备的能耗计量情况进行诊断。

（5）应评估采用智能化技术提升既有建筑节能改造的效果与降低能耗的潜力，并根据经济技术分析提出利用智能化技术改造的方案，编制诊断报告：诊断报告应包括系统概况、检测诊断结论、存在问题分析、节能潜力、节能改造过程中智能化技术应用建议和改造方案等。

（6）诊断分析采用的方法、设备、仪表等应符合国家现行相关标准的规定。

第二节　建筑设备监控系统网络结构

建筑设备监控系统从原 3C（Computer 计算机、Communication 通信、Control 控制）到新 3C（Centralization 监控集中、Concentration 数据集合、Compositive 应用集成）的变化历程，凝聚着时代的变化特征。其中，以太网、现场总线、嵌入式系统三大技术，对建筑设备监控系统的影响尤其显著。本节围绕这三大技术的应用，提出建筑设备监控系统新的三层网络结构，力图反映新时代带给建筑设备监控系统网络结构的巨大变化。

建筑设备监控系统（BAS，Building Automation System）是智能建筑的基本控制系统。建筑管理系统 BMS（Building Man-agement System）以 BAS 为核心，建立与火灾报警系统 FAS（Fire Alarm System）、安全防范系统 SAS（Security Automation System）之间数据交换、控制连锁的集成平台，而 BMS 与建筑信息网络系统 INS（Information Network System）和建筑通信网络系统 CMS（Communication Network System）共同组成建筑集成管理系统 IBMS（Integrated Building Management System），IBMS 结构如图 1-1 所示。

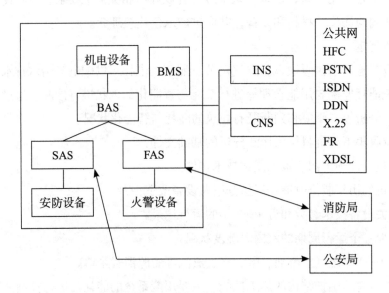

图 1-1 建筑集成管理系统 IBMS 结构

新系统网络结构部分应参考国家标准 GB50339—2003《智能建筑工程质量验收规范》和国际标准 ISO/CENTC247WG4《建筑设备监控系统 Control for Mechanical Building Services》；新系统的监测控制部分参考《自动化仪表工程施工及验收规范》GB50093—2013、《采暖通风与空气调节设计规范》GB50019—2003、《建筑给水排水设计规范》GB50015—2003《建筑电气工程施工质量验收规范》GB50303—2015《建筑照明设计标准》GB50034—2013。

建筑设备监控系统是监测传感器、控制执行器、进行数据通信、管理网络操作、全面接入网络数据的各种设备的集合，是一个网络系统，由管理层网络（中央管理工作站）、控制层网络（分站）、现场层网络（微控制器、仪表）组成，应具有下列功能：

1. 控制功能：使过程产生和保持期望的行为，以达到规定的目标。

2. 数据采集功能：采集过程控制信息和设备状态信息。

3.BMS 集成功能：提供与火灾报警与消防联动系统、安全防范系统的通信接口，建立建筑管理系统。

4.IBMS 集成功能：提供与企业管理信息系统的通信接口，建立建筑集成管理系统 IBMS。

建筑设备监控系统应支持开放系统技术，建立分布式控制网络，以符合国家标准《智能建筑工程质量验收规范》GB50339—2003 第 63.19 条有关建筑设备监控系统控制网络和数据库的标准化、开放性，冗余配置的要求。

开放系统技术是指构建在开放的通信协议基础上，各厂商生产的设备之间可以互操作，应用程序在各种平台上运行，一个应用程序能与其他应用程序互操作，并且与用户交互的方式是一致的。开放系统具有如下特征：采用标准的通信协议；使用各厂商符合标准的产品；采用符合标准的网络服务工具，进行网络设计、安装和启动；只在与原有的网络连接或受应用要求限制时才使用网关；采用功能分散化的设计，而不是用封闭的纵向系统设计。

一、建筑设备监控系统的网络结构

1. 建筑设备监控系统由三层网络组成，如图 1–2 所示。

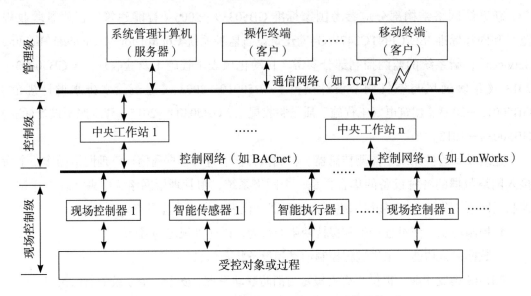

图 1-2　建筑设备监控系统 BAS 三层网络结构

（1）管理网络层：中央管理工作站网络，由服务器和客户端（操作站）组成；

（2）控制网络层：由分站网络、控制器组成；

（3）现场网络层：仪表网络，由微控制器、传感器、执行器、阀门、风阀、变频器、分布式的智能现场输入 / 输出 I/O 模块组成。

2. 管理网络层：完成设备集中监控和系统集成。

3. 控制网络层：完成设备实时控制。

4. 现场网络层：完成末端设备实时控制及由智能现场仪表、智能现场输入 / 输出模块和普通现场仪表进行信号检测（获取对象信息）和执行（改变对象状态）。

5. 网络接口，包括 4 种产品：中继器、网桥、路由器、网关，它们用于网络互联，根据各层网络的具体情况使用相应产品。

二、管理网络层（中央管理工作站）

1. 管理网络层即国家标准 GB50339—2003 第 6.1.13 条规定的"中央管理工作站"层。

（1）管理网络层主要工作是完成国家标准

GB50339—2003 第 6.3.12 条"监测子系统的运行参数""检测可控的子系统对控制命令的响应情况"和第 6.3.13 条"显示和记录各种测量数据、运行状态、故障报警等信息""数据报表和打印"等工作。

（2）管理网络层应确保监控可靠、配置灵活、扩展方便、集成简易、界面友好、管理高效，根据需要可提供冗余系统技术。

（3）管理网络层应提供整个系统通信总线（信道）的最大数量、整个系统控制器的最大数量、整个系统的最大监控点数量（硬件点）。

（4）管理网络层应符合下列规定：

1）采用客户端；（操作站）/ 服务器（Client 1 Server）网络结构；

2）采用逻辑拓扑总线型 IEEE 802.3 以太网；

3）采用 TCP/IP 通信协议；

4）服务器为客户端（操作站）提供数据库访问，数据库（实时数据库和关系数据库）是为客户端（操作站）提供信息和应用程序的数据源；

5）服务器主要引擎有采集控制器、微控制器、传感器、执行器、阀门、风阀、变频器数据，采集过程历史数据，提供服务器配置数据，存储用户定义数据的应用信息结构，生成报警和事件记录、趋势图、报表，提供系统状态信息；

6）实时数据库的监控点数（包括软件点），应留有适当的裕量，一般不小于 10%；

7）客户端（操作站）软件根据需要可以安装在多台 PC 机上，从而建立多台客户端（操作站）并行工作的局域网系统；

8）客户端（操作站）软件可以和服务器安装在一台 PC 机上；

9）管理网应具有与互联网（internet）联网能力，提供互联网用户接口技术，用户可以通过 Web 浏览器查看建筑设备监控系统的各种数据；

10）管理网络层的服务器和（或）操作站故障或停止工作时，应不影响控制器、微控制器和现场仪表设备运行，控制网络层、现场网络层通信也不应因此而中断。

2. 建筑设备监控系统可按实时数据库点数（硬件点和软件点）区分系统规模。

3. 在不同地理位置上分布有多组相同种类的建筑设备监控系统时，宜提供 DSA（Distributed Server Architecture）分布式服务器系统软件建立分布式系统，使这些独立的服务器连接成为逻辑上的一个整体系统，每个建筑设备监控系统服务器管理的数据库互相都是透明的，从不同的建筑设备监控系统的客户端（操作站）均可以访问其他建筑设备监控系统的服务器，与该系统的数据库进行数据交换。

4. 管理网络层网络的配置应符合以下规定：

（1）宜采用 10BASE-T/100BASE-T 方式，选用双绞线作为传输介质；

（2）服务器与客户端（操作站）之间的连接宜选用交换式集线器；

（3）管理网络层的服务器和至少一个客户端（操作站）应位于监控中心内；

（4）建筑设备监控系统 BAS、火灾自动报警系统 FAS 和安全防范系统 SAS，可共用同一个物理网络层，构成建筑管理系统 BMS，但应使 BAS、SAS、FAS 网络各自保持相对独立；

（5）根据国家标准 GB50339—2003 第 10.3.7 条系统集成功能应在服务器和客户端分别进行检查的规定，BAS、FAS、SAS 可以共用建筑设备监控系统的服务器和数据库，但必须设置相对独立的客户端（操作站）；同时，为了与 SAS 系统的集成，关系数据库应提供足够空间，以便存储出入口控制系统出入卡个人资料。

三、控制网络层（分站）

1. 控制网络层即国家标准 GB50339—2003 第 6.1.19 条规定的"控制器"层。

（1）控制网络层由通信总线连接控制器组成。通信总线可以是以太网、现场总线、不开放的通信总线或以上这些通信总线的混合。

（2）采用国际标准通信总线，主要包括以太网、LonWorks、BACnet 等。

（3）控制网络层主要工作是完成国家标准《智能建筑工程质量验收规范》（GB50339—2003）第 6.3 节《系统检测》有关"主控项目"的控制，即对本章 18.1.2 条规定的七种系统进行的开环控制和闭环控制、监控点逻辑开关表控制和监控点时间表控制。

2. 控制网络层的控制器（分站）可以是 DDC（Direct Digital Controller）直接数字控制器和（或）PLC（Programmable Logic Controller）可编程逻辑控制器和（或）兼有 DDC、PLC 特性的 HC（Hybrid Controller）混合式控制器。这些控制器（分站），可称为通用控制器，控制器的控制容量以输入 / 输出点数标出（包括 AI、AO、DI、DO 等），通用控制器的特点是可以根据控制要求自由编写应用程序。

对于一般民用建筑，除有特殊要求外，应选用 DDC 控制器。

（1）各种类型的控制器（分站），技术性能均应符合下列规定：

1）CPU 不低于 16 bits；

2）RAM 不低于 128 KB；

3）EPROM 和（或）Flash-EPROM 不低于 512 KB；

4）RAM 数据应有 72 h 断电保护；

5）操作系统软件、应用程序软件应存储在 EPROM 或 Flash-EPROM 中；

6）硬件和软件宜采用模块化结构；

7）宜提供使用现场总线技术的智能现场输入 / 输出模块，构成开放式输入 / 输出系统的连接，分布式智能输入 / 输出模块安装在现场网络层上；

8）应提供至少一个 RS232 接口，以便与计算机在现场连接，完成数据和程序的上传下载，进行系统配置和调试；

9）应提供与控制网络层通信总线的通信接口，使控制器可以与通信总线连接，与其他控制器通信，构成控制网络；

10）宜提供与现场网络层通信总线的通信接口，使控制器可以与现场网络通信总线连接，与现场设备通信；

11）控制器（分站）应满足控制的任务优先级别管理和实时性要求；

12）控制器（分站）应提供数字量和模拟量输入 / 输出及高速计数脉冲输入；

13）控制器（分站）规模以监控点（硬件点）数量区分，每台不宜超过 256 点；

14）控制器（分站）宜通过图形化编程工程软件进行配置和选择控制应用；

15）控制器宜选用挂墙的箱式结构或小型落地柜式结构，宜采用导轨式分布式智能输入 / 输出模块结构，以便把输入 / 输出模块直接安装在建筑设备的电力柜中；

16）宜提供控制器典型配置时的 MTBF 平均故障间隔时间；

17）每个控制器（分站）的正常工作不依靠管理网络层（中央管理工作站）。

（2）每台控制器（分站）的监控点数（硬件点），应留有适当的裕量，一般不小于 10%。控制网络层的配置应符合以下规定：

1）应采用总线拓扑结构，菊花环式（DaisyChain）连接，用双绞线作为传输介质。

2）每条通信总线连接的控制器数量不宜超过 64 台；加中继器后，不宜超过 127 台。

3）控制器（分站）之间通信应为点对点直接数据通信。

4）每条通信总线与管理网络通信的监控点数（硬件点）不宜小于 500 点。

5）每条通信总线长度不加中继器时不宜小于 500 m。

6）控制网络层可以包括并行工作的多条通信总线；（每条通信总线可视为 1 个控制网络）。

7）每个控制网络可以通过网络接口与管理网络层（中央管理工作站）连接，也可以通过管理网络层服务器 RS232 通信接口或内置通信网卡直接与服务器连接，控制器（分站）与中央管理工作站进行通信；当控制器（分站）采用以太网通信接口而与管理网络层处于同一通信级别时，可采用交换式集线器连接，与中央管理工作站进行通信。

8）控制器（分站）可以与现场网络层智能现场仪表和分布式输入 / 输出模块进行通信。

9）控制器（分站）当采用分布式输入 / 输出模块时，可以用软件配置的方法，把各个输入 / 输出点分配到不同的控制器（分站）中进行监控。

四、现场网络层

1. 现场网络层即国家标准 GB50339—2003 第 6.1.18 条规定的"现场设备"层。现场设备包括微控制器、智能现场仪表、智能现场输入 / 输出模块和普通现场仪表。

（1）现场网络层由通信总线连接微控制器、智能现场输入 / 输出模块和智能现场仪表（智能传感器、智能执行器、智能变频器）组成，通信总线可以是以太网或现场总线；普通现场仪表，包括传感器、电量变送器、照度变送器、执行器、水阀、风阀、变频器，不连接在通信总线上。

微控制器智能现场输入 / 输出模块、智能现场仪表是嵌入式系统，它们由特殊微处理器制成，嵌入式系统是控制、监视或辅助建筑设备监控系统运行的设备，它们用来执行特定功能、以微处理器与周边构成核心、具有严格的时序与稳定度、自动进行操作循环。嵌入式系统是计算机硬件与软件的综合体，用在建筑设备监控系统中的典型的嵌入式系统的特殊微处理器之一是现场总线 LonWorks 神经元芯片 Neuron Chip（注册商标）3120 和 3150。

（2）采用国际标准通信总线，主要包括以太网、LonWorks、BACnet等。

（3）现场网络层主要工作是完成国家标准《智能建筑工程质量验收规范》GB50339—2003第6.3节"系统检测"有关"一般项目"的工作，即该标准第6.3.18条规定的现场设备所具有的功能。

2. 为了减少建筑设备监控系统的寿命周期成本，现场网络层应该具有产品可互操作性。可互操作性是指不同制造商的两个或两个以上设备，在一个或多个分布式应用中一起工作的能力。数据输入、数据输出、参数，以及它们的语义和每一设备相关功能性的应用程序定义之后，如果任一设备被另一制造商类似的设备所替换，除了动态响应可能会有不同之外，包括被替换设备的所有分布式应用仍会如替换前一样继续运行。

注：当现场设备和系统两者都支持同一标准的强制和可选部分的相同组合时，可获得可互操作性，在现场设备或系统中来自不同制造商的其特有的扩展会妨碍可互操作性。

3. 微控制器，是嵌入计算机硬件和软件的对建筑末端设备使用的专用控制器，是嵌入式系统；微控制器体积小、集成度高、基本资源齐全、专用资源明确、具有特定控制功能；不同种类控制设备使用不同种类的微控制器可以连接在同一条通信总线上。

微控制器主要工作是完成国家标准GB50339—2003第6.3节"系统检测""一般项目"6.3.19条第4项中的"照明设备自动控制、VAV变风量控制等"末端设备的控制，微控制器独立于控制器（分站）和中央管理工作站完成全部控制应用操作，通常具有由某些国际行业规范决定的标准控制功能以符合控制应用标准化和数据通信标准化需要，使产品具有可互操作性，建立开放式系统。

4. 微控制器按照专业功能可分为以下几种：

（1）暖通空调微控制器包括变风量末端装置微控制器、风机盘管微控制器、吊顶空调微控制器、天花板冷风微控制器、热泵微控制器等；

（2）给排水微控制器包括上水泵微控制器、中水泵微控制器、排水泵微控制器等；

（3）变配电微控制器；

（4）照明微控制器。

5. 微控制器通常直接安装在被控设备的电力柜（箱）里，成为机械设备的一部分，如变风量末端装置控制器，直接安装在变风量末端装置所附的电力箱中。

6. 分布式输入 / 输出模块是嵌入计算机硬件和软件的网络化现场设备，作为控制器的组成部分，通过通信总线与控制器计算机模块连接。

7. 智能现场仪表是嵌入计算机硬件和软件的网络化现场设备，通过通信总线与控制器、微控制器进行通信。

8. 现场仪表是非智能设备，只能与控制器、微控制器、分布式输入 / 输出模块进行端到端连接，它们之间直接传送模拟量、数字量信号。

9. 现场网络层的配置应符合以下规定：

（1）宜采用总线拓扑结构，菊花环式（Daisy Chain）连接，用双绞线作为传输介质；

也可以采用电力电缆调制解调技术、红外技术和无线技术。

（2）每条通信总线连接的微控制器和智能现场仪表数量不宜超过 64 台；加中继器后，不宜超过 127 台。

（3）微控制器、智能现场输入 / 输出模块、智能现场仪表之间应为点对点直接数据通信。

（4）每条通信总线与管理网络通信的监控点数（硬件点）不宜小于 500 点。

（5）每条通信总线长度不加中继器时不宜小于 500 m。

（6）现场网络层可以包括并行工作的多条通信总线，每条通信总线可视为一个现场网络。

（7）每个现场网络既可以通过网络接口与管理网络层（中央管理工作站）连接，也可以通过网络管理层服务器 RS232 通信接口或内置通信网卡直接与服务器连接，当微控制器采用以太网通信接口而与管理网络层处于同一通信级别时，可采用交换式集线器连接，微控制器与中央管理工作站进行通信。当分布式输入 / 输出模块采用以太网通信接口而与管理网络处于同一通信级别时，可采用交换式集线器连接，与中央管理工作站进行通信。

（8）智能现场仪表可以通过网络接口与控制网络层控制器（分站）进行通信。

（9）智能现场仪表采用分布式连接，用软件配置的方法，可以把各种现场设备信息分配到不同的控制器、微控制器中进行处理。

第三节 智能照明节能控制

一、智能照明节能控制系统

智能照明控制系统是一个总线型式的标准局域网络。它由系统单元、输入单元和输出单元三部分组成。所有的单元器件（除电源外）均内置微处理器和存储单元，由一根五类数据通信线（或光纤）将控制器件连接起来形成手牵手的网络。除电源设备外，每一单元设置唯一的单元地址，并用软件设定其功能。系统遵循国际通信协议标准局域网络标准，即遵循 IEE 802.3 CSMA/CD 协议。子网的数据传输速率为 9600bit/s，主干网传输最高速率为 115200bit/s，接入以太网支持 10M/100M。

1. 系统单元：用于提供工作电源、电源系统时钟及各种系统的接口，包括系统电源、各种接口（PC、以太网、电话等）、网络桥等。

2. 输入单元：用于将外部控制信号变换成网络上传输的信号，包括可编程的多功能（开 / 关、调光、定时、软启动 / 软关断等）输入开关、红外线接收开关及红外线遥控器（实现灯光调光或开 / 关功能）、各种形式及多功能的控制板、液晶显示触摸屏、各种功能的智能传感器、手持式编程器等。其编程采用在线、离线式均可。

3.输出单元：智能控制系统的输出单元是用于接受来自网络传输的信号，控制相应回路的输出以实现实时控制，包括各种形式的继电器、调光器（以负载电流为调节对象，除调光功能外，还可用作灯具的软启动，软关闭的模拟量输出单元）、照明灯具调光接口、红外输出模块等。每个子网可配64个单元（回路不限），通过网桥由64个子网组成一个主网，以此方式可无限扩展。

二、采用智能照明节能控制系统的优越性

1.节能效果显著

（1）由于照明设施控制系统能够通过合理的管理，利用智能时钟管理器可以根据不同日期、不同时间按照各个功能区域的运行情况预先设置光照度，不需要照明时，保证将灯关掉；在大多数情况下很多区域其实不需要把灯全部打开或开到最亮，照明设施控制系统能用最经济的能耗提供最舒适的照明；在一些公共区域，如会议室、休息室等，利用动静探测功能在有人进入时才把灯点亮或切换到某种预置场景。

（2）照明设施控制系统能保证只有当必需的时候才把灯点亮，或点到要求的亮度，从而大大降低了大楼的能耗。另外，自动调节照度的方式，充分利用室外的自然光，只有当必需时才把灯点亮或点到要求的亮度，利用最少的能源保证所要求的照度水平，节电效果十分明显，可达30%以上。

2.延长光源寿命

光源损坏的致命原因主要是电网电压波动及过电压。随着灯具的工作电压的增高，其寿命成倍降低。延长光源寿命不仅可以节省大量资金，而且大大减少了更换灯管的工作量，降低了照明系统的运行费用，管理维护也变得简单了。因此，有效地抑制电网电压的波动，保持适当灯具工作电压是延长灯具寿命、达到节能效果的有效途径。

（1）照明设施控制系统能成功地抑制电网的冲击电压和浪涌电压，使灯具不会因上述原因而过早损坏，还可通过系统人为地确定电压限制，延长灯具寿命。

（2）照明设施控制系统采用了软启动和软关断技术，避免了开启灯具时电流对灯丝的热冲击，使灯具寿命进一步得到延长。

（3）照明设施控制系统能成功地延长灯具寿命数倍，不仅节省大量灯具，而且大大减少了更换灯具的工作量，有效地降低了照明系统的运行费用，对于难安装区域的灯具及昂贵灯具更具有特殊意义。

3.改善工作环境，提高工作效率

按国际标准，办公室的最佳光照度为$400lx$，酒店大堂的最佳照度为$150—300lx$，照明设施控制系统能利用智能传感器感应室外光线，自动调节光照度，即室外自然光强，室内灯光变弱；室外自然光弱，室内灯光变强，智能照明控制系统以调光模块控制面板代替传统的平开关控制灯具，可以有效地控制各房间内整体的照度值，从而提高照度均匀性，

既创造了最佳的工作环境，又达到了节能的效果。同时，这种控制方式所采用的电气元件也解决了频闪效应，不会使人产生不舒适、头昏脑涨、眼睛疲劳的感觉。

4. 减少安装布线的开支

传统的照明控制使电流通过开关接到负载；而在总线网络中，用成本不高的双绞线把输入和输出设备连接起来，即用 RS485 通信协议通过 UTP5 类线把用户控制面板和控制模块连接起来。降低布线要求是因为原本应从配电盘接开关，再接负载的方式改变成直接从控制模块接通到负载。系统联网后用户可以灵活控制连接在控制模块上的所有负载；由于网络上连接的所有控制器件具有"独立存贮"功能，故可任选区域安装，既简便灵活，又减少了布线浪费。

5. 提高管理水平，减少维护费

照明设施控制系统，将普通照明人为的开与关转换成了智能化管理，不仅使大楼的管理者能将其高素质的管理意识运用于照明控制系统中，同时将大大减少大楼的运行维护费用，并带来极大的投资回报。

6. 应用范围广泛，可实现多种照明效果

智能照明控制系统可对白炽灯、日光灯、节能灯、石英灯等多种光源调光，对各种场合的灯光进行控制，满足各种环境对照明控制的要求。多种照明控制方式，可以使同一建筑物具备多种艺术效果，为建筑增色不少。现代建筑物中，照明不单纯是为满足人们视觉上的明暗效果，更应具备多种控制方案，使建筑物更加生动，艺术性更强，给人以丰富的视觉效果和美感。

三、节能控制方式及应用场所

智能照明控制系统的常用控制方式一般有场景控制、定时控制、红外线控制、就地控制、集中控制、群组组合控制、远程控制、图示化监控等。其主要功能如表 1-1 所示。

表 1-1　智能照明控制系统功能

控制方式	特点及应用
场景控制功能	用户预设多种场景，按动一个按键，即可调用需要的场景。多功能厅、会议室、体育场馆、博物馆、美术馆、高级住宅等场所多采用此种方式
日照补偿功能	根据探头探测到的照度来控制照明场所内相关灯具的开启或关闭。写字楼、图书馆等场所，要求恒照度时，靠近外窗的灯具宜根据天然光的影响开启或关闭
定时时钟功能	根据预先定义的时间，触发相应的场景，使其打开或关闭。适用于地下车库等大面积场所
天文时钟功能	输入当地的经纬度，系统自动推算出当天的日出、日落时间，根据这个时间来控制照明场景的开关。特别适用于夜景照明、道路照明
就地手动控制功能	正常情况下，控制过程按程序自动控制，在系统不工作时，可使用控制面板来强制调用需要的照明场景模式

控制方式	特点及应用
群组组合控制	一个按钮，可定义为打开/关闭多个箱柜（跨区）中的照明回路，可一键控制整个建筑照明的开关
应急处理功能	在接收到安保系统、消防系统的警报后，能自动将指定区域照明全部打开
远程控制	通过互联网（Internet）对照明控制系统进行远程监控，能实现：对系统中各个照明控制箱的照明参数进行设定、修改；对系统的场景照明状态进行监视；对系统的场景照明状态进行控制
图示化监控	用户可以使用电子地图功能，对整个控制区域的照明进行直观的控制。可将整个建筑的平面图输入系统中，并用各种不同的颜色来表示该区域当前的状态
日程计划安排	可设定每天不同时间段的照明场景状态。可将每天的场景调用情况记录到日志中，并可将其打印输出，方便管理

四、照明智能控制系统的应用条件

1. 系统单元

（1）主流总线协议

在国际照明控制系统市场上，目前的主流控制协议有 DALI 通信标准、C-Bus 控制总线协议、Dynet 控制总线协议、EIB 总线标准、HBS 总线系统、X-10 电力载波技术等。不同的协议支持不同的产品和组网方式，具有各自不同的特点和适用范围。

（2）传输介质

在国际上照明设施控制系统数据的传输介质无统一的标准，目前主要有光纤传输方式、双绞线传输方式、低压电力载波传输方式和无线射频传输方式四种。这四种传输方式的数据传输速率、传输的可靠程度有较大区别。

1）光纤传输方式

光纤传输方式以光缆为信息传输网，需单独敷设线路。光缆具有传输速率高、抗干扰性强、防雷击，误码率低及敷设方便的优点，适用于新建、扩建工程。

2）双绞线传输方式

双绞线传输方式以一根五类数据通信线（四对双绞线）为信息传输网，需单独敷设线路。软硬件协议完全开放、完善，通用性好。线路两端变压器隔离，抗干扰性强，防雷性能好。速度快，网络速度可达到数千兆。双向，可传输高速的反馈信息。系统容量几乎无限制，不会因系统增大而出现不可预料的故障。作为信息传输介质，有大量成熟的通用的设备可以选用。适用于新建、扩建工程。

3）低压电力载波传输方式

低压电力载波传输方式利用电力线为信息传输网，不用单独敷设线路就可以实现数据信号的传输。电力载波传输方式由于受电力线中电流波动的影响，数据传输速率及数据传输的可靠性受到较大影响、效率降低。当监控设备多时，数据传输的不可靠可能会导致系统瘫痪。该方式适用于新建、扩建的工程，且特别适用于改造的工程。

4）无线射频传输方式

无线射频传输方式利用无线射频作为信息传输网，无线射频的工作频率符合IEEE802.11b标准要求，该系统不仅在功能上能完全满足要求，且室内无须布线，施工简单，可以节省施工的投资。该方式适用于新建、扩建项目，尤其适用于室外项目和改造工程。

（3）网桥

分布式照明控制系统的网络规模可灵活地随照明系统的大小而改变，每个子网都可以通过一台网桥（Bridges）与主干网相连，每个子网最多可连接64个模块，主干网通过网桥可连接64个子网。信息在子网的传输速率为9600bit/s，主干网的传输速率则可根据网络的大小调节，最大可达57600bit/s。对网桥编程和设置，有效地控制各子网和主干网之间的信息流通、信号整形、信号增强和调节传输速率，大大提高了大型照明控制网络工作的可靠性。通过编程可与DMX设备、楼宇自控设备、音响影视设备联动。

2. 输入单元

（1）控制面板

电子控制面板具有可编程特性，可根据客户要求编制控制程序，用途广泛。不仅可提供场景切换面板、区域链接（区域分割或归并）和通过编程实现时序控制的面板等，而且控制面板还能对发送命令的讯号进行整形，大大降低了操作命令的误码率，可靠性极强。每一按键可同时控制256个回路。另外，产品可提供美式120型、欧式86型及客户定制不同风格的控制面板，还可以根据用户需求提供不同颜色的各类控制面板。

（2）液晶显示触摸屏

液晶显示触摸屏可以图文同时显示，具有直观清晰、易于操作的特点。2MB的存贮体可存储250幅画面图像及相关信息，可根据用户需要产生模拟各种控制要求和调光区域灯位亮暗的图像，用以在屏幕上实现形象直观的多功能面板控制。具有365天年时钟功能，能够根据当地日升、日落时间自动调用场景或其他动作，也可用作多个控制区域的监控。

（3）液晶显示时间管理器

具有强大宏命令和条件逻辑功能的天文时钟，时钟能与控制系统RS-485网上所有设备互相接口，实现自动化任务和事件控制。它可用于能源管理控制器或仅用于为日/周预置时间选择场景。可为大型商业项目提供全部自动控制，用事件编程在特定时间内做自动运行，典型应用在餐厅、早餐、午餐、晚餐、剧场、清扫等场景自动控制灯光亮度。手动按键能优先控制预编程序的事件，直到下一时间事件发生为止。在能源管理应用中，时钟能设置其他设备的操作模式，还可通过PC机或通过LCD显示器的前面板和按键进行远程操作，通过PIN密码可以防止非常法用户操作。

（4）液晶显示手持式编程器

手持式编程器可替代电脑编程，适用于需要经常更改场景预设值或渐变时间的无电脑工作环境，只需要简单地插入控制系统网络中任何一个位置就可以使用。LCD 液晶显示可以帮助用户一步步地实现编程操作。设备会自动读取网络中诸如通道号、区域、预设置场景名等信息，便于用户编程操作。编程器支持各个通道亮度和场景值的复制，用以减少建立时间；还可以与标准的操作面板连起来使用，这适合于不需要经常操作场景变换或需要避免误操作的场所。

（5）多功能智能探测器

多功能探测器集动静探测（PIR）、红外线远程控制接收（IR）和环境照度探测（PE）于一体，可用在家庭、会议厅或办公大楼，多功能探测器可探测到室内人的运动，及时开灯。当房间无人使用时，则可自动调暗或关闭灯以节约能源。同时，具有远红外（IR）接收功能，以提供全面的远程控制，包括灯具、视听设备和窗帘。支持多种手持红外线控制器。对于一些要求严格控制环境照度的场所，如办公场所，多功能探测器使照度补偿变得容易。探测器还可以设置成自动控制的"夏日制日光"模式，以节省能源。

3. 输出单元

（1）开关模块

开关模块作为智能控制系统的输出单元，具有体积小、重量轻、易安装等特点。利用国际标准塑料组合材料为外壳进行包装，采用 DIN 标准导轨式结构的继电器开关控制器，适合工程施工人员将产品安装在标准配电柜内，不受空间限制。采用高性能的相关器件，周密的电路保护措施使该产品即使在最恶劣的环境下都具有极高的可靠性，正常工作温度在 40℃，最高可达 60℃。模块具有 170 个亮灯组合预置值，可编制不同组别延时亮灯，避免在通常情况下的大电流冲击。存放在 EEPROM 存储器中的所有控制灯具调光的数据不会因停电而丢失，停电恢复正常后调光器仍能恢复原有工作状态。

（2）调光模块

调光模块控制灯具亮度采用软启动方式，即渐增渐减方式。通过微处理器去控制可控硅使它的输出改变有一段渐变时间，使人的视觉十分自然地适应亮度的变化，没有突然变化的感觉。渐变时间可以按需要设置在处理器中，最长可达 20min。调光模块中可存放96—170 个调光场景预置值。这样的调节方式还能防止电压突变对灯具的冲击，可防止因外加主电源电压的升高而损坏灯具，调光模块能对输入主电源的电压值进行 RMS（均方根）计算后进行控制，从而可限制高电压的输出。

用可控硅进行调光是节能性的调光，原理是将电源的正弦波电压进行相控切割，因而会产生一些高次谐波。为防止高次谐波对周围其他电子设备的干扰，调光模块采用了抑制高频干扰的超高性能扼流线圈（符合国际抗干扰标准）。抑制电磁干扰上升时间 ≥ 200μs，调光通用标准认为，少于 100μs 的上升时间会造成极大的电磁噪声，会干扰音像系统等电子设备，这是不可接受的。所有相控调光器上升时间均要求超过 200μs，电噪声降至极低。

微处理器还可检测调光模块内部的工作温度。如果由于安装环境条件恶劣，调光模块的自然散热被阻，造成调光模块机壳内温度升高，当温度超过允许额定值时，为防止器件损坏，微处理器会自动关闭可控硅的输出关闭照明回路，待环境温度降低到允许额定值以下时会自动接通保持原有亮度状态。控制模块采用铝制散热器自然散热，与风扇散热有本质区别，大大提高了可靠性。

4. 管理软件

照明控制系统的监控软件是一个可监控分布式照明控制系统的应用软件。对于大型照明控制网络，用户需要实现系统实时监控时，可通过 PC 接口接入控制系统网络，在中央监控室通过中央监控系统软件实现对整个照明控制系统的管理。监控系统软件是以 Microsoft Win98 和 WIN2000 为平台的一个实时监控软件，它能与控制系统网络进行通信，实现实时监控。

监控系统软件具有中、英文文字和数据的输入和显示的性能，显示每面分辨率为 1024×768。监控软件便于安装、使用和维护，系统工作灵活、稳定、可靠和有扩展性，并具有防止被他人复制盗用的措施。各页面的设计使操作者感觉舒适、清晰、直观方便，页面具有一定的色彩，便于操作者区别不同类型的数据。

五、智能照明控制系统设计的基本步骤和方法

第一步：根据建筑平面图和设计人员对照明系统的要求罗列出需要受控的回路。核对照明回路中的灯具和光源性质，进行整理。

1. 每条照明回路上的光源应当是同一类型的光源，不要将不同类型的光源（如白炽灯、日光灯、充气灯）混在一个回路内。

2. 分清照明回路性质是应急供电还是普通供电。

3. 每条照明回路的最大负载功率应符合调光控制器或开关控制器允许的额定负载容量，不应超载运行。

4. 根据灯光设计师对照明场景的要求，对照明回路划分进行审核，如不符合照明场景所要求的回路划分，可做适当回路调整，使照明回路的划分能适应灯光场景效果的需要，达到灯光与室内装潢在空间层次、光照效果和视觉表现力上的亲密融合，从而使各路灯光组合构成一个优美的照明艺术环境。

第二步：按照明回路的性能选择驱动器和传感器。

驱动器的选用取决于光源的性质，选择不当就无法达到正确和良好的控制效果。因各个厂家驱动器产品对光源及配电方式的要求可能有所差异，此部分内容配置前建议参考相应产品技术资料或直接向照明控制系统厂商做详细技术咨询。

如不同光源：白炽灯（包括钨、钨卤素和石英灯）、荧光灯、各种充灯，以及照明配电方式不同等对驱动器选配要求均不相同。

根据控制要求及建筑平面图配置传感器，面板的数量应能满足控制要求，同时兼顾使用方便。

第三步：根据照明控制要求选择控制面板和其他控制部件。

控制面板是控制调光系统的主要部件，也是操作者直接操作使用的界面，选择不同功能的控制面板应满足操作者对控制的要求，控制系统一般有以下几种控制输入方式：

（1）采用按键式手动控制面板，随时对灯光进行调节控制。

（2）采用时间管理器控制方式，根据不同时间自动控制。

（3）采用光电传感自动控制方式，根据外界光强度自动调节照明亮度。

（4）采用手持遥控器控制。

（5）采用电脑集中控制。

（6）其他控制方式等。

第四步：选择附件、附加功能及集成方式。

控制系统如需与其他相关智能系统集成，可选用相应的附件。附件功能是为了更好地实现智能节能控制的作用，一般控制系统产品具有如下功能：①时间控制功能；②恒亮度控制功能；③逻辑控制功能；④中央监控。

第五步：施工图纸设计及设备配置清单编制。

第四节　空调系统的智能化控制

一、冷冻水及冷却水系统的节能控制

1.技术可靠时,宜对冷水机组出水温度进行优化设定（冷水机组自身控制条件允许时）。

2.冷水机组的冷水供、回水设计温差不应小于5℃。在技术可靠、经济合理的前提下宜加大冷水供、回水温差，减少流量，实现节能。运行参数和控制参数做相应调整。

3.间歇运行的空气调节系统，应采用按预定时间进行最优启停的节能控制方式。

4.冷水机组的群控：

根据冷冻水供回水温差及流量值，自动监测建筑物实际消耗冷量（包括瞬时冷量和累积冷量）。优化设备运行台数和运行顺序的控制，并作为计量和经济核算的依据。冷水机组台数的节能控制。

（1）开机顺序：开启冷却塔风机，开启冷却塔进出水蝶阀，开启冷却水泵（开启冷冻水二次泵），开启冷冻水进出水蝶阀，开启冷冻水一次泵，检测冷水机组冷却水及冷冻水出口水流开关正常，开启冷水机组。

（2）停机顺序:关闭冷水机组，关闭冷却水泵，关闭冷却塔，关闭冷却塔所有电动阀，冷冻水一次泵运行3min后关闭，关闭冷冻水所有电动阀。

5.通常中小型工程的冷冻水采用一次泵系统，在满足运行可靠性、具有较大节能潜力及经济性的前提下，可采用一次泵变流量系统。对于较大系统，系统阻力较高、各环路负荷特性相差较大时，采用二次泵变流量系统。

6. 采用空调变流量系统时，变频泵不宜采用流量作为被控参数。

7. 采用变频泵时，供回水总管上设置旁通电动阀用于调节超限值。

8. 变流量冷冻水的控制，应满足下列规定：

（1）冷水机组变速调节控制时，一次泵变流量系统的变速调节控制要相适应。

（2）一次泵变流量系统末端宜采用两通调节阀，二次泵变流量系统末端应采用两通调节阀。

（3）当冷冻水系统为多个阻力不同的供水环路构成时，可采用动态水力平衡调节装置，使各环节获得各自需要的冷冻水流量，确保各环路的动态平衡。

（4）根据末端最不利压差控制冷冻水泵的转速。对于具有陡降型特性曲线的水泵，采用压差控制方式较有利。

（5）应设置冷冻水泵的最低频率。最低频率与水泵的堵转频率和冷水机组最小流量有关，一般最低频率不小于 30Hz。

（6）一台变频器宜控制一台水泵，多台水泵并联运行时，其频率宜相同。

9. 冷却水系统的节能控制：

冷却水侧的变频控制方式和调速范围应充分考虑冷水机组的效率，同时兼顾冷水机组和冷却塔的最小流量的要求。

（1）冷却水泵的变频节能控制

1）根据进出水温度及温差，控制冷却水泵的转速，当温度仍高于设定值时，应增加冷却塔风机运行的台数或提高风机的转速。

2）设置冷却水泵的最低频率（一般不小于 30Hz），以防止水泵堵转。

3）一台变频器宜控制一台水泵，多台水泵并联运行时，其频率宜相同。

（2）冷却塔风机的节能控制

1）冷却塔风机台数的节能控制：根据冷却水进水温度确定冷却塔风机运行的台数。

2）冷却塔的变频节能控制：根据冷却水进水温度控制冷却塔风机运行的速度，在条件允许时，可采用一台变频器控制多台冷却塔风机。

二、地源热泵系统的节能措施

1. 夏季热泵系统启动顺序为地埋管侧循环水泵、空调循环水泵、地源热泵机组，夏季顺序相反。冬季热泵系统启动顺序为空调循环水泵、地埋管侧循环水泵、地源热泵机，停机顺序相反。

2. 系统设置冬夏季转换阀，应在换季时进行切换。进行季节转换时，应将热泵机房的热泵机组和各系统水泵停机后，首先关闭全部切换阀，再打开需要开启的阀门。重新开机前，还应对热泵机组的两侧的供回水温度和两侧循环泵的控制压力值、转数进行重新设定。

3. 各地埋管环路均监测供回水温度、压力，并对温度做逐时记录。

4. 应设置土壤温度测试井，测试井位置选取及测点布置由相关的专业单位完成，土壤温度测试采用自成套系统监视，将集成的土壤温度值通过远传设施反馈至建筑设备监控系统进行监测。

5. 地源热泵系统的其他控制（如冷冻水、地源热泵机组侧等）内容与上述内容相近，不再叙述。

三、水蓄冷系统的节能措施

1. 水蓄冷系统利用电力部门的峰谷电，达到削峰填谷、降低能耗、节省运行费用的目的。系统运行思路是夜间利用谷电启用冷机将冷量存储在蓄冷罐中，白天将存储在蓄冷罐中的冷量释放出来供用户使用，能耗高峰期启动冷机弥补蓄冷罐产冷量的不足。

2. 建立计算机数学模型，综合分析室外温度、天气预报、天气走势、历史记录、负荷需求的管理要求，自动推荐系统运行方式。在满足末端负荷要求的前提下，充分发挥水蓄冷系统优势，选择最佳的系统运行模式，以节约运行费用。

3. 对蓄水罐内部温度梯度进行监视，在垂直方向每隔 500mm 设置 1 个温度传感器。

蓄冷时：采用同步蓄冷，打开蓄水罐管路的阀门，当蓄水罐顶部的水温达到 4℃时，蓄水罐蓄冷完毕，可关闭蓄水罐管路的阀门。

放冷时：采用同步放冷，先打开蓄水罐管路的阀门，当蓄水罐底部第一点水温大于 12℃，蓄水罐的冷量释放完毕，可关闭蓄水罐管路的阀门，蓄水罐的冷量释放完毕。

4. 水蓄冷空调系统按照工艺流程可分为五种运行工况：主机单独蓄冷、蓄冷罐单独放冷、主机单独放冷、蓄冷罐 + 主机联合供冷、主机蓄冷 + 供冷。不同工况下自控系统对设备及阀门按预定状态进行开关、启停控制。

四、冰蓄冷系统的节能措施

1. 冰蓄冷空调系统是充分利用夜间进行制冷并蓄冷，而在需冷量高峰时（白天）利用这部分蓄冷量，这样既可以减少白天对电力负荷峰值的影响，又充分利用了夜间廉价电力，达到了削峰填谷的用电目标。

2. 根据当地气象条件及当地的电价政策，预先编制冰蓄冷系统不同负荷段的运行策略，自控系统根据冷冻水供回水温度和回水流量，计算出实际负荷，然后按照编制好的运行策略，自动切换不同的运行模式。

3. 采用优化控制软件，根据气象条件预测全天逐时空调负荷，并经校正，优化双工况主机与蓄冰装置间的负荷分配，设定全天各时段系统运行模式及开机台数。

4. 蓄冷系统常用的运行工况：双工况主机蓄冰、主机单独供冷、蓄冷装置单独供冷、主机与蓄冷装置联合供冷等。通过对电动阀（二通阀或三通阀）和水泵的自动控制来实现工况的自动转换。

（1）双工况主机蓄冰：封装式蓄冰装置是根据给定的冷机蒸发温度确定蓄冰工况；开式蓄冰装置是根据冰层厚度、蓄冰量确定蓄冰工况。

（2）主机单独供冷：根据给定的温度值，对主机进行能量调节。

（3）蓄冷装置单独供冷：根据给定的蓄冷装置出口温度，调节乙二醇的流量，控制融冰供冷量。

（4）主机与蓄冷装置联合供冷：通过调节进入蓄冷装置的乙二醇的流量，控制融冰供冷量，根据给定的主机与蓄冷装置的混合温度，对主机进行能量调节。

5. 在深圳大梅沙万科总部项目中，采用了冰蓄冷空调系统，该项目获得了美国 LEED 铂金认证，取得良好的节能效果及社会效应。

五、热交换系统的节能控制

1. 根据二次侧出水温度值与设定值之差，通过电动阀自动调节一次侧热媒的流量。

2. 根据二次侧供回水压差控制压差旁通阀的开度，维持压差在设定的范围内（末端应是二通阀调节）。

3. 根据二次侧供回水温差和流量，确定热水泵运行台数。

4. 根据二次侧供回水压差控制热水泵的转速，保持压差在设定的范围内（供回水总管不设旁通电动阀）。

5. 多台热交换器及热水泵并联设置时，在每台热交换器的二次侧进水处设置电动蝶阀，根据二次侧供回水温差和流量，调节热交换器的台数。

6. 根据二次侧供回水温差和流量，自动监测建筑物实际消耗热量（包括瞬时热量和累积热量）。优化设备运行台数和运行顺序的控制，并可作为计量和经济核算的依据。

7. 热水泵停止运行，一次侧电动阀关闭，二次侧电动蝶阀也关闭。

8. 当采用市政热源时，一次侧可采用电动二通阀调节流量。当单独设置锅炉提供热源时，必须采用电动三通阀进行流量调节。

六、采暖通风及空气调节系统的节能控制

1. 对建筑物进行预热或预冷时，新风系统应能自动关闭。当采用室外空气进行预冷时，应尽量采用新风系统。

2. 在人员密度相对较大且变化较大的房间，宜设置 CO_2 浓度控制，根据室内 CO_2 浓度检测值调节风机的转速或风阀开度，增加或减少新风量，使 CO_2 浓度始终保持在卫生标准规定的限值内。

3. 在中央管理工作站，根据昼夜室外参数、事先排定的工作及节假日作息时间表等条件，自动／手工修改最小新风比、送风参数和室内参数设定值等。

4. 过滤网两端压差超过设定值时报警，提示清洗或更换，减少风机能耗，并应有强制停机的功能。

5. 当新风系统或空调机组采用转轮热回收装置时，可根据空调工况和室内外的焓差控制转轮的启停，转轮与风机联动控制。

6. 空调机组和新风机组是冷热源的主要负载，对于机组的自动控制目的是在保证被控区域的舒适性的基础上，尽可能节能。舒适性包括温度、湿度、新风量、风速（压力）及气流组织和温度场分布等，常规控制主要是温度和新风量的控制，要求相对高的系统则包含湿度和风压的控制。

7. 新风机组的节能控制：

（1）根据送风温度与设定值之差，自动调节电动阀的开度。

（2）根据送风湿度与设定值之差，自动调节加湿阀（在冬季）。

（3）风机启停与新风风门、电动阀等的开闭联动。

8. 空调机组的节能控制：

（1）根据回风（或室内）温度与设定值之差，自动调节电动阀的开度。

（2）根据回风（或室内）湿度与设定值之差，自动调节加湿阀（在冬季）。

（3）风机启停与风门、电动阀等的开闭联动。在有回风的系统中，新风阀和回风阀连锁控制。

（4）新风量的控制，根据室内外温湿度计算焓值，或直接采用焓值变送器，根据焓值计算混风比，要求较高区域设置空气品质传感器，根据空气品质计算新风量，再与最小新风量比较，取最大值控制新风、回风阀的开度比例，在保证最小新风量的基础上尽量使用新风。

（5）在室外温度低于室内温度时，应充分利用室外的低温调节室内温度。焓差控制器由控制器比较室外温度及回风温度高低而将各风阀关大、关小或全开、全关。风量控制可采用自动和手动双重方式，由温（湿）度的检测，经过风阀和变频双重调节，达到室内设定的温湿度。

（6）采用变风量系统时，风机应优先采用变速控制方式，并对系统最小风量进行控制。风机变速控制的方法有以下几种：

1）总风量控制法，根据所有变风量末端装置实时风量之和，控制风机转速，调节送风量。此方法较容易实现。

2）变静压控制法，尽可能使送风管道静压值处于最小状态，调节风量和温度。此方法对技术和软件要求较高，是最节能的方法，只有经过充分的论证和有技术保障时，方可采用。

将 VAVBOX 所提供的需求风量进行求和，计算出总的系统需求风量，对送风量进行前馈控制；同时，将 VAVBOX 所提供的风阀开度及冷热需求状态，对送风量进行反馈控制。

当变风量末端装置的风阀全部处于中间状态时，表明系统静压过高，需要调节并降低风机转速。

当系统中有一台变风量末端装置的风阀处于全开状态，且没有进一步冷热需求时，表明系统静压合适，风机转速按最小静压运行。

当系统中有一台变风量末端装置的风阀处于全开状态，且有进一步冷热需求时，表明系统静压偏低，需要调节并提高风机转速。

3）定静压控制法是根据送风静压值控制风机转速。控制简单、运行稳定，节能效果不如前两种方法。工程中经常采用。

根据变风量末端布置情况，选择一个或多个典型静压测量点进行测量，通过信号选择器输出系统的最低静压点。

根据系统最低静压点与其设定值比较，通过 PID 运算，输出 0—10V 控制信号给送、回风机变频器，对送、回风量进行调节，使系统最低静压维持恒定。

9. 风机盘管的节能控制：

（1）手动控制风机三速开关和风机启停。

（2）手动控制风机三速开关和风机启停，电动水阀由室内温控器自动控制。

（3）风机启停与电动水阀连锁。

（4）冬夏均运行的风机盘管，其温控器应设季节转换方式：

1）温控器设置手动转换开关。

2）对于二管制系统，通过在风机盘管供回水管上设置箍型温度开关，实现季节自动转换功能。

（5）通过灯光智能控制装置或客房智能控制器等不同控制方式，实现对风机盘管的三速开关及电动水阀的集中控制，满足房间温度的自动调整和不同温度模式的设定。

（6）房间温控器应设于室内有代表性的位置，不应靠近热源、灯光及外墙，不宜将温控器设置在床头柜等封闭空间中或集中放置。

（7）采用专用的风机盘管控制器，自动进行三速开关和风机启停控制，并控制电动水阀的自动启闭。

10. 变风量末端装置的节能控制：

（1）变风量末端控制分为压力有关型和压力无关型。

（2）压力有关型末端设备不提供压差传感器，根据室内温度和温度设定值比较，确定风门开度。制冷模式下，当室内热负荷较低时，风门关闭；室内温度较高时，风门开大。

（3）压力有关形变风量末端设备无法保证实际送风量与热负荷之间的控制关系。

（4）压力无关形变风量末端设备增加一个压差传感器，变风量末端控制器根据压差和风管面积计算实际送风量，与送风量设定值比较，通过风门调节送风量。

（5）室内温度传感器起修订送风量设定值的作用，根据不同室内温度重新调节风量的设定点。

第五节 中央空调变流量控制系统

采用模糊控制理论与变频技术相结合,将空调系统的定流量系统改为变流量控制系统。系统对冷战的空调设备进行统一监控,构成独立的节能控制系统,控制核心是由变流量控制器实现的。

1. 冷冻水控制子系统,变流量控制器设定冷冻水供回水温度为某一特定值,冷水机组控制冷冻水供水温度为该相应值,变流量控制器根据回水温度控制冷冻水泵的转速,调整冷冻水流量。

2. 冷却水控制子系统,变流量控制器设定冷冻水供回水温度为某一特定值,即供回水温差为特定值,变流量控制器根据供回水温度和温差,控制冷冻水泵的转速,调整冷却水流量。

3. 冷却塔风机控制子系统,变流量控制器将冷却水进水温度设在某一特定值上,变流量控制器根据进水温度变化,控制冷却塔风机的转速,使冷却水的进水温度保持在设定值上。

4. 对冷站设备进行集中监视和控制,对各种运行过程信息进行采集、记录、统计,实现系统的信息集成。

5. 对系统参数进行优化设置,监测系统的运行状态,统一各子系统的控制,提供系统运行管理功能,并预留与建筑设备监控系统网络连接的通信接口。

6. 建立系统与冷水机组控制器之间的通信,实现对冷水机组内部参数的全面监视。

第六节 空调系统的计量

一、计量系统类型

空调系统可根据工程实际需要进行分区域(层)计量和分户计量。

空调系统的计量系统主要有两种类型,即能量型计量系统和时间型计量系统。

能量型计量系统适用于中央空调的分区域(层)计量和分户计量,时间型计量系统适用于中央空调的单个风机盘管末端能耗计量(分户计量)。

二、能量型分户计量系统

1. 能量型分户计量系统的组成

系统由能量积分仪、流量计、温度传感器、通信器(又称数据转发器)、空调计费仪、中央工作站、打印机等设备组成。

2. 能量型分户计量系统的工作原理

能量型分户计量系统是在用户的供回水管上安装温度传感器各一个，在供水管道上安装流量传感器一个，将三路信号接入能量积分仪。通过对用户的供水温度 t_1、回水温度 t_2 及瞬时流量 q 进行实时测量，并按照热力学能量计算公式，对使用冷量或热量进行累积而得到用户消耗的能量值。能量积分仪与中央工作站通信，进行数据库管理。以用户使用的能量值为依据，进行收费。在用户欠费时系统可以自动关断用户冷热量入户电动阀门，以上计量是在空调计费仪接收到冷冻水泵运行情况下进行的。

能量计算公式如下：

$$Q = \int_{t_1}^{t_2} q_m \Delta h dt = \int_{t_1}^{t_2} p q_v \Delta h dt \qquad （1-1）$$

式中，Q——消耗的冷量或热量，焦耳（J）；

Δh——供、回水温度对应冷热水的比焓值差，焦耳 / 千克（J/kg）；

t——积分变量；

t_1——供水温度，开（K）；

t_2——回水温度，开（K）；

q_m——瞬时流量，立方米 / 秒（m³/s）；

q_v——瞬时流量的体积，立方米（m³）；

P——密度（以供水温度为准），千克 / 立方米（kg/m³）。

3. 流量计的选用

（1）插入式电磁流量计：适用于 50—700mm 范围的管径，安装方便，无运动部件，免维护。不同管径均为统一型号、规格的插入式电磁流量计。

（2）涡街流量计：适用于 40—150mm 范围的管径，管道式法兰安装，无运动部件，感应原理，维护量小。

（3）叶轮式流量计：这类流量计有几种类型，包括插入式、管道式水平旋翼，垂直旋翼，还有的自带滤网等，但这类流量计由于容易被缠绕或堵塞，所以需要定期或不定期地进行清理维护，分量也较重，其主要优点是价格相对上两种便宜。

（4）超声波流量计：

1）很宽的量程比：精度范围内 1∶100，测量范围内 1∶1000；

2）无任何磁性材料，无任何安装限制；

3）无任何运动部件，保证使用过程中的免维护；

4）全金属结构，无塑料部件，保证 15 年长寿命；

5）自动调节超声波信号强度，以适应水质变化和水垢的影响；

6）适用温度范围：–10℃—130℃，150℃可工作 2000h；

7）最小测量流量：0.006m²/s；

8）压力损失小，可低于200mbar，远低于叶轮式流量表。

超声波流量计的特点是无机械运动部件、免维护、故障率低、误差比较小、价格相对较高。

4. 能量型分户计量系统的特点

（1）可在不同时段采用不同的单价，这样为不同时段使用或实行分时段电价的用户提供方便的服务。

（2）维护费用高、使用寿命短。

1）由于流量计容易堵塞、结垢，所以通常需要进行定期或不定期的系统维护，在保证精度的情况下，其使用寿命相对较短。

2）为了保证流量计测量的准确性，规定在使用中每3—6年必须进行一次校验。

3）当发生堵塞、流量计或温度传感器发生故障时，需停机、放水、试压。

（3）受户型结构及功能变化的影响大。能量型分户计量系统一旦安装完成后，就很难改变，如果房间发生变化，除非重新安装，否则很难随之变化。

（4）系统设备成本高。

三、时间型分户计量系统

1. 时间型分户计量系统的组成

该系统由采集器、温控器、通信器（又称数据转发器）、中央工作站、打印机等设备组成。

2. 时间型分户计量系统的工作原理

将采集器与风机盘管的温控器上三速开关相连接，在获得电动二通阀开通信号的同时，获得用户使用的高、中、低挡的状况，并可自动累计各挡位的运行时间。通过通信器将信号传至空调计费仪，空调计费仪与中央工作站通信，进行数据库管理。以用户使用的当量时间为依据，进行收费。以上的计量是在空调计费仪接收到冷冻水泵运行情况下进行的。

这里所指的当量时间是指电动二通阀在开启状态下风机盘管的有效运行时间，它与风机盘管的实际运行时间是不完全相同的，它与风机盘管三速开关的状态有关，与电动二通阀的开启与否有关，也与风机盘管的型号有关。标准时间能比较客观、准确地反映用户的冷／热量消耗。

中央空调的制冷（热）原理：通过水泵将冷冻水（热水）送到各风机盘管中，由风机吹送冷（热）风达到降（升）温的目的。

物质的热交换能量计算的热力学公式为：

$$Q=mC_p(T_2-T_1)t \hspace{3cm} （1-2）$$

式中，Q——消耗的冷量或热量，焦耳（J）；

C_p——流体的比热，焦耳／千克·开（J/kg·K）；

M——流体的质量流量，千克／秒（kg/s）；

T_2、T_1——流体的进口和出口温度，开（K）；

t——热交换时间，秒（s）。

在中央空调的冷／热交换过程中，需考虑以下因素：

（1）由于风机盘管表冷器面积出厂后是一定值，因此换热量与风速 v 成正比。

（2）由于冷冻水泵功率一定，正常使用时流过风机盘管的水量基本不变，不用考虑流过风机盘管的水量影响。

（3）热交换耗能与用户的使用空调时间（水流通时间）t 成正比。

3. 时间型分户计量方式的特点

（1）测量误差小。

（2）时间型分户计量系统不与水系统发生关系。由于为全电子系统，所有连接均为电气连接，故不和空调水系统发生联系，安装、调试和维护都十分方便，不会影响到空调机组的运行和其他用户的正常使用。

（3）使用寿命长。时间型分户计量系统是一套电子化产品，外界干扰影响小，通常整个系统与电子产品的寿命是一致的，在保证精度的情况下能轻易达到 10—20 年。

（4）不受户型结构及功能变化的影响。由于时间型分户计量系统是直接计量到每个风机盘管的末端，因此不管房间结构及用户如何改变，都不用改变整个计费系统，只需改变中央工作站上的用户设定即可。

（5）具有控制功能，可对恶意欠费用户实施停机，禁止其使用空调（风机盘管）。

（6）可在不同的时段采用不同的单价，这样为不同时段使用或实行分时段电价的用户提供方便的服务。

（7）系统设备成本低。

第七节　电梯和自动扶梯的节能控制

一、电梯和自动扶梯的节能控制

1. 当不同区域的电梯采用 BAS 进行群控时，通过对每台电梯运行时段和运行累积时间等的综合分析，确定电梯的分组、分时段的运行控制方式。

2. 一般电梯群控系统是由电梯厂家提供的独立的电梯监控系统，电梯的各种运行状态及参数由独立的监控系统提供。

3. 建筑设备监控系统可以通过网关与独立的电梯群控系统进行通信，实现建筑设备监控系统对电梯各种状态的监视。

4. 在非人流密集时间段,自动扶梯增设红外感应装置控制其运行。

二、目前常用的自动扶梯节能控制技术

1. 星三角驱动模式

星三角驱动节能技术分为自动重启和 $Y-\Delta$ 切换两种方案。在自动重启方案中,自动扶梯会在没有乘客的时候停止运行,有乘客服务要求时,重新启动自动扶梯控制系统,让自动扶梯处于工作状态。此方案虽然可以适当节约自动扶手的电量消耗,但是,频繁的重启动作会增加自动扶梯机械设备零件的磨损,并对当地的电网造成某种程度的冲击,容易引发一定的安全事故,对老人、孕妇和儿童的安全尤其不利。$Y-\Delta$ 切换方案则要求自动扶梯在没有乘客的情况下按照 Y 接法运行;若乘客有服务要求时,由 Y 接法切换成到 Δ 接法启动自动扶梯,然后循环运行下去。调查显示,空载或者乘客流量较少的情况下,Y 接法和 Δ 接法并无运行速度上的明显差异,然而就节能效果而言,Y 接法具有明显的节能优势,比 Δ 接法节能效果要高出 20% 左右。

2. 变频驱动模式

变频驱动模式是一种节能效果较好的自动扶梯驱动模式。它需要在自动扶梯的运行系统中安装变频调速装置,并对自动扶梯的运行速度进行设定,当自动扶梯入口的感应装置提示有乘务要求时,扶梯会自动按照设定速度运行,而感应装置提示空载时,自动扶梯会自动低速运行,并在变频调速装置的帮助下逐渐降速以降低扶手运行的功率,减少电能的消耗。一旦感应装置重新发出乘务指令,控制系统和变频调速装置会逐渐恢复自动扶梯的运行速度。变频装置通过对速度的控制来减少能源的消耗,同时降低自动扶梯的设备磨损程度,延长自动扶梯的使用寿命。

3. 自动运行模式

自动扶梯也可以依靠入口处的感应装置来判断是否存在乘务要求,并传递相应信息给自动扶梯的控制系统来开启自动启停模式。这种自动节能模式适用于乘客量较少的公共场合,否则,虽然在一定程度上降低了自动扶梯的电力消耗,但是频繁的启停操作会大幅增加自动扶梯的设备磨损,并对当地电网产生一定的冲击。

4. 影响自动扶梯能耗的因素

(1) 减速器及传动装置

在自动扶梯的所有装置当中,能量消耗占比相对较大的模块是减速器及传动装置。研究表明,在工况和载客量相同的情况下,自动扶梯的能耗高低与减速器及传动装置的设计有很大关系。例如,检测表明,实际生活中,在同样附加二级斜齿轮减速的情况下,采用三角皮带进行一级减速的效率比采用涡轮杠杆和螺旋伞形齿轮进行一级减速的效果要好得多,二者空载运行功率的差值几乎占到了能效限定值的一半。因此,自动扶梯的节能控制

必须重视对减速器及传动装置的设计。

（2）维修保养

自动扶梯属于高磨损的公共设施，每天会承载大量乘客，即使客流量不高，也会采用空载的模式不停地运转。为了乘客的安全和自动扶梯功能的正常发挥，技术人员需要对自动扶梯的相关设备进行定期的检测和维修保养。这些工作虽然琐碎，但是非常重要。它不仅可以在一定程度上减轻机械的磨损情况，延长自动扶梯设备的使用寿命，而且可以减少自动扶梯的安全隐患。研究表明，同一厂家出产的同等型号和参数的自动扶梯，在常年定期检修和日常维护保养工作到位的情况下，空载运行功率仅为1.8kW；而忽视了定期检修和维护保养工作的自动扶梯设备和器件的磨损率较高，空载运行功率可达2.2kW，高出前者20%还多，且存在很大的安全隐患。

（3）待机功率

自动扶梯的感应器检测不到有乘客进入，就会进入低速运行状态，然后自动停止，此时，自动扶梯处于待机状态。处于待机状态的自动扶梯和处于钥匙关闭状态不同。自动扶梯待机时，控制系统的电源仍处于开启状态，扶梯入口的感应器可以随时工作，检测是否有乘客进入，控制系统也可以随时根据乘客的进入情况发出运行指令。因此，即使自动扶梯处于待机状态，运行功率也不会低于37W，仍然会消耗一定的电能。而自动扶梯处于钥匙关闭状态时，扶梯的运行功率为零，不消耗任何电能。因此，自动扶梯的设计人员需要特别注意自动扶梯的待机问题，尽量采取措施避免能源的消耗。

综上所述，在客流量较大的公共场合，自动扶梯可以方便人们的出行，但是，较大的电力需求及客流量较小时自动扶梯的空载都会造成电力能源的消耗甚至浪费，因此，急需良好的节能控制技术来降低自动扶梯的能源消耗，并延长自动扶梯的使用寿命。无论是星三角驱动模式、变频驱动模式还是自动运行模式，都可以在一定程度上降低自动扶梯的电力消耗，但是都存在一定的应用缺陷，需要不断改进和提高。

第八节 风机水泵的节能控制

一、合理选择风机、水泵机组

1. 风机、水泵设计选型应合理，以使风机水泵的额定流量和压力尽量接近工艺要求的流量和压力，使设备运行工况经常保持在高效区。

2. 合理选择水泵额定功率，当轴流泵低于60%时，应予以更换或改造。

二、合理选择风机水泵的系统调节方式

1. 水泵、风机系统调节方式，取决于以下方面

工作流量变化规律；管路性能曲线的静扬程所占全扬程的比例；泵或风机容量大小；调节装置价格高低、可靠性、调节效率及功率因素特性等。全面衡量后选用最合适的调节方式，必要时进行全面的经济技术分析比较。

2. 对于压力或流量变化幅度较大，年运行总时数较长的系统

应通过《节电措施经济效益计算与评价方法》GB/T 13471—2008 进行评价后才可采用调速装置。

3. 调节电动机转速，实现变速变流量调节

根据风机、水泵的压力—流量特性曲线图，按照工艺要求的流量，实现变速变流量控制，为节电节能的有效方法，即流量与转速成比例，而功率与流量的 3 次方成比例。由于风机、水泵一般用不调速的笼型电动机传动，当流量需要改变时，用改变风门或阀门的开度进行控制，效率较低。若采用转速控制，当流量较小时，所需功率近似按流量的 3 次方大幅度下降。

4. 风机节能效果计算

风机调速节能效果的计算较为简单。由于风扇系统一般没有背压，因此可以根据比例定律直接获得风扇调速中消耗的电能。请注意，运行期间的功率消耗风扇功率频率应为实际的功率消耗风扇，当使用阻尼器来调节而不是评估功率时，转速也应调节到中心频率（速度），而不用最低速度（频率）。

准确的风量数据可根据风门开度数据计算得出，以准确计算节电率。最准确的是计算各种工况下的风量、气压和电动机电流数据。第二种是根据风扇特性曲线、门开度和电流数据来计算节电率。门的开度决定节电率，电机的电流决定节电率，门的开度精度决定门的开度精度，然后是风量计算。它对计算结果的影响可以用"损失百万分之一，相差一千英里"来描述。因此，风量的计算必须谨慎。

电站锅炉为 75t / h 循环流化床锅炉。其供应风扇（主风扇）是离心风扇。设计余量很大。满载时，进水阀开度仅为 70%（出水阀全开），每天运行时间为 8h。当 80% 的负荷为 80% 时，空气阀的开度为 55%，每日运行时间为 10h；当负载为 60% 时，空气阀的开度为 45%（当小于 44% 时，气压警报），每日运行时间为 6h。尝试计算变频调速和节能改造的节能效果。

风扇和水泵作为工业和生活中的通用机械，具有应用范围广的特点，配套电动机的数量也很大。据统计，风机和水泵的能耗占全国总发电量的 20% 以上。由于容量和工艺的原因，大多数风机和水泵的负载都有不同程度的电能浪费，这在当今的节能减排中倡导减少浪费、节能研究迫在眉睫，频率控制是最好的方法。

要做好特种设备的日常检查和维护，确保项目正常有序地进行。做好特种设备的安全检查和维护，制定完善的规章制度，严格按照国家标准进行科学检查，及时处理问题，确保人身和财产安全。此外，专业人员应在确保特殊设备的安全运行中发挥重要作用。

第二章 电气照明装置及节能

电能是我国使用最广泛的能源，在人们的日常生活中电气照明所占电能消耗比例可达20%以上，对建筑电气照明设计进行相关研究，对于促进节能减排计划的推行具有重要的意义。

第一节 照明方式和种类

一、照明方式

照明器按其安装部位或使用功能而构成的基本形式，称为照明方式。通常，照明方式分为一般照明、分区一般照明、局部照明及混合照明四种。

1. 一般照明

为使整个空间获得均匀分布的水平照度，照明器在整个空间内基本均匀布置的照明方式。一般情况下，工作场所通常应设置一般照明。

2. 分区一般照明

根据需要提高特定区域（房间）内某一特定工作的照度，则设置两种或以上不同照度的分区均匀分布的照明，称为分区一般照明。同一场所内的不同区域有不同照度要求时，应采用分区一般照明。分区一般照明可以有效节约能源。

3. 局部照明

以满足照明空间内某些部位的特殊需要而设置的照明称为局部照明。局部照明可在下列情况中采用：

（1）局部需要较高的照度。

（2）由于遮挡而使一般照明照射不到的某些范围。

（3）视觉功能较低的人需要有较高的照度。

（4）需要减少工作区的反射眩光。

（5）为加强某方向的光照以增强质感时。

在一个工作场所内，不应只采用局部照明。

4. 混合照明

由一般照明和局部照明共同组成的照明称为混合照明。对于部分作业面照度要求较高，只采用一般照明不能满足要求时，宜采用混合照明。

二、照明种类

1. 按效果分

照明按其效果可分为一般照明和艺术照明。一般为生活、工作、学习提供必要照度而设置的照明，称为一般照明；为衬托建筑物的特性、风格或显示一件艺术作品的内涵所设置的照明，称为艺术照明。在民用建筑中，有很多场合，往往是两者有机结合。

2. 按功能分

照明按其功能可分为正常照明、应急照明、值班照明、警卫照明及障碍照明等。

（1）正常照明

为满足正常工作、学习、生活的需要所设置的照明，称为正常照明，也称工作照明。它有满足人们基本视觉要求的功能，应按不同建筑物类型及使用功能，按照度标准，采用不同的照明方式而设置。

（2）应急照明

应急照明也称事故照明，是当正常照明因事故熄灭后，供事故情况下继续工作、人员安全或顺利疏散的照明。它是现代大型建筑物中保障人身安全和减少财产损失的安全设施，包括备用照明、安全照明和疏散指示照明。

1）备用照明。当正常照明因故障熄灭后，需确保正常工作或活动继续进行的场所，应置备用照明。备用照明应能维持正常生产、营业、交往所需要的最小照度，一般不宜低于正常照明照度的 10%，当仅做事故情况短时使用的照明可为 5%。

按消防要求，在火警时，暂时继续工作的备用照明，在人员密集的场所，如营业厅、观众厅、餐厅、舞厅、多功能厅和其他具有危险性的场所等，应不小于正常照度的 5%，并维持 1 h；继续工作的备用照明，如配电室、消防控制室、消防泵房排烟机房、自备发电机房、蓄电池室、火灾广播室、电话站、BAS 控制室及其他重要房间，应不小于正常照明的照度，并能连续工作；在疏散楼梯、消防电梯及前室照明应安装备用照明设置，按疏散路径的长短，其维持时间宜为 30—60 min。

备用照明宜为正常照明灯具中的一部分。

2）安全照明。凡因正常照明中断，将会引起人身伤亡的危险场所（如医院的重要手术室、急救室等）或会造成重大经济损失的危险场所（如商场贵重物品售货柜、收银台、银行金库值班室等），都应设置安全照明。通常也可取正常照明中的一部分灯具做安全照明用。一般其照度不宜低于正常照度的 5%。

3）疏散照明。正常照明因故障熄灭后，需确保人员安全疏散的出口和通道，应设置疏散照明。疏散照明由安全出口标志灯和疏散标志灯组成。安全出口标志灯距地高度不低于 2 m，且安装在疏散出口和楼梯口里侧的上方；疏散指示照明应设在安全出口的顶部、楼梯间、疏散走道及其转角处、楼梯休台处离地 1 m 以下的墙面上，大面积的商场、展厅等安全通道上采用顶棚下吊装。

疏散指示灯的设置，不影响正常通行，且不在其周围设置容易混同疏散标志灯的其他标志牌等。疏散指示照明只要求提供充足的照度，一般取 0.5 lx，维持时间按楼层高度及疏散距离计算，一般取 20—60 min。

（3）值班照明

大面积场所及夜晚需要值班的场所，设置值班照明。可利用正常照明中的部分灯具，且能按需要单独控制。

（4）警卫照明

有警戒任务的场所应根据警戒范围的要求，设置警卫照明，如国家级或省市重要金库、监狱等一些特殊的建筑物。警卫照明的电源应按一级负荷，采用双电源供电，并设有备用电源自投装置。

（5）障碍照明

障碍照明是为防止飞机撞上高层建筑和构筑物所设置的照明，或装设在有船舶通航的河流的两侧建筑物上表示障碍标志用的照明。它的设置应遵循当地民航及交通部门的规定。

（6）装饰照明

装饰照明是为美化和装饰某一特定空间而设置的照明。装饰照明可以是正常照明抑或局部照明的一部分。以纯装饰为目的的照明，不兼作一般照明和局部照明。

第二节　常用电光源和灯具

一、电光源分类

按发光原理区分，电光源主要分为热辐射光源和气体放电光源两类。

1. 热辐射光源

热辐射光源主要是利用电流使物体加热到白炽程度而发光的光源。例如，白炽灯、卤钨灯等都是以钨丝为辐射体的。

2. 气体放电光源

气体放电光源是利用电流通过气体（或蒸气）的过程而发光的光源。这种电光源具有发光效率高、使用寿命长等特点。

气体放电光源按放电的形式，可分为辉光放电灯和弧光放电灯。

（1）辉光放电灯。这类灯由正辉光放电柱产生光，其阴极的次级发射比热电子发射大得多，阴极电位降较大（100V 左右），电流密度较小，通常需要很高的电压，也称冷阴极灯，如霓虹灯就属于辉光放电灯。

（2）弧光放电灯，又称热阴极灯。这类灯主要是利用正弧光放电柱产生光，阴极电位降较小，需要专用的启动器件及线路才能工作，如荧光灯、汞灯、钠灯等均属于弧光放电灯。

气体放电光源按灯管内充入气体的压力高低，又可分为低压气体放电灯（如荧光灯、低压钠灯等）和高压气体放电灯（如高压汞灯、高压钠灯等）。

二、常用电光源

1. 白炽灯

白炽灯是最早出现的第一代光源。白炽灯的结构简单，主要是由灯头、灯丝和玻璃壳等组成的。灯头可分为螺口式和插口式两种。随着社会的发展，白炽灯将逐步被淘汰，由节能电光源取代。

2. 卤钨灯

在白炽灯泡中，除充有少量惰性气体外，还充有少量的卤族元素（氟、氯、溴、碘）。最常见的是充入碘元素的碘钨灯。当钨蒸发后，扩散到玻璃壳附近 250℃—600℃的区域时，合成碘化钨，并在灯泡内继续扩散，到达灯丝附近 1500℃左右的高温区，又分解成碘和钨，钨回到灯丝上，碘沿灯泡壁区域扩散，到达适当的温度区又与钨化合，这就是卤钨循环。为使钨正确回落到灯丝上，将灯泡制成细而长的管状，为保证灯管温度均匀，钨丝贯穿整个灯泡做成灯管两端引线。为防止出现低温区而使钨沉积，碘钨灯管必须水平安装，其倾角不得大于 4°。

另一种重要的卤钨灯是溴钨灯，同样是利用溴钨循环使钨回落到灯丝上，与碘钨灯类同。

3. 普通荧光灯

普通荧光灯又称日光灯，是一种应用比较普遍的电光源，为热阴极预热式低压汞蒸气放电灯。灯管有直管、环形管、U 形管等。

荧光灯的主要附件有镇流器和启辉器（继电器）两种。使用时，必须按规格配套，否则将损坏镇流器或灯管。

4. H 形荧光灯

H 形荧光灯是一种新颖的节能电光源。

H 形荧光灯必须配专用灯座，其镇流器必须根据灯管功率来配置，切勿用普通的直管形荧光灯镇流器来代替，否则，勉强使用会缩短 H 形灯管的使用寿命。由于灯管的启辉器安装在灯管中，且灯管的内部也不相同，因此应注意，电子镇流器只能配用电容器型的 H 形灯管，电感式镇流器只能配用启辉器型的 H 形灯管。

另外，还有一种双曲荧光灯，也是近期研制的一种新颖电光源，具有耗电省、光效高、寿命长、安装方便等优点。这种灯是把双曲荧光灯管（两支 U 形管）和微型镇流器封装在一个玻璃壳内。

5. 高压汞灯

高压汞灯又称高压水银灯，主要依赖高压汞气放电而发光。高压汞灯的结构分普通高压汞灯和自镇流高压汞灯两种。自镇流高压汞灯比普通高压汞灯少一个镇流器，代之以自镇流灯丝。当接通电源后，引燃电极与邻近电极之间放电，汞蒸发，同时灯丝发热，帮助两电极之间形成弧光放电。

6. 钠灯

钠和汞一样可以作为放电管中的发光蒸气，如在灯管内放入适量的钠和惰性气体，就成为钠灯。钠灯分为高压钠灯和低压钠灯两种。

高压钠灯是一种高压钠蒸气放电灯，其基本结构主要由灯丝、双金属片热继电器、放电管、玻璃外壳等组成。

7. 金属卤化物灯

金属卤化物灯的结构与高压汞灯相似，发光管是一个用石英玻璃制造的放电管，内装两个主电极和一个辅助电极，外套一个硬质玻璃泡。放电管内除充入启动用的惰性气体氩和汞外，还充入了金属卤化物。金属卤化物灯的发光主要靠这些金属原子的辐射，获得比高压汞灯更高的光效和显色性能。目前应用的金属卤化物灯主要有以下三类，它们是充入钠、铊、钢碘化物的钠铊铟灯，充入镝、铊铟碘化物的镝灯，以及充入钪钠碘化物的钪钠灯。

金属卤化物灯光效高、光色好、显色性佳、寿命长，广泛应用于商场、大型航空港的候机楼、车站候车大厅、船码头的候船室、大型展厅及广场等照明。

8. LED 节能灯

LED（半导体发光二极管）节能灯是用高亮度白色发光二极管的新一代固体冷光源，是继紧凑型荧光灯（普通节能灯）后的新一代照明光源。相比普通节能灯，LED 节能灯光效高、耗电少、寿命长，安全环保不含汞，可回收再利用。

三、灯具

灯具的作用是固定光源、控制光线，把光源的光能分配到所需的方向，使光线集中，以便提高照度，同时还可以防止眩光及保护光源不受外力、潮湿及有害气体的影响。另外，还可起到装饰美化环境的作用。灯具主要由灯座、灯罩及其附件组成。灯具与电光源组合称为照明器。

灯具的种类较多，分类方法通常有以下几种：

1. 按灯具的结构特点分类

（1）开启型。敞口的或无灯罩的，光源裸露在外。

（2）闭合型（保护型）。透光罩将光源包围起来，但透光罩内外的空气能自由流通，尘埃易进入透光罩内。

（3）封闭型。透光罩固定处加以一般封闭，使尘埃不易进入罩内，但当内外气压不同时，空气仍能流通。

（4）密闭型。透光罩固定处加以密封，与外界可靠隔离，内外空气不能流通。密闭型灯具根据用途可分为防潮型和防水防尘型。

（5）防爆安全型。其适用于在不正常情况下有可能发生爆炸危险的场所。

（6）隔爆型。其适用于正常情况下有可能发生爆炸的场所。

（7）防腐型。其适用于含有害腐蚀性气体的场所。

2. 按安装方式分类

（1）吸顶型。吸附安装在顶棚上，适用于顶棚比较光洁而且房间不高的建筑物。

（2）嵌入顶棚型。灯具大部分或全部陷在顶棚内，只露出发光面。

（3）悬挂型。灯具吊挂安装在顶棚上，有线吊型、链吊型和管吊型。装饰灯具多用悬挂型。

（4）附墙型。安装在墙壁上，习惯称为壁灯。

（5）嵌墙型。灯具大部分或全部陷在墙内，只露出发光面。多用于室内做起夜灯用。

3. 按出射光通分布分类

根据灯具向上、向下两个半球空间发出的光通量的比例进行分类，又称 CIE 配光分类。

（1）直接型。灯具由反光性能良好的非透明材料制成，如搪瓷、抛光铝或铝合金板和镀银镜面。

（2）半直接型。这种灯具常用半透明的材料制成，下方为敞口形，如乳白玻璃菱形罩、碗形罩等。它能将较多的光线直接照射到工作面上，又可使空间环境得到适当的亮度，改善房内的亮度比。

（3）直接间接型（漫射型）。上射光通量和下射光通量基本相等的称为直接间接型。使照明器向四周均匀发射光通量的形式称为漫射型，它是直接间接型的一个特例，乳白玻璃球形灯属于典型的漫射型。这类灯具采用漫透射材料制成封闭式的灯罩，造型美观，光线均匀柔和，但光损失较多，光利用率较低。

（4）半间接型。半间接型照明器的灯具上半部分用透明材料或敞口，下半部分用漫透射材料制成。由于上射光通量的增加，增强了室内散射光的照明效果，使光线更加均匀柔和。在使用过程中，上部很容易积灰，导致照明器效率的下降。

（5）间接型。这类灯具的光线大多经顶棚反射到工作面，能很好地减弱阴影和眩光，光线极其均匀柔和。但是用这种照明器照明，缺乏立体感，且光损失很大，极不经济。可用于剧场、美术馆和医院病房等场所。若与其他形式的照明器混合使用，可在一定程度上扬长避短。

照明灯具的种类很多，外观造型更多，但目前还没有关于灯具型号、规格和技术方面统一的国家标准。

第三节　电气照明基本线路

电气照明基本线路，一般应由电源、导线、开关及负载（电灯）四部分组成。照明基本线路大致有 9 种，如表 2-1 所示。照明基本线路看起来比较简单，在实际施工配线时却不能疏忽大意。应根据开关、灯具的实际安装位置布置导线，特别是用双控开关在两个地方控制一盏灯或用两只双控开关和一只三控开关在 3 个地方控制一盏灯时，更应注意。

表 2-1 照明基本线路

序号	线路名称	基本线路	备注
1	一只开关控制一盏灯		开关应装在相线上，以使开关断开后，灯头上没有电。以利安全
2	一只开关控制多盏灯（两盏以上）		同上
3	2 只双控开关在 2 个地方控制一盏灯		用于楼梯灯，楼上、楼下都可控制。也用于走廊中的电灯，在走廊两端控制
4	3 只开关在 3 个地方控制一盏灯		同上
5	日光灯线路		注意灯管与其他附件必须配套使用，电子镇流器已较普遍使用

（续表）

序号	线路名称	基本线路	备注
6	两个日光灯并联线路		同上
7	高压水银荧光灯线路	~220 V	有外镇流和自镇流两种
8	36V 及以下局部照明线路		变压器一次侧应装熔断器，这样既保护变压器，又对二次侧短路起保护作用，且变压器外壳要接地
9	应急灯接线		多用于应急灯、疏散指示标志灯

从表 2-1 电气照明基本线路可知，开关均是控制相线的。另外，注意在螺口灯头接线时，相线应接在中心触点的端子上，零线应接在螺纹的端子上。引向每个灯具的导线线芯最小截面应根据灯具的安装场所及用途决定。

第四节　照明灯具安装

照明灯具安装应按以下程序进行：

1. 安装灯具的预埋螺栓、吊杆和吊顶上嵌入式灯具安装专用骨架等，应按设计要求做承载试验合格后才能安装灯具。

2. 影响灯具安装的模板、脚手架拆除后，顶棚和墙面喷浆油漆或壁纸等，以及地面清理工作基本完成后，才能安装灯具。

3.导线绝缘测试合格后，灯具才能接线。

4.高空安装的灯具，地面通断电试验合格后，才能安装灯具。

一、普通灯具安装

室内灯具的安装方式，通常有吸顶式、嵌入式、吸壁式及悬吊式。悬吊式可分为软线吊灯、链条吊灯和钢管吊灯。

1.吊灯的安装

安装吊灯通常需要吊线盒和绝缘台两种配件。绝缘台规格应根据吊线盒的大小选择，既不能太大，又不能太小，否则影响美观，绝缘台应安装牢固可靠。软线吊灯的组装过程及要点如下：

（1）准备吊线盒、灯座、软线和焊锡等。

（2）截取一定长度的软线，两端剥露线芯，把线芯拧紧后挂锡。

（3）打开灯座及吊线盒盖，将软线分别穿过灯座及吊线盒盖的孔，然后打一保险结，防止线芯接头受力。

（4）软线一端线芯与吊线盒内接线端子连接，另一端的线芯与灯座的接线端子连接。

（5）将灯座及吊线盒盖拧好。

软线吊灯质量在 0.5 kg 以下，当质量在 0.5 kg 以上时，则应采用吊链式（或吊杆式）固定。采用吊链时，灯线宜与吊链编叉在一起，灯线不应受力。采用钢管做灯具吊杆时，其钢管内径不应小于 10 mm，钢管壁厚度不应小于 1.5 mm。当吊灯灯具质量超过 3 kg 时，则应预埋吊钩或螺栓固定。灯具的固定应牢固可靠，不准使用木楔。每个灯具固定用螺钉或螺栓不少于两个；当绝缘台直径在 75 mm 及以下时，采用 1 个螺钉或螺栓固定。固定花灯的吊钩，其圆钢直径不应小于灯具挂销的直径，且不得小于 6 mm。大型花灯、吊装花灯的固定及悬吊装置，应按灯具质量的 2 倍做过载试验。大型花灯如采用专用绞车悬挂固定时，应注意：绞车的棘轮必须有可靠的闭锁装置；绞车的钢丝绳抗拉强度不小于花灯质量的 10 倍；其长度，当花灯放下时，距地面或其他物体不得小于 250 mm。

2.吸顶灯和嵌入式灯具的安装

吸顶灯的安装一般可直接将绝缘台固定在天花板的预埋木砖上或用预埋的螺栓固定，然后再把灯具固定在绝缘台上。对装有白炽灯泡的吸顶灯具，灯泡不应紧贴灯罩。当灯泡和绝缘台距离小于 5mm 时（如半扁罩灯），应在灯泡与绝缘台间放置隔热层（石棉板或石棉布）。

当吸顶灯质量超过 3 kg 时，应把灯具（或绝缘台）直接固定在预埋螺栓上。

嵌入顶棚内的装饰灯具应固定在专设的框架上，导线不应贴近灯具外壳，且在灯盒内应留有余量，灯具的边框应紧贴在顶棚面上。当嵌入灯具为矩形时，其边框宜与顶棚面的装饰直线平行，其偏差不应大于 5 mm。

3. 壁灯的安装

壁灯可以装在墙上或柱子上，当装在墙上时，一般在砌墙时应预埋木砖，禁止用木楔代替木砖，也可以采用膨胀螺栓或预埋金属构件。安装在柱子上时，一般在柱子上预埋金属构件或用抱箍将金属构件固定在柱子上，然后再将壁灯固定在金属构件上。安装壁灯如需要设置绝缘台时，应根据壁灯底座的外形选择或制作合适的绝缘台。绝缘台应紧贴建筑物表面，且不准歪斜。

4. 荧光灯的安装

荧光灯的安装方法有吸顶、吊链和吊管，但均应注意灯管、镇流器、启辉器、电容器的互相匹配，不能随便代用。特别是带有附加线圈的镇流器，线不能接错，否则会损坏灯管。

5. 高压汞灯的安装

高压汞灯的安装要注意分清带镇流器和不带镇流器。带镇流器的一定要使镇流器与灯泡相匹配，否则，会立刻烧坏灯泡。安装方式一般为垂直安装。因为水平点燃时，光通量减少约70%，且容易自熄灭。镇流器宜安装在灯具附近，人体触不到的地方，并应在镇流器接线柱上覆盖保护物。

高压汞灯线路常见故障如下：

（1）不能启辉。一般是由于电源电压太低或灯泡内部损坏等原因引起。

（2）只亮灯芯。一般是由于灯泡玻璃破碎或漏气等原因引起。

（3）开而不亮。一般是由于停电、熔丝烧断、连接导线脱落或镇流器、灯泡烧毁所致。

（4）亮后突然熄灭。一般是由于电源电压下降，或线路断线、灯泡损坏等原因所致。

（5）忽亮忽灭。一般是由于电源电压波动在启辉电压的临界值上，或灯座接触不良、接线松动等原因所致。

6. 碘钨灯的安装

碘钨灯的安装，必须保持水平位置，一般倾角不得大于4°，否则会严重影响灯管寿命。因为倾斜时，灯管底部将积聚较多的卤素和碘化钨，使引线腐蚀损坏；灯管的上部则由于缺少卤素，而不能维持正常的碘钨循环，使玻璃壳很快发黑、灯丝烧断。

碘钨灯正常工作时，管壁温度约为600 ℃，因此，安装时不能与易燃物接近，且一定要加灯罩。在使用前，应用酒精擦去灯管外壁油污，否则，会在高温下形成污点而降低亮度。另外，碘钨灯的耐振性能差，不能用在振动较大的场所，更不宜作为移动光源使用。当碘钨灯功率在1000 W以上时，则应使用胶盖瓷底刀开关进行控制。

7. 金属卤化物灯的安装

金属卤化物灯具的安装高度宜大于5 m，导线应经接线柱与灯具连接，且不得靠近灯具表面。灯管必须与触发器和限流器配套使用。落地安装的反光照明灯具，应采取保护措施。

8. 灯具安装的一般共同性规定

（1）灯具安装高度设计无要求时，一般用敞开式灯具，灯头对地面距离：室外不小于2.5 m（室外墙上安装）、厂房内2.5 m、室内2 m、软吊线带升降器的灯具在吊线展开后0.8m。在危险性较大及特殊危险场所，当灯具距地面高度小于 2.4 m 时，应使用额定电压为 36 V 及以下的照明灯具，或采取专用保护措施。

（2）当灯具距地面高度小于 2.4 m 时，灯具的可接近裸露导体必须接地（PE）或接零（PEN）可靠，并应有专用接地螺栓，且有标志。

（3）引向每个灯具的导线线芯最小截面应符合规定。

（4）灯具的外形、灯头及接线应符合下面的规定：

1）灯具及其配件齐全，无机械损伤、变形、涂层剥落及灯罩破裂等缺陷。

2）软线吊灯的软线两端做保险扣，两端芯线搪锡；当装升降器时，套塑料软管，采用安全灯头。

3）除敞开式灯具外，其他各类灯具灯泡容量在 100 W 及以上者采用瓷质灯头。

4）连接灯具的软线盘扣、搪锡压线，当采用螺口灯头时，相线接于螺口灯头中间的端子上。

5）灯头的绝缘外壳不破损和漏电；带有开关的灯头，开关手柄无裸露的金属部分。

二、装饰灯具安装

装饰灯具与照明灯具既有相同之处，又有不同之处。相同之处是，装饰灯具也有一定的照明作用；不同之处是，装饰灯具将普通的照明灯具艺术化，从而达到预期的装饰效果。

装饰灯具能对建筑物起到画龙点睛的作用，它不但可以渲染气氛，而且可以美化环境，可以夸大室内空间的高度，还可以有光有色地体现出装饰效果，引起人们情趣，从而显示建筑的富丽豪华。

装饰灯具的功能性、经济性和艺术性必须统一，应在改善照明效果的基础上，形成建筑物所特有的风格，取得良好的照明及装饰效应。

为了配合建筑艺术的需要，出现了建筑装饰化的照明装置，其特点是把照明灯具与室内装饰组合为一体，把光源隐蔽于建筑的装修之中，形成具有照明功能的室内建筑或装饰体。例如，经常见到的透光的发光顶棚、光梁、光带、光柱头，以及反光的光檐、光龛等。

1. 吸顶灯在吊顶上安装

在建筑装饰吊顶上安装吸顶灯时，轻型灯具应用自攻螺钉将灯具固定在中龙骨上。当灯具质量超过 3 kg 时，应使用吊杆螺栓与设置在吊顶龙骨上的固定灯具的专用龙骨连接。专用龙骨也可使用吊杆与建筑物结构相连接。

2. 吊灯在吊顶上安装

小型吊灯通常可安装在龙骨或附加龙骨上，用螺栓穿通吊顶板材，直接固定在龙骨上。当吊灯质量超过 1 kg 时，应增加附加龙骨，与附加龙骨进行固定。

3. 嵌入式灯具安装

小型嵌入式灯具一般安装在吊顶的顶板上。其他小型嵌入式灯具可安装在龙骨上，大型嵌入式灯具安装时则应采用在混凝土梁、板中伸出支撑铁架、铁件的连接方法。

4. 光带、光梁和发光顶棚

灯具嵌入顶棚内，外面罩以半透明反射材料同顶棚相平，连续组成一条带状式照明装置，可称为光带。若带状照明装置突出顶棚下成梁状时，则称光梁。光梁和光带的光源主要是组合荧光灯，灯具安装施工方法基本上同嵌入式灯具安装。光带光梁可以做成在天棚下维护或在天棚上维护的不同形式，在天棚上维护时，反射罩应做成可揭开的，灯座和透光面则固定安装。当从天棚下维护时，应将透光面做成可拆卸的，以便维修灯具更换灯管或其他元件。

发光顶棚是利用有扩散特征的介质，如磨砂玻璃、半透明有机玻璃、棱镜、格栅等制作。光源装设在这些大片安装的介质之上，介质将光源的光通量重新分配而照亮房间。

发光顶棚的照明装置有两种形式：一是将光源装在散光玻璃或遮光栅格内；二是将照明灯具悬挂在房间的顶棚内，房间的顶棚装有散光玻璃或遮光格栅的透光面。发光顶棚内照明灯具的安装同吸顶灯及吊杆灯的做法。

5. 舞厅灯安装

舞厅是一种公共娱乐场所，其环境幽雅，气氛热烈，照明系统是多层次的。在舞厅内作为座席的低调照明和舞池的背景照明，一般设置筒形嵌入灯具做点式布置。舞厅的舞区内顶棚上设置各种宇宙灯、旋转效果灯、频闪灯等现代舞用灯光，中间部位通常设有镜面反射球。有的舞池地板还安装了由彩灯组成的图案，其可以借助程控或音控而变换图形。

舞厅或舞池灯的线路应采用铜芯导线穿钢管、普利卡金属套管或使用护套为难燃材料的铜芯电缆配线。

（1）旋转彩灯安装

比较流行的旋转彩灯品种有：

WM—10110 头蘑菇形旋转彩灯；

WY—30230 头宇宙型旋转彩灯；

WW—521 卫星宇宙舞台灯；

WL—20120 头立式滚筒式旋转彩灯。

旋转彩灯的构造各有不同，但总体可分为底座和灯箱两大部分。交流 220 V 电源通过底座插口，由电刷过渡到导电环，再通过插头过渡到灯箱内，使灯箱内的灯泡得到电源。

旋转彩灯在安装前应熟悉说明书，开箱后应检查彩灯是否因运输有明显损坏及附件是否齐全。安装好后，只要将灯箱电源线插入底座插口内，接通电源后彩灯就能正常工作。

（2）地板灯光设置

舞池地板上安装彩灯时，应先在舞池地板下安装许多小方格，方格采用优质木材制成，内壁四周镶以玻璃镜面，以增加反光，增大亮度。

地板小方格中每一种方格图案表示一种彩灯的颜色，每一个方格内装设一个或几个彩灯（视需要而定）。在地板小方格上面再铺以厚度大于 20 mm 的高强度有机玻璃板作为舞池的地板。

6. 喷水照明灯安装

高层建筑中的高级旅游宾馆、饭店办公大厦的庭院或广场上，经常安装灯光喷水池或音乐灯光喷水池。照明同充满动态和力量感的喷泉和色彩、音乐配合，给人们的生活增添了生气。灯光喷水系统由喷嘴、压力泵及水下照明灯组成。由于喷嘴的不同，喷嘴在水中或水面喷出来的形式也不同。水下照明灯用于喷水池中作为水面、水柱、水花的彩色灯光照明，使人工喷泉景色在各色灯光的交相辉映下比白天更为壮观，更绚丽多姿、光彩夺目。

常用的水下照明灯每只300W，额定电压有220V和12V两种。220V电压用于喷水照明，12 V电压用于水下照明。水下照明灯的滤色片分为红、黄、绿、蓝、透明5种。

喷水照明一般选用白炽灯，并且宜采用可调光方式，当喷水高度高且不需要调光时，可采用高压汞灯或金属卤化物灯。

水下照明灯具是具有防水措施的投光灯，投光灯下是固定用的三角支架，根据需要可以随意调整灯具投光角度、位置，使之处于最佳投光位置，达到最满意的照明效果。

安装喷水照明灯，需要设置水下接线盒，水下接线盒为铸铝合金结构，密封可靠，进线孔在接线盒的底部，可与预埋在喷水池中的电源配管相连接，接线盒的出线孔在接线盒的侧面，分为二通、三通、四通，各个灯的电源引入线由水下接线盒引出，用软电缆连接。

喷水照明灯，在水面以下设置时，白天看上去应难以发现隐藏在水中的灯具，但是由于水深会引起光线减少，要适当控制高度，一般安装在水面以下30—100 mm为宜。安装后灯具不得露出水面，以免冷热突变使玻璃灯泡碎裂。

调换灯泡时，应先提出灯具，待干后，方可松开螺钉，以免漏入水滴造成短路及漏电。待换好装实后，才能放入水中工作。为使喷水的形态有所变化，可与背景音乐结合而形成"声控喷水"方式，或采用"时控喷水"方式。时控是由彩灯闪烁控制器按预先设定的程序自动循环，按时变换各种灯光色彩。较先进的声控方式是由一台小型专用计算机和一整套开关元件及音响设备组成的，灯光的变化与音乐同步，使喷出的水柱随音乐的节奏而变化，灯光的色彩和亮灯数量也做相应的变化。

三、建筑物景观照明灯、航空障碍标志灯和庭院灯安装

1. 建筑物彩灯安装的一般规定

建筑物彩灯安装应符合下列规定：

（1）建筑物顶部彩灯采用有防雨性能的专用灯具，灯罩要拧紧，且完整无裂纹。

（2）彩灯配线管路按明配管敷设，敷设要平整顺直，且有防雨功能。管路间、管路与灯头盒间螺纹连接，金属导管及彩灯的构架、钢索等可接近裸露导体接地（PE）或接零（PEN）可靠。

（3）垂直彩灯悬挂挑臂采用不小于10°的槽钢。端部吊挂钢索用的吊钩螺栓直径不小于10mm，螺栓在槽钢上固定，两侧有螺母，且加平垫及弹簧垫圈紧固。

（4）悬挂钢丝绳直径不小于 4.5 mm，底把圆钢直径不小于 16 mm，地锚采用架空外线用拉线盘，埋设深度大于 1.5 m。

（5）垂直彩灯采用防水吊线灯头，下端灯头距离地面高于 3 m。

2. 霓虹灯安装

霓虹灯是一种艺术和装饰用灯。它既可以在夜空显示多种字形，又可在橱窗里显示各种各样的图案或彩色的画面，广泛用于广告、宣传。

霓虹灯由霓虹灯管和高压变压器两大部分组成。

（1）霓虹灯安装的基本要求

1）灯管应完好，无破裂。

2）灯管应采用专用的绝缘支架固定，且必须牢固可靠。专用支架可采用玻璃管制成。固定后的灯管与建筑物、构筑物表面的最小距离不宜小于 20 mm。

3）霓虹灯专用变压器采用双圈式，所供灯管长度不应超过允许负载长度，露天安装的须有防雨措施。

4）霓虹灯专用变压器的安装位置宜隐蔽，且方便检修，并不易被非检修人员触及。但不宜装在吊顶内，明装时，其高度不宜小于 3 m；当小于 3 m 时，应采取防护措施；在室外安装时，应采取防水措施。

5）霓虹灯专用变压器的二次电线和灯管间的连接线，应采用额定电压大于 15 KV 的高压尼龙绝缘电线。二次电线与建筑物、构筑物表面的距离不应小于 20 mm，并应采用玻璃制品绝缘支持物固定，支持点距离为：水平线段 0.5 m，垂直线段 0.75 m。

（2）霓虹灯管的安装

霓虹灯管由直径 10—20 mm 的玻璃管弯制作而成。灯管两端各装一个电极，玻璃管内抽成真空后，再充入氖、氦等惰性气体作为发光的介质。在电极的两端加上高压，电极发射电子激发管内惰性气体，使电流导通灯管发出红、绿、蓝、黄、白等不同颜色的光束。

霓虹灯管本身容易破碎，管端部还有高电压，因此应安装在人不易触及的地方，应特别注意安装牢固可靠，防止高电压泄漏和气体放电而使灯管破碎下落伤人。

安装霓虹灯灯管时，一般用角铁做成框架，框架既要美观又要牢固，在室外安装时还要经得起风吹雨淋。

安装灯管时应用各种玻璃或瓷制、塑料制的绝缘支持件固定。有的支持件可以将灯管直接卡入，有的则可用 $\varphi 0.5$ 的裸细铜线扎紧，再用螺钉将灯管支持件固定在木板或塑料板上。

室内或橱窗里的小型霓虹灯管安装时，在框架上拉紧已套上透明玻璃管的镀锌铁丝，组成 200—300 mm 间距的网格，然后将霓虹灯管用 $\varphi 0.5$ 的裸铜丝或弦线等与玻璃管绞紧即可。

第五节　照明质量控制指标

一、参考面上的照度水平

1. 工作面上的照度规定

照明设计时要选择合适的照度水平，一方面使人容易辨别所从事工作的细节；另一方面又能控制或消除视觉不舒适的因素，保护人们的视力健康。

根据《建筑照明设计标准》（GB 50034—2013），对于视觉要求高的精细作业场所，眼睛至识别对象的距离大于 500mm 的；连续长时间紧张的视觉作业，对视觉器官有不良影响的；识别移动对象，识别时间短促而辨认困难的；视觉作业对操作安全有重要影响的；识别对象亮度差很小的；作业精度要求高，且产生差错会造成很大损失的；视觉能力低于正常能力的；建筑等级和功能要求高的，可提高一级照度标准值。

而对于进行很短时间作业的、精度或速度无关紧要的、建筑等级和功能要求较低的，可降低一级照度标准。

考虑设计采用的光源功率及光通量规格档次变化不连续，以及根据照明场所大小及形状所做出的布灯数量，位置的取舍，设计照度值与照度标准值相比较，可有不超过 ±10% 的偏差。当灯具少于 10 个时，允许适当超过此偏差。

2. 临近工作面周围的照度要求

临近工作面周围通常指工作面外 0.5 m 内。在工作时为了使视野范围内亮度分布有良好的平衡感，避免引起视觉不舒适，对其照度水平也有要求。照明规范规定：工作面邻近周围的照度可低于工作面照度，房间或场所内的通道和其他非工作区域的一般照明的照度值不宜低于工作区域一般照明照度值的 1/3。

二、照度均匀度

视觉对象的位置会经常发生变化，为了避免视觉不适，要求工作面上的照度保持一定的均匀程度。根据我国标准规定，照度的均匀程度是用照度均匀度来表示的。照度均匀度定义为：给定工作面上的最低照度与平均照度之比。最低照度是指参考面上某一点的最低照度，平均照度是指整个参考面上的平均照度。

CIE 推荐，对于一般照明，工作区域的照度均匀度不应小于 0.8，整个房间平均照度不应小于工作区域平均照度的 1/3，相邻房间的平均照度之间的差别不应超过 5：1。

我国标准规定，对视觉要求较高的工作区域的照度均匀度一般在 0.6—0.7 以上；而像书库、服务大厅、接待室、前厅、档案室、文印室、影视院的观众厅和观众休息厅、旅馆建筑的大堂、咖啡厅、吧台、客房走廊、教学楼的楼梯间、学生宿舍等地方，考虑到照明节能，照度均匀度定为不小于0.4。

照度的均匀度和灯具的距离比 L/H 有关。灯具实际布置间距不应大于所选灯具最大允许距高比；靠墙边的一排灯具离墙的水平距离保持在 1/3—1/2 灯具间距离，就可以获得符合要求的照明均匀度。在要求更高的场合，可以采用间接型、半间接型灯具、发光顶棚、发光带等。

三、光源的颜色

照明设计时要根据环境的要求选择不同色温、显色性，不同光谱分布的光源。正确的物体彩色感觉只有在光源光谱分布接近于自然光的情况下才能形成。在光源光谱分布和自然光相差较大的条件下，被照物体的颜色将有较大的失真。这对需要正确辨别色彩的工作场所是不合适的，因此需要使用较高显色指数的光源。一般来说，供长期工作或长期停留使用的照明光源，其显色指数（Ra）不应小于80。在灯具安装高度大于 10 m 的工业建筑场所，Ra 可低于80，但必须能够辨别安全色。

另外，不同光谱分布的光线在视觉心理上会有不同的色感受。低色温（＜3300 K）的光源给人以"暖"的感受，具有日近黄昏的情调，可以形成温馨、轻松的气氛；高色温（＞5300K）的光源接近自然光色，给人以"冷"的感觉，能使人精神振奋。

研究发现，在照度相同的条件下，显色性差的光源比显色性好的光源在视觉上要暗。这样，当采用显色指数较低的光源时，应适当提高照度标准。

为了获得合适的光色，在同一场所，也可采用合适的两种或两种以上的光源组成混光照明。混光照明不宜让人直接看到光源。

四、照度的稳定性

光源在使用过程中输出到工作面上的光通量发生变化（忽亮忽暗）会使工作面上的照度不稳定，进而影响人的视觉工作。可采取以下措施加以消除或改善：

1. 避免照明供电电压的波动

电压的波动是指电压的快速变动，它可以造成光源无规则的闪变，给人眼以很大刺激，分散人的注意力，加速眼睛疲劳，使人无法正常工作。电压波动是由于负荷的剧烈变动引起的，如大型动力设备的启动和停止、电力系统正常的投入或切除线路的操作，以及电力系统故障等。减少与避免电压的波动，要从提高照明供电电压的质量入手，可以用不同的线路分别向动力设备与照明供电，或者用专用变压器给照明供电，或者给照明加上稳压装置，对重要照明负荷采用双回路供电等。

2. 避免光源或灯具周期性的晃动

光源或灯具周期性的晃动也会使工作面上的照度不稳定。它同样会给人的视觉带来损害。在照明设计时，要避免把灯具放在有人工或自然气流冲击的地方；如无法避免，可以采用吸顶式、管吊式安装等。

3. 防止频闪效应

使用交流电的光源，其输出的光通量会随着电源的周期性变化而变化，这叫作频闪。医学研究表明，由于工作时进入眼睛的光线不断地发生明暗变化，视觉系统要不断调节瞳孔，这种调节过程在有频闪的光源下会更加剧烈，其更容易引起眼睛疲劳并随之对视力造成伤害。

光源的频闪程度可以用频闪波动深度指标来衡量。频闪波动深度等于光线最强值与最弱值的差值再除以最强值后获得的百分比；百分比越小，频闪越浅。白炽灯频闪波动深度大于 10%，电感镇流荧光灯在 50% 左右，25 kHz 电子镇流荧光灯约 20%，高压汞灯在 60% 左右，太阳光的频闪波动深度为 0。

当光源的频闪波动深度大于 25% 时，人们观察物体的运动会产生频闪效应。频闪效应即当光通量的变化频率与物体运动的频率存在一定的关系时，观察到的物体运动显现出不同于实际运动的现象。它使人容易产生错觉而影响工作或者造成事故。尤其是当物体运动的频率是光源闪烁频率的整倍数时，运动物体看上去好像静止一样。

减弱及消除频闪的方法有以下几种：

（1）对于气体放电灯，单相供电的可采用双灯管移相接法；如果使用三相电，把三组灯管分别接入各相，利用对称三相交流电的总瞬时功率恒定这一原理，能将频闪深度降到 5%。

（2）提高电子镇流器的工作频率，当把工作频率提升到 80 kHz 时，气体放电灯的频闪约下降至 3%。

（3）采用整流滤波设备将交流电变成直流给光源供电，使荧光管、白炽灯等能够发出像自然光一样的连续而平稳的光，灯的频闪深度接近 0。

第六节　照明光照节能

一、照明节能评价指标

照明节能是 20 世纪 90 年代初提出"绿色照明"概念的重要组成部分。节能意味着以较少的电能消耗获得足够的满足视觉需求的照明，从而明显减少发电厂大气污染物的排放，达到环保的目的。照明节能采用一般照明的照明功率密度限值（简称 LPD）作为其评价指标，单位为 W/m^2。

要注意的是，由于各种场所的室形指数、反射比等参数各不相同，因此照明功率密度限值不应作为设计中计算照度的依据来使用。

二、照明节能措施

1. 充分利用天然光

为节约能源，保护环境，我国制定了《建筑采光设计标准》（GB 50033—2013），在该标准中规定了各类建筑的不同场所的采光标准值。为充分利用天然光，房间的采光系数或采光窗与地面面积比应符合标准的要求。白天当室外光线强时，以天然采光为主，室内的人工照明装置根据室外天然光的变化而自动或手动进行调节。有条件的场所包括地下建筑，可以采用不用电的照明系统：导光管照明系统和太阳能光纤照明系统，可以最大限度地节约电能。

2. 减少损耗，提高电光转换效率

（1）钨丝灯是传统的热光源，包括白炽灯和卤钨灯。因为发光效率较现在的节能荧光灯、金属卤化物灯、LED灯等高效光源小很多，所以照明规范中要求除对显色性、光谱特性等要求较高的重点照明外，其他场所不应选用。

（2）《中华人民共和国节约能源法》中规定禁止生产、进口、销售国家明令淘汰或者不符合强制性能源效率标准的用能产品、设备，并且推行节能产品的评价与认证制度。到目前为止，我国已正式发布了荧光灯及其镇流器、高压钠灯及其镇流器，金属卤化物灯及其镇流器等多项能效限定值及能效等级标准。选用相关的照明光源和镇流器时，其能效应当符合相应标准中的节能评价值，并且优先采用经过节能认证的产品。

（3）定时清扫灯具，定期更换灯泡，加强维护管理，以保证照明设施的光效。保证照明配电线路的功率因数不低于0.9，并宜采用灯内电容补偿的方式，利于降低线路的电能和电压损耗。为避免电能浪费，对一些场所可以设置单独计量的电度表，加强用电管理。

（4）LED灯具有发光效率高、寿命超长、容易调光、无闪频、不含紫外线和红外线、无辐射等特点，是很有前途的照明光源，宜大力推广。相关规范规定：旅馆、居住建筑及其他公共建筑的走廊、楼梯间、厕所，地下车库的行车道、停车位，无人值班、无人经常在岗位的只进行检查、巡视等场所宜选用发光二极管，并配用人体感应式自动调光控制。

3. 运用合理、先进的照明控制方式

（1）根据视觉的要求，在工业场所、公共场所按作业面、作业面邻近区域、非作业区和交通区等不同地点确定合理的照度。灵活采取"一般照明""分区一般照明"方式，根据采光和实际需要使用时间控制、光敏控制、微机控制等智能照明调控措施。

（2）智能照明调控装置除了有能多时段、多区域、感应等控制功能之外，还可进一步具有软启动、软停止、实时稳压、控压的功能，以保证光源不受电压、电流波动的影响，延长使用寿命，减少照明运行、维护成本。

第七节 建筑物照明通电试运行

照明工程安装施工结束后，要做通电试验，以检验施工质量和设计的预期功能，符合要求方能认为合格。

通常在线路敷设结束，电器安装之前要对线路进行绝缘测试；照明工程安装施工结束，通电试运行之前还要再一次对线路进行绝缘测试，在绝缘电阻不低于 $0.5\,M\Omega$ 的情况下，才能正式送电试运行。

照明系统通电后，灯具回路控制应与照明配电箱及回路的标志一致；开关与灯具控制顺序相对应，风扇的转向及调速开关应正常。

通电试运行时间应满足《建筑电气工程施工质量验收规范》（GB50303—2002）的规定，即公用建筑照明系统通电连续试运行时间应为 24h，民用住宅照明系统通电连续试运行时间应为 8 h。所有照明灯具均应开启，且每 2 h 记录运行状态 1 次，连续试运行时间内无故障方可以使用。

第三章 绿色节能建筑的设计标准

在我国，绿色建筑的理念被明确为在建筑全生命期内"节地、节能、节水、室内环境质量、室外环境保护"。它是经过精心规划、设计和建造，实施科学运行和管理的居住建筑和公共建筑，绿色建筑还特别突出"因地制宜，技术整合，优化设计，高效运行"的原则。

第一节 绿色建筑的节能设计方法

自工业革命以来，人类对石油、煤炭、天然气等传统的化石燃料的需求量大幅增加。直到 1973 年，世界爆发了石油危机，对城市发展造成了巨大的负面影响，人们开始意识到化石能源的储存与需求的重要性。近年来，全世界的石油价格呈现快速增长的整体趋势；同时，化石燃料的使用造成了严重的环境危害。人们为了应对上述问题，开始寻求减低能耗方法与技术。

我国的能源供给以煤炭和石油为主，而对新能源和可再生能源的利用量较少。据统计，我国煤炭使用量约占全世界煤炭使用量的 30%，可再生能源的使用比例不到 1%，严重不合理的能源利用结构给城市的发展带来了巨大压力，特别是近年来的热岛效应和环境污染日益严重，使得城市发展陷入了一个困境。研究表明，现在的城市发展与建筑舒适度的营造是通过城市能源资源支撑形成的。在发达国家，建筑能耗已占据了国家主要消费能量的 40%—50%。研究表明，我国建筑能耗所占社会商品能源消耗量的比例已从 1978 年的 10% 上升到 2005 年的 25% 左右，且这一比例仍将继续攀升，截止到 2020 年，建筑能耗已上升到 35%。

一、太阳能技术的应用

我国现有的绿色建筑设计中建筑节能的主要途径有：

1. 建筑设备负荷和运行时间决定能耗多寡，所以缩短建筑采暖与空调设备的运行时间是节能的一个有效途径。

2. 现代建筑应向地域传统建筑学习。酷冷气候区的传统建筑，通过利用太阳能、增加固炉气密性，避开冷风面，厚重性墙体长时间处于自然运行的状态。炎热气候区的建筑，利用窗遮阳、立面遮阳、受太阳照射的外墙和屋顶遮阳等设计手段保证建筑水平方向和竖直方向气流通畅，以尽可能地使建筑物长时间处于自然通风运行状态，空调能耗为零。

3. 太阳能技术是我国目前应用最广泛的节能技术，太阳能技术的研究也是世界关注的焦点。由于全世界的太阳能资源较为丰富，且分布较为广泛，因此太阳能技术的发展十分迅速，目前太阳能技术已经较为成熟，且技术成果已经广泛地应用于市场中。在很多的建筑项目中，太阳能已经成为一种稳定的供应能源。然而在太阳能综合技术的推广应用中，由于经济和技术原因，目前发展还是较为缓慢。特别是在既有建筑中，太阳能建筑一体化技术的应用更为局限。

按照太阳能技术在建筑上的利用形式划分，可以将建筑分为被动式太阳能建筑和主动式太阳能建筑。从太阳能建筑的历史发展中可以看出，被动太阳能建筑的概念是伴随着主动太阳能建筑的概念而产生的。

我国《被动式太阳房热工技术条件和测试方法》国家标准中对被动太阳能建筑也进行了技术性规定，对于被动式太阳能建筑，在冬季，房间的室内基本温度保持在14℃；期间，太阳能的供暖率必须大于55%。虽然根据不同地域气候不同来考虑，这样的要求不均等，尤其是严寒地域的建筑。虽然前期建筑设计很完美，但由于建筑本身受到的太阳辐射少，所以要求建筑太阳能的供暖率高于55%是比较困难的。但气候比较炎热的地区，建筑太阳能的采暖率则很容易达到该要求。所以，在尚未设定地区的情况下，仅仅通过太阳能采暖率来评定太阳能房是不合理的。广义上的太阳能建筑指的是"将自然能源（如太阳能、风能等）转化为可利用的能源（如电能、热能等）"的建筑。狭义的太阳能建筑则指的是"太阳能集热器、风机、泵及管道等储热装置构成循环的强制性太阳能系统，或者通过以上设备和吸收式制冷机组成的太阳能空调系统"等太阳能主动采暖、制冷技术在建筑上的应用。综上所述，只要是依靠太阳能等主动式设备进行建筑室内供暖、制冷等的建筑都成为主动式建筑，而建筑中的太阳能系统是不限的。主动式建筑和被动式建筑在供能方式上，区别主要体现在建筑在运营过程中能量的来源不同。而在技术的体现方式上，主动式和被动式的区别主要体现为技术的复杂程度。被动式建筑不依赖于机械设备，主要是通过建筑设计上的方法来实现达到室内环境要求的目的；而主动式建筑主要是通过太阳能替换过去制冷供暖空调的方式。

国标《太阳能热利用术语第二部分》（GB 12936.2-91）中规定，"被动太阳能系统"〔Passive solar（energy）system〕是指"不需要由非太阳能或耗能部件驱动就能运行的太阳能系统"，而"主动式太阳能系统"〔Active solar（energy）system〕是指"需要由非太阳能或耗能部件（如泵和风机）驱动系统运行的太阳能系统"。

考虑耗能方面，被动式建筑更加倾向于改进建筑的冷热负荷；而主动式建筑主要是供应建筑的冷热负荷。所以被动式建筑基本上改变了建筑室内供暖、采光、制冷等方面的能量供应方式；而主动式建筑主要是通过额外的太阳能系统来供应建筑所需的能量。如果单从设计的角度来分析，被动式建筑和传统建筑一样需要在建筑设计手法上（如建筑表现形式、建筑外表面及建筑结构、建筑采暖、采光系统等）要求建筑设计和结构设计等设计师们使用不一样的设计手法。而这些都要求设计师对建筑、结构、环境、暖通等跨学科都有着深入的了解，才能将各个学科的知识加以运用，得到最佳的节能理想效果。

所谓的"主、被动"概念的差别可以理解为两种不同的建筑态度，一种是以积极主动的方式形成人为环境；另一种是在适应环境的同时对其潜能进行灵活应用。主动式建筑是指通过不间断的供给能源而形成的单纯的人造居住环境；另一种是与自然形成一体，能够切合实际地融合到自然的居住环境。

太阳能被动式建筑的概念意指建筑以基本元素"外形设计、内部空间、结构设计、方位布置"等做媒介，然后将太阳能加以运用，实现室内满足舒适性的需求。太阳能建筑的种类很多，从太阳能的来源分可分为四种：直接受益、附加阳光间、集热蓄热墙式和热虹吸式。同时，因为能量传播的方式不同，所以也可分为直接传递型、间接传递型和分离传递型。

我国《被动式太阳房热工技术条件和测试方法》规范中规定了太阳能被动式建筑技术，遇到冬季寒冷时间，太阳能房的室内温度保持在14℃，太阳能房的太阳能设备的供暖率必须超过40%。

太阳能分为主动式和被动式两种，太阳能建筑的被动式技术主要是指被动采暖和被动制冷两种方式。太阳能建筑的主动式系统涵盖太阳能供热系统、太阳能光电系统（PV）、太阳能空调系统等。主动式建筑中安装了太阳能转化设备用于光热与光电转化，其中，太阳能光热系统主要包括集热器、循环管道、储热系统以及控制器，对于不同的光热转化系统，又具有一些不同的特点。

（1）直接获热

冬季太阳南向照射大面积的玻璃窗，室内的地面、家具和墙壁上面吸收大部分太阳能热量，导致温度上升，极少的阳光被反射到其他室内物体表面（包括窗户），然后继续进行阳光的吸收作用、反射作用（或通过窗户表面透出室外）。围护结构室内表面吸收的太阳能辐射热，一半以辐射和对流的方式在内部空间传输，一部分进入蓄热体内，最后慢慢地释放出热量，使室内晚上和阴天温度都能稳定在一定数值。白天外围护结构表面材料吸收热量，夜间当室外和室内温度开始降低时，重质材料中所储存的热量就会释放出来，使室内的温度保持稳定。

住宅冬日太阳辐射实验显示，对比有无日光照射的两个房间，两者室内温度相差值最大高达3.77℃。这个数值对于夏热冬冷地区的建筑遇到寒冷潮湿的冬季来说是很大的，对于提高冬季房间室内热舒适度和节约采暖能耗都具有明显的作用。所以，直接依赖太阳能辐射获热是最简单又最常用的被动太阳能采暖策略。

太阳墙：太阳墙系统（Solar Wall System）是加拿大CONSERVAL公司与美国能源部合作开发的新型太阳能采暖通风系统。太阳能板组成的围护结构外壳是一种通透性的硬膜，空气通过表面直径大约1mm的许多小孔。在冬天，建筑的太阳墙系统可以穿过空气实现加热到17℃—30℃的效果。到了夜间，太阳墙集热器可以实现采暖，原因是通过覆盖有太阳墙板的建筑外墙的热量损失会随着热阻增大而减少。太阳墙空气集热器同时还可以满足提高室内空气品质的需要，因为全新风是太阳墙系统的主要优势之一。在夏季，太阳墙系统通过温度传感器控制将深夜冷风送入房间储存冷量，有效地降低白天室内的温度。太阳墙集热器可以设计为建筑立面的一部分，面向市场的太阳墙板可以选择多种颜色来美化建筑外观。

（2）间接得热

①阳光间：这种太阳房是直接获热和集热墙技术的混合产物。其基本结构是将阳光间附建在房子南侧，中间用一堵墙把房子与阳光间隔开。实际上所有的一天时间里，室外温度低于附加的阳光间的室内温度。因此，阳光间一方面供给太阳热能给房间；另一方面作为一个降低房间的能量损失的缓冲区，使建筑物与阳光间相邻的部分获得一个温和的环境。由于阳光间直接得到太阳的照射和加热，因此它本身就起着直接受益系统的作用。白天当阳光间内温度大大高于相邻的房间温度时，通过开门（或窗、墙上的通风孔）将阳光间的热量通过对流传入相邻的房间内。

②集热蓄热墙：集热蓄热墙体也称为 Trombe 墙体，是太阳能热量间接利用方式的一种。这种形式的被动式太阳房是由透光玻璃罩和蓄热墙体构成的，中间留有空气层，墙体上下部位设有通向室内的风口。日间利用南向集热蓄热墙体吸收穿过玻璃罩的阳光，墙体会吸收并传入一定的热量，同时夹层内空气受热后成为热空气通过风口进入室内；夜间集热蓄热墙体的热量会逐渐传入室内。集热蓄热墙体的外表面涂成黑色或某种深色，以便有效地吸收阳光。为防止夜间热量散失，玻璃外侧应设置保温窗帘和保温板。集热蓄热墙体可分为实体式集热蓄热墙、花格式集热蓄热墙、水墙式集热蓄热墙、相变材料集热蓄热墙和快速集热墙等形式。

③温差环流壁：也称热虹吸式或自然循环式。与前几种被动采暖方式不同的是这种采暖系统的集热和蓄热装置是与建筑物分开独立设置的。集热器低于房屋地面，储热器设在集热器上面，形成高差，利用流体的对流循环集蓄热量。白天，太阳集热器中的空气（或水）被加热后，借助温差产生的热虹吸作用通过风道（用水时为水管）上升到上部的岩石储热层，被岩石堆吸热后变冷，再流回集热器的底部，进行下一次循环。夜间，岩石储热器或者通过送风口向采暖房间以对流方式采暖，或者通过辐射向室内散热。该类型太阳能建筑的工质有气、液两种。由于其结构复杂、占用面积大，因此应用受到了一定限制；适用于建在山坡上的房屋。

二、风能技术的应用

相关学者通过对当地的气候特征以及建筑种类进行分析研究得到了，建筑形式对风能发电影响的主要规律；同时，研究人员建立了风能强化和集结模型，三德莫顿（Sande Merten）提出了三种空气动力学集中模型，这对风力涡轮机的设计与装配具有重要意义。

按照风力涡轮机的安装位置来看，其主要可以分为扩散型、平流型和流线型三种。此外，英国人德里克泰勒发明了屋顶风力发电系统，基于屋顶风力集聚现象，将风力机安装在屋顶上，可以提高风力机的发电效率，同时在城市中也具有一定的适用性。2001—2002年，荷兰国家能源研发中心通过开展建筑环境风能利用项目，提出了平板型集中式的风力发电模型。之后，随着计算机技术的发展，2003年三德莫顿通过数值模拟的方法，对空气环境进行了详细计算，从而确定了建筑上风力机的安装位置，这样就大大提高了风力机安装设计效率。2004年，日本学者又通过数值模拟的方法，模拟分析了特殊的建筑流场形式，从而较为科学全面系统地确定了最佳的风能集聚位置。

而我国对风能发电技术的研究较晚，直到2005年，我国学者田思进才开始提到高层建筑风环境中的"风能扩大现象"并进行了计算方法推算，提出了风洞现象和风坝现象，进而找到了提高城市风力发电利用率的设计与安装方法，从而为城市风力发电提出了参考性的意见和方案。

2008年，鲁宁等人采用计算流体力学方法数值分析了建筑周围的风环境，并给出建筑不同坡度下的风能利用水平。山东建筑大学专家组经过分析山东省不同地区的气候特点，采用数值模拟方法和风洞试验方法，基于基本的风力集结器，分析不同形式建筑的集结能力。

目前，在建筑中可以采用的风力发电技术主要包括以下两种：一是自然通风和排气系统，这主要是能够适应各地区环境下的风能的被动式利用；二是风力发电，主要是将某一地域上的风力资源转变为其他形式的能源，属于主动式风力资源利用形式。

建筑环境中的风力发电模式，主要包括：（1）独立式风力发电模式，这种发电模式主要是将风能转化为电能，储存于蓄电池中，然后配送到不同地区的居住区内；（2）互补性发电模式，采用这种发电模式，可以将风能与太阳能、燃料电池，以及柴油机等各种形式的发电装置进行配合使用，从而满足建筑的用电量，此时城市集中电网作为一种供电方式进行补充利用。如果风力机在发电较强时，能够将电能输送到电网中，进行出售；如果风力发电机的发电量不足，那么又可以从电网取电，从而满足居民的使用需求。在这种发电模式中，对蓄电池的要求降低，因此后期的维修费用也相应降低，使得整个过程的成本远远低于另一种方式。

建筑风环境中发电科技的三大要素是建筑结构、建筑风场以及风力发电系统。如果要求建筑周边的风能利用率达到最高，那么就要求这三大要素一起发挥作用。风力发电技术是一门综合性的跨多学科的技术，其中，涉及建筑结构、机电工程、建筑技术、风工程、空气动力学以及建筑环境学等学科。因此研究风力发电技术不仅仅对建筑学科甚至对其他学科也有着不同寻常的意义。自从风力发电被欧盟委员会在城市建筑的专题研究中提出后，国内外的很多研究学者都开始对该项技术做了深入的研究，研究过程中遇到很多新兴问题，虽然通过学者的努力已经解决部分，但仍存在很多有待更加深入分析和研究的问题。目前在建筑风环境中风能技术方面存在以下问题：

（1）风能与建筑形体之间的关系：建筑周围的风速会随着风场亲流度的增加而降低。因此只有很好地规划建筑周围的环境，同时建筑形体设计和结构设计达到最优化，才能使建筑风环境中的风能利用率达到最大，才能增强建筑集中并强化风力的效果。计算机模拟风场的发电效率受风力涡轮机安装布局的影响，在位置的选择方面一定要实现风力发电的最大利用率。此外，还要防止涡流区的产生，将其对结构的影响降到最低。为了达到这一目的，我们必须拿出最精确的计算湍流模型来提高计算机模拟风场时的准确度。

（2）建筑室内外风环境舒适度：建筑风环境中风能利用率的研究中，我们的焦点都凝聚在风能利用最大化的研究上，往往忽视了室内外人体对风环境的感知。如果建筑对风过度集中和强化，会给人体带来强烈不舒适感。所以，所有关于建筑风能利用的研究，应该优先考虑建筑室内外舒适度。

（3）建筑风环境中风力发电：风力发电针对不同类型的建筑也有所区别。例如，风力发电机的类型选择，对于高层建筑而言，传统的风力涡轮机是不适用的。风力涡轮机中任何关于叶片的不平衡，都将放大离心力，最终导致叶片在快速转动时摇摆。而对于高层建筑，建筑周围构件中也存在与涡轮机相同的共振频率，所以最后高层建筑也会随着涡轮机的摇摆而发生振动，对建筑结构本身和室内居住人群都不会产生恶劣影响。所以，高层建筑安装风力发电机时，如何减振是风力发电设计中必须考虑的一大问题。现今，学者主要研究如何提高风力发电率、涡轮机减振等问题。

（4）建筑风环境中风能效益的技术评估：建筑风环境是一个动态的环境，它的不稳定性会提高现代测量技术的要求。目前，运用测量技术还无法精确地测量和计算风力发电机的利用率，所以也不能根据利用率来评价建筑风环境中的风能效益。

风能利用的主要原理是将空气流动产生的动能转化为人们可以利用的能量，因此风能转化量即是气流通过单位面积时转化为其他形式的能量的总和。

一般情况下，空气温度、大气压和空气相对湿度的影响不大，空气密度可以取为定值1.25。通过风能发电功率的计算公式可以看出，风能与空气密度、空气扫掠面以及风速的三次方成正比，因此在风力发电中最重要的因素为风速，它会对风力发电起到至关重要的作用。

在风力发电中，通常通过以下因素来评价风资源：风随时间的变化规律、不同等级的风频一年之内有效风的时间、每年的风向和风速的频率规律。就目前的统计数据来看，评价风能的利用率和开发潜力的依据主要是风的有效密度和年平均有效风速。

建筑环境中的风力机，既可以直接安装在建筑上，也可以安装在建筑之间的空地中。风能利用目前主要用在风力发电上，有关风电场的选择大致要考虑：海拔高度、风速及风向、平均风速及最大风速、气压、相对湿度、年降雨量、气温及极端最高最低气温，以及灾害性天气发生频率。

目前，按照建筑上安装风力机的位置，可以将风能利用建筑分为以下三类：顶部风力机安装型建筑、空洞风力机安装型建筑和通道风力机安装型。

（1）顶部风机安装型建筑，充分利用建筑顶部的较大风速，在建筑顶部安装风力机进行发电，以供建筑内部使用；

（2）空洞风机安装型建筑，建筑里面的风受到较大风压作用，在建筑中部开设空洞，对风荷载进行集聚加强，安装风力机进行风力发电；

（3）通道风机安装型建筑，由于相邻建筑通道中，存在着狭缝效应，因此风力在此处得到加强，在通道中安装风机进行建筑风力发电。

在上述三种风力发电模式中，空洞风机安装型和通道风机安装型建筑需要一些建筑体型上的特殊构造，因此使其广泛应用受到了一定的限制。而第一种安装模式，对建筑体形的要求较低，同时安装比较方便，在现有的建筑中比较容易实现。

三、新能源与绿色建筑

新能源和可再生能源作为专业化名词，是在1978年12月20日联合国第33届大会第148号决议中提出的，专门用来概括常规能源以外的所有能源。所谓常规能源，又称传统能源，是指在现阶段已经大规模生产和广泛使用的能源，主要包括煤炭、石油、天然气和部分生物质能（如薪柴秸秆）等。新能源和可再生能源的这一定义还比较模糊，容易引发争议，需要加以明确，比如，用作燃料的薪柴属于常规能源，而从其可再生性上，又属于可再生能源。

新能源是指以新技术为基础，尚未大规模利用、正在积极研究开发的能源，既包括非化石不可再生能源和非常规化石能源如页岩气、天然气水合物（又称可燃冰）等，又包含除了水能之外的太阳能、风能、生物质能、地热能、地温能、海洋能、氢能等可再生能源。

全球各国现有的关于新能源的研究主要在能源开发方面，旨在解决能耗过大的问题。伴随着各种新能源的开发与利用，人类已经从原始文明社会向农业社会文明和工业社会文明迈进。自工业革命以来，全球人口数量呈现快速增长的趋势，同时经济总量也在不断增长，但是同样也造成了环境污染、全球变暖以及这些问题带来的次生灾害，如酸雨、光化学烟雾以及雾霾等，这些污染对人类的生存造成的威胁是毋庸置疑的。在环境污染能源消耗以及人口增长的大背景下，低碳概念以及生态概念应运而生，这些概念的发展与应用是社会经济和环境变革的结果，将指引人类走上一条生态健康的道路。摒弃20世纪以能源与环境换取经济发展的社会发展模式，选择21世纪技术创新与环境保护，促进经济可持续发展的道路，也就是选择低碳经济发展模式与生活方式，保证人类社会的可持续发展是当今社会的唯一选择。虽然这种理念具有广泛的社会性，但是人们对于如何实现低碳环保还没有一个确切的定义，因此这一理念涉及管理学、建筑学、环境学、社会学、经济学等多个学科。早在2003年，英国率先提出了低碳经济的概念，并通过《我们能源的未来：创建低碳经济》一书，系统地阐述了低碳经济的课题，产生这一理念还应该追溯到1992年的《联合国气候变化框架公约》和1997年的《京都协议书》。

目前，我国的经济增长模式为高投入推进高增长。过去 30 多年，我国的经济增长率一直高于 8%，但是我国经济发展的资金投入占国民生产总值的 40% 以上，甚至会达到 50%。我国的产业结构以重工业为主，我国重工业在 1985 年占我国产业结构的 55%，虽然在过去的时间经过一系列的变动，但是我国的重工业的比例始终高于 50%。因此，总体上看，我国的经济发展对能耗的需求量较大。

通过世界上其他国家的发展进程和规律估计，中国于 2020 年步入中等收入国家的行列，那么中国城镇人口数量将会达到 6 亿。按照 1990—2004 年中国城市用能强度来看，城镇居民的人均能源消耗量约为农村居民人均消耗量的 2.8 倍。按照这 15 年的发展情况计算，中国城市化发展对钢铁和水泥资源的需求量将会大幅提升，而我国的钢铁产业和煤炭产业均属于高能耗产业。

在我国城市建设中，对水泥和钢铁资源的需求量较大，而且普遍在国内生产。在 2006 年虽然我国的 GDP 总量占全世界的 5.5%，但是钢铁消耗量占全世界的 30% 以上，水泥使用量占全世界的 54%。可以说，我国的经济发展是以资源消耗为代价的，这与可持续发展理念相悖。在之后的城市建设中，需要引入可持续发展理念，通过技术手段和设计手法，采用科学的发展模式，减少对资源和能源的依赖性。

相对于常规能源，新能源具有以下优点：①清洁环保，使用中较少或几乎没有损害生态环境的污染物排放；②除核能和非常规化石能源之外，其他能源均可以再生，且储量丰富，分布广泛，可供人类永续利用；③应用灵活，因地制宜，既可以大规模集中式开发，又可以小规模分散式利用。新能源的不足之处在于：①太阳能、风能以及海洋能等可再生能源具有间歇性和随机性，对技术含量的要求比较高，开发利用成本较大；②安全标准较高，如核能（包括核裂变、核聚变）的使用，若工艺设计、操作管理不当，容易造成灾难性事故，社会负面影响较大。

新能源的各种形式都是直接或者间接地来自太阳或地球内部深处所产生的热能，其主要功能是用来产热发电或者制作燃料。

（1）核能。又称原子能，是指原子核里核子（中子或质子）重新分配和组合时所释放的能量。核能分为两类，一是核裂变能；二是核聚变能。核能发电主要是指利用核反应堆中核燃料裂变所释放出的热能进行发电。核燃料主要有铀、钍、钚、氘、氚和锂等。据计算，1kg 铀—235 裂变释放的能量大致相当于 2400t 标准煤燃烧释放的能量。核能被认为是一种安全、清洁、经济、可靠的能源。

（2）太阳能。一般是指太阳光的辐射能量，源自太阳内部氢原子连续不断发生核聚变反应从而释放出的巨大能量。太阳光每秒钟辐射到地球大气层的能量仅为其总辐射能量的 22 亿分之一，但已高达 173000W，相当于 500 万吨标准煤的能量。太阳能利用主要有光热利用、太阳能发电和光化学转换三种形式。太阳能的优点在于利用普遍、清洁，能量巨大、持久；缺点在于分布分散、能量不稳定、转换效率低和成本高。

（3）风能。风能是太阳能的一种转化形式，是地球表面大量空气流动所产生的动能。据估算，到达地球的太阳能中大约有 2% 转化为风能。风能利用主要有风能动力和风力发电两种形式，其中又以风力发电为主。风电的优点在于清洁、节能、环保；不足之处在于其不稳定性、转换效率低和受地理位置限制

（4）生物质能。它是指由生命物质代谢和排泄出的有机物质所蕴含的能量。它主要包括森林能源、农作物秸秆、禽畜粪便和生活垃圾等。主要用于直接燃烧、生物质气化、液体生物燃料、沼气、生物制氢、生物质发电等。生物质能是人类利用最早、最多、最直接的能源，仅次于煤炭、石油和天然气，但作为能源的利用量还不到总量的 1%。生物质能的优点在于低污染、分布广泛、总量丰富；缺点在于资源分散、成本较高。

（5）海洋能。它是一种蕴藏在海洋中的可再生能源，包括潮汐能、波浪引起的机械能和热能。其中，潮汐能是由太阳、月球对地球的引力，以及地球的自转导致海水潮涨潮落形成的水的势能。通常潮头落差大于 3m 的潮汐就具有产能利用价值。潮汐能主要用于发电。

（6）氢能。它是通过氢气和氧气发生化学反应所产生的能量，属于二次能源。氢是宇宙中分布最广泛的物质，可以由水制取，而地球上海水面积占地球表面的 71%。它的主要用途是做燃料和发电。每 1kg 液氢的发热量相当于汽油发热量的 3 倍，燃烧时只生成水，是优质、干净的燃料。

（7）地热能。它是地球内部蕴藏的能量，源自地球内部的熔融岩浆和放射性物质的衰变，以热力形式存在，是引致火山爆发及地震的能量。相对于太阳能和风能的不稳定性，地热能是较为可靠的可再生能源，可以作为煤炭、天然气、石油和核能的最佳替代能源。它主要用于发电供暖、种植养殖、温泉疗养等。

（8）地温能。地温能是通过地温源热泵从地下水或土壤中提取和利用的热能。它存在于地表以下 200m 内的岩土体和地下水中，温度一般低于 25℃，主要用于地温空调、地温种植和地温养殖等。

（9）页岩气。页岩气是一种特殊的天然气，主要存在于具有丰富有机质的页岩或其夹层中，存在方式为游离态或者有机质吸附形态。对于页岩气的开发利用较为成功的为北美地区，尤其是美国，而我国页岩气的开发利用还处于研究和勘探阶段。国家为了鼓励页岩气的利用，于 2012 年出台了《关于出台页岩气开发利用补贴政策的通知》，特别是要对页岩气的开采单位进行财政补贴，补贴力度的基本标准为 0.4 元 /m²；此外，补贴标准将按照以后页岩气的发展情况进行调整。

（10）可燃冰。可燃冰的学名即天然气水合物，是指分布于深海沉积物中，由天然气与水在高压低温条件下形成的类冰状的结晶物质。据保守估算，世界上可燃冰所含的有机碳的总资源量，相当于全球已知煤、石油和天然气总量的 2 倍。可燃冰的主要成分是甲烷，燃烧后几乎没有污染，是一种绿色的新型能源，目前尚未进行商业开发。以上 10 种能源是 21 世纪新能源利用和发展的主要形式。本节在研究相关产业和发展政策时，难以全部兼顾，主要选择国内已经商业化运作的核能、风能、太阳能和生物质能为研究对象，对其他新能源也有部分涉及。

为了推进我国经济科学持续的发展，需要改变我国的产业结构，减少能源与资源的需求量。由于我国的能源消耗技术较大，虽然能源消耗量增长速度较低，但是对能源的需求总量还是十分巨大。我国 2006 年的能源需求总量为 24.6 亿吨标准煤，占世界能源需求量的 15%。如果将能源的增长率降低到 5%，那么每年的能源需求总量将会增加 1.23 亿吨标准煤。按照我国的经济增长率在 8% 以上，同时我国对高能耗产业的依赖程度较大，我国很难将能源增长速度降低到 5% 以下。我国发改委在 2007 年公布了能源发展"十一五"规划方案，旨在减少能源消耗，并将能源需求量控制在 27 亿吨这一阈值以下。但是这一数字较为保守，经过几年发展我国的能源需求总量已经超出这一范围。能源需求总量的问题是相对于能源储量和人口而言的。应当说中国能源资源储量并不少，但人口众多导致了中国人均能源占有率远低于世界平均水平，2005 年石油、天然气和煤炭人均剩余可采储量分别只有世界平均水平的 7.69%、7.05% 和 58.6%。以储量最丰的煤炭为例，根据国际通行的标准，2001 年中国煤炭的剩余可采储量有 1145 亿吨，可消耗 100 年；如果没有长足的储量增加，2006 年再计算经济可采储量就只够用 50 年，这个数字实际上没有太大意义，因为它是按现在的年消费量（24.6 亿吨）来计算的。

如果现在把资源的承受能力夸大了，将来是一定要吃亏的。中国人均能源消耗也处于很低水平，2005 年约为世界平均水平的 3/4、美国的 1/7。人均能耗低导致对高能源需求的预期。只要中国人均能耗达到美国的 25%，其能源总需求就会超过美国。只要人均石油消费达到目前的世界平均水平，其石油消费总量将达到 6.4 亿吨，如果保持现在 1.8 亿吨的石油产量水平，中国石油进口依存将达 72%，超过目前美国的石油进口依存（63%）。

能源需求总量的问题也是相对于国际市场而言的。对于一个缺乏能源的小国家，能源需求增长可以在国际市场上得到满足而不引起注意，对市场不会有实质性影响。而相对于中国的能源需求总量来说，国际能源与材料市场规模不够巨大，因此我国能源与资源的需求量就会造成国家能源与资源市场发生明显变化。2007 年，世界各大投资机构指出我国对铁矿石的需求量增大是国际铁矿石价格增长的主要原因。这同中国对世界石油的需求原理是一致的。虽然这是一个极具争议性的话题，但至少中国的消费总量是国际市场十分关注的问题。不同于其他产品，能源需求弹性小，能源资源大买家常常没有价格的话语权，而过多依靠国际市场就等于把自己的能源安全置于他人之手。中国本身长久可靠的能源安全只能立足于国内储备，因为只有能源价格可控，才能保证国家制造业的稳步发展，确保我国经济持续稳步增长。

我国的经济目标为到 2020 年实现我国国民生产总值翻两番，但是能源消耗量只翻一番的目标很难实现，因为高投入和高消耗的经济发展模式决定着我国的能源开发模式转变的可能性不大。国内生产总值的高速增长，城市化进程的不断推进以及基础建设的持续进行，高能耗的状况将延续到 2020 年。从我国长期发展的角度来看，我国必须进行节能建设，从而减少中等收入国家过渡中的能源价格以及环境问题的担忧。

第二节　绿色建筑节地设计规则

一、土地的可持续利用

由于我国的人口数量众多，土地资源紧缺是我国面临的一个难题。土地资源作为一种不可再生资源，为人类的生存与发展提供了基本的物质基础，科学有效地利用土地资源也有利于人类生存生活的发展。国内外实际的城市发展模式表明，超越合理的城市地域开发，将引起城市的无限制发展，从而大大缩小农业用地面积，造成严重的环境污染等问题。在我国，大量的开发商供远大于需的开发建筑面积，影响了城市的正常发展，产生了很多空城，人们的正常居住标准也得不到满足。因此，只有保证城市合理的发展规模，才能保证城市以外生态的正常发展。城市中的土地利用结构是指城市中各种性质的土地利用方式所占的比例及其土地利用强度的分布形式，而在我国城市土地利用中，绿化面积比较少，也突出了我国城市用地面积的不科学与不合理。近年来，城市建筑水平与速度的飞速提升，将进一步增加我国城市土地结构的不合理性。为了避免城市中，建筑密度过大带来的不利后果，非常有必要进行地下空间利用，以保证城市的可持续发展。

在城市土地资源开发利用中，要遵循可持续发展的理念，其内涵包括以下五个方面：第一，土地资源的可持续开发利用要满足经济发展的需求。人类的一切生产活动目的都是经济的发展，然而经济发展离不开对土地资源这一基础资源的开发利用，尤其是在经济高速发展、城镇化步伐突飞猛进的今天，人们对城市土地资源的渴求日益加剧。但是如果一味追求经济发展而大肆滥用土地，破坏宝贵的土地资源，这种发展以牺牲子孙后代的生存条件为代价，是不可能持久的。因此，人们只有对土地资源的利用进行合理规划，变革不合理的土地利用方式，协调土地资源的保护与经济发展之间的冲突矛盾，才能实现经济的可持续健康发展，才能使人类经济发展成果传承千秋万代。

第二，对土地资源的可持续利用不仅仅是指对土地的使用，还涉及对土地资源的开发、管理、保护等多个方面。对于土地的合理开发和使用，主要集中在土地的规划阶段，选择最佳的土地用途和开发方式，在可持续的基础上最大限度地发挥土地的价值；而土地的"治理"是合理拓展土地资源的最有效途径，采取综合手段改善一些不利土地，变废为宝；所谓"保护"是指在发展经济的同时，注重对现有土地资源的保护，坚决摒弃以破坏土地资源为代价的经济发展。只有做到对土地的合理开发、使用、保护才能得到经济社会的长期可持续发展。

第三，实现土地资源的可持续利用，要注重保持和提高土地资源的生态质量。良好的经济社会发展需要良好的基础，土地资源作为基础资源，其生态质量的好坏直接影响着人类的生存发展。两眼紧盯经济效益面对土地资源的破坏尤其是土地污染视而不见是愚蠢的发展模式，是贻害子孙后代的发展模式，短期的财富获得的同时却欠下了难以偿还的账单。土地资源的可持续利用要求我们爱护珍贵的土地，使用的同时要注重保持它原有的生态质量，并努力提高其生态质量，为人类的长期发展留下好的基础。

第四，当今世界人口众多，可利用的地资源相对匮乏，土地的可持续利用是缓解土地紧张的重要途径。全球陆地面积占地球面积29%，可利用土地面积少之又少，而全球人口超过60亿，人类对土地的争夺进入白热化阶段，不合理开发、过度使用等问题日趋严重，满足当代人使用的同时却使可利用土地越来越少，以致直接影响后代人对土地资源的利用。只有可持续利用土地，在重视生态和环境质量的基础上最大限度地发挥土地的利用价值，才能有效地缓解"人多地少"的紧张局面。

第五，土地资源的可持续利用不仅仅是一个经济问题，它是涉及社会、文化、科学技术等方面的综合性问题，做到土地资源的可持续利用要综合平衡各方面的因素。

上述各因素的共同作用形成了特定历史条件下人们的土地资源利用方式，为了实现土地资源的可持续利用，需对经济、社会、文化、技术等诸因素综合分析评价，保持其中有利于土地资源可持续利用的部分，对不利的部分则通过变革来使其有利于土地资源的可持续利用。此外，土地资源的可持续利用还是一个动态的概念。随着社会历史条件的变化，土地资源可持续利用的内涵及其方式也处于动态变化中。

可持续发展的兴起在很大程度上是由于对环境问题的关注。传统的城市化是与工业化相伴随的一个概念，其附带的产物就是城市化进程中生态环境的恶化，这在很多传统的以工业化来推进城市化进程的国家中几乎是一个共同的现象，因此，强调城市化进程中的生态建设便构成了土地持续利用的重要方面。这里强调的生态建设原则在一定程度上意味着并不仅仅是对生态环境的保护问题，甚至在很大程度上意味着通过人类劳动的影响使生态环境质量保持不变甚至有所提高。

二、城市化的节地设计

从土地的利用结构上看，在城市发展的不同阶段，土地资源的开发程度也会不同。从城市发展的进程上看，城市结构的调整也会影响土地资源的流动分配，进而发生土地资源结构的变动。农业占有较大比例的时期为前工业化阶段，土地利用以农业用地为主，城镇和工矿交通用地占地比例很小。随着工业化的加速发展，农业用地和农业劳动力不断向第二、三产业转移。如果没有新的农业土地资源投产使用，那么农业用地的比例就会迅速下降，相反，城市用地、工业用地以及交通用地的比例就会不断提升。在产业结构变化过程中，农业用地比例下降，就会产生富余劳动力，这些劳动力就会自动地向第二产业和第三产业流动，直到进入工业化时代，这种产业结构的变动才会变缓。随着工业的不断增长，工业用地增长就会放缓，相应的第三产业、居住用地以及交通用地的比例就会增加。在发达国家中，包括荷兰、日本、美国等国家，在城市化发展的进程中，就经历过相同的变化趋势。总体上讲，城市的发展过程见证着城市土地资源集约化的过程，土地对资本等其他生产性要素的替代作用并不相同这一现象可以用来解释不同城市化阶段中的许多土地利用现象，如土地的单位用地产值越来越高等。

城市规模对城市土地资源有较大的影响，主要表现在两个方面：首先是城市规模对用地的经济效益有很大的影响；其次是用地效率。这两方面的影响主要具有以下两个特点。城市用地效益可用城市单位土地所产生的经济效益来表示，其总的趋势是大城市的用地效益比中小城市高，即城市用地效益与城市规模呈正相关。就人均建设用地指标而言，总体来讲城市化进程中，各级城市的建设用地面积均会呈上升趋势，都会引起周围农地的非农化过程，但各级城市表现不一。总的来看，大城市人均占地面积的增长速度小于中小城市。此外，城市的规模对建设用地也有一定的影响。

在一定程度上，城市各类用地的弹性系数表明了不同城市规模的用地效率。城市用地的弹性系数越小，说明城市的土地资源较为紧张，其用地效率也就越高。一般地，在我国城市化进程中，各类城市的用地弹性系数具有很大的差异。城市的用地弹性系数与城市中的人口增长率和城市年用地增长率等因素密切相关。如果城市的土地增长弹性系数数值为1，表明城市中的人口增长率与年用地增长率持平，说明城市的人均用地不发生变化。如果系数大于1，则说明城市扩张加快，人均用地面积增加；相反，如果弹性系数小于1，说明城市的用地面积增长率低于城市人口增长率，人均用地面积减少。

第三节　绿色建筑的节水设计规则

一、绿色建筑节水问题与可持续利用

绿色建筑是可持续发展建筑，能够与自然环境和谐共生。而水资源作为自然环境的一大主体，是建筑设计中必须考虑的一个重要因素。节水设计就是在建筑设计、建造以及运营过程中将水资源最优化分配和利用。从我国的水资源利用现状来看，水资源的可持续利用是我国经济社会发展的命脉，是经济社会可持续发展的关键。建筑在施工建造过程中会消耗大量的自然资源和对自然环境造成严重的危害。我国是世界上26个最缺水国家之一，由于我国庞大的人口数量，导致虽然我国的水资源总量排名世界第6，但是人均占有量仅是世界人均占有量的1/4，而在社会耗水量中，建筑耗水量占据相当大的比例，所以建筑的节水设计问题是绿色建筑迫在眉睫的问题。

以建筑物水资源综合利用为指导思想分析建筑的供水、排水，不但应考虑建筑内部的供水、排水系统，还应当把水的来源和利用放到更大的水环境中考虑，因此需要引入水循环的概念。绿色建筑节水不单单是普通的节省用水量，而是通过节水设计将水资源进行合理的分配和最优化利用，减少取用水过程中的损失、使用以及污染；同时人们能够主观地减少资源浪费，从而提高水资源的利用效率。目前，由于人们的节水意识以及节水技术有限，因此在建筑节水管理中，需要编制节水规范，采用立法和标准的模式强制人们采用先进的节能技术。同时应该制定合理的水价，从而全面推进节水向着规范化的方向迈进。建筑节水的效益可以分为经济效益、环境效益和社会效益，实现这一目标最有效的策略在于因地制宜地节约用水，既能够满足人们的需求，又能够提高节水效率。建筑节水主要有三层含义：首先是减少用水总量；其次是提高建筑用水效率；最后是节约用水。建筑节水可以从四个方面进行，主要包括：供水管道输送效率，较少用水渗漏；先进节水设备推广；水资源的回收利用；中水技术和雨水回灌技术。此外，还可以通过污水处理设施，实现水资源的回收利用。在具体的实施过程中，要保证各个环节的严格执行，才能够切实节约水资源，但是目前我国的水资源管理体制还有很大的欠缺，需要在以后改进执行。人们都视水资源为一种永远用不完的东西，因此对于水，随意乱用，完全没有珍惜水的意识，更谈不上主动地节约水资源。然而，国内多地出现的用水难、缺水等问题，说明了情况并非人们想象中的那样。

　　水资源之所以出现匮乏，甚至有些地方无水的主要原因有两大方面。一方面是中国每年的人口在不断增长，且人民生活水平随着经济和社会的发展不断提高，自然对水资源的需要量也在增加，且呈直线式增长。但是某一地区，可用水资源的量是有限的，因此部分地区初现水荒，甚至某些地区出现的断水的情况。另一方面是由于国家的不断发展，工业等主要行业作为国家的主要产业不断增多，加上人员多且多无节水意识，造成了大量可用水资源的污染，水资源是全世界的珍贵资源之一，是维持人类最重要的自然因素之一。为了解决水资源缺乏的情况，人们在绿色建筑设计中，十分重视节能这一重要问题。在绿色建筑的节水理念中，要求水资源能够保证供给与产出相平衡，从而达到资源消耗与回收利用的理想状态，这种状态是一种长期、稳定、广泛和平衡的过程。在绿色建筑设计中，人们对建筑节水的要求主要表现在以下四点：

　　（1）要充分利用建筑中的水资源，提高水资源的利用效率；

　　（2）遵循节水节能的原则，从而实现建筑的可持续发展利用；

　　（3）降低对环境的影响，做到生产、生活污水的回收利用；

　　（4）要遵循回收利用的原则，能够充分考虑地域特点，从而实现水资源的重复利用。

　　按照绿色建筑设计中水资源回收利用的目标。给予现有的建筑水环境的问题，从而依据绿色建筑技术设计规定，在节水方面的重点宜放在采用节水系统、节水器具和设备上；在水的重复利用方面，重点宜放在中水使用和雨水收集上；在水环境系统集成方面，重点宜放在水环境系统的规划、设计、施工、管理方面，特别是水环境系统的水量平衡、输入/输出关系，以及系统运行的可靠性、稳定性和经济性上。在水的重复利用方面，重点宜放在中水使用和雨水收集上。在目前水资源十分紧缺的情况下，随着城市的不断扩张，水资源的需求量不断上升；同时水污染现象也越来越严重。另外，城市的水资源随着降水，没有经过回收利用，就会白白流失。城市的改建与扩张，城市的建筑、道路、绿地的规划设计不断变化，导致地面径流量也会发生变化。

城镇发展对城市排水系统的要求越来越大，我国城市中普遍存在排水系统规划不合理的问题，造成不透水面积增大，雨水流失严重，这就造成了地下水源的补给不足，同时也会造成城市内涝灾害的发生。此外，城市雨水携带着城市污染物流入河流，也会造成水体污染，导致城市生态环境恶化。对于水资源可持续利用系统，应该将重心放在水系统的规划设计、施工管理上，实现城市水体输入和输出平衡，保证其可靠性、稳定性和经济性。

我国水资源分布不均，因此建筑供水是一个需要解决的难题。建筑在运营期间对水资源的消耗是非常巨大的，因此要竭尽所能地实现公用建筑的节水。由于建筑的屋顶面积相对较大，因此为屋顶集水提供了较为有利的条件。我国很多建筑已经开始使用中水技术，对雨水进行回收处理，用于卫生间、植被绿化以及建筑物清洗。从设计角度把绿色建筑节水及水资源利用技术措施分为以下几个方面。

1. 中水回收技术

为了满足人们的用水需求，减少对净水资源的消耗，我们必须在环境中回收一定量的水源，中水回收技术能够满足上述需求；同时也能减少污染物的排放，减少水体中的氮磷含量。与城市污水处理工艺相比，中水回收系统的可操作性较强，而且在拆除时不会产生附加的遗留问题，因此对环境的影响较小。在我国绿色建筑的开发中，采用中水回收技术和污水处理装置，能够保证水资源的循环使用。由于中水回收技术，一方面能够扩大水资源的来源；另一方面可以减少水资源的浪费，因此兼有"开源"和"节流"两方面的特点，在绿色建筑中可加以应用。

在中水回收装置设计时，人们往往只考虑了其早期投入，而很少计算其在运行中的节水效益。这样在投资过程中，就会造成得不偿失的结果。因此在中水处理中，需要将处理后的水质放在第一位，这就需要采用先进的工艺和手段。如果处理后水源的水质达不到要求，那么再低廉的成本也是资源与财力的浪费。

随着科学技术的进步与经济实力的增长，对于传统的污水处理工艺，如臭氧消毒工艺、活性炭处理工艺以及膜处理工艺，在使用过程中经过不断地改进与发展，已经趋于安全高效。人们在建筑节能设计中的观念也随着不断改变，国际上人们普遍采用的陈旧的节水处理装置，因为水源处理过程效率较低而逐渐被摒弃。同时，随着自动控制装置和监测技术的进步，建筑中的许多污染物处理装置可以达到自动化。也就是说，污水处理过程逐渐简单化。因此通过上述过程，我们就不用考虑处理过程的可操作性，只要保证建设项目的性价比，就可以检测水源处理过程。

绿色建筑中水工程是水资源利用的有效体现，是节水方针的具体实施，而中水工程的成败与其采用的工艺流程有着密切联系。因此，选择合适的工艺流程组合应符合下列要求：采用先进的工艺技术，保证水源在处理后达到回用水的标准；工艺要经济可靠，在保证水质的情况下，能够尽可能地减少成本、运营费用以及节约用地；水资源处理过程中，能够减少噪声与废气排放，减少对环境的影响；在处理过程中，需要经过一定的运营时间，从而达到水源的实用化要求。如果没有可以采用的技术资料，可以通过实验研究进行指导。

2. 雨水利用技术

自然降水是一种污染较小的水资源。按照雨形成的机理，可以看出降雨中的有机质含量较少，通过水中的含氧量趋近于最大值，钙化现象并不严重。因此，在处理过程中，只需要简单操作，便可以满足生活杂用水和工业生产用水的需求。同时，雨水回收的成本要远低于生活废水，且水质更好，微生物含量较低，人们的接受和认可度较高。

建筑雨水收集技术经过 10 多年的发展已经趋于完善，因此绿色小区和绿色建筑的应用中具有较好的适应性。从学科方面来看，雨水利用技术集合了生态学、建筑学、工程学、经济学和管理学等学科内容，通过人工净化处理和自然净化处理，能够实现雨水和景观设计的完美结合，实现环境、建筑、社会和经济的完美统一。对于雨水收集技术虽然伴随着小区的需求而不同，但是也存在一定的共性，其组成元素包括绿色屋顶、水景、雨水渗透装置和回收利用装置，其基本的流程为，初期雨水经过多道预处理环节，保证了所收集雨水的水质。采用蓄水模块进行蓄水，有效地保证了蓄水水质；同时不占用空间，施工简单、方便，更加环保、安全。通过压力控制泵和雨水控制器可以很方便地将雨水送至用水点；同时，雨水控制器可以实时反映雨水蓄水池的水位状况，从而到达用水点。可用的水还可以作为水景的补充水源和浇灌绿化草地。还应考虑不同用途必要用水量的平衡、不同季节用水量差别等情况，进行最有效的容积设计，达到节约资源的目的。伴随着技术的不断进步，有很多专家和工程师已经将太阳能、风能和雨水等可持续手段应用于花园式建筑的发展之中。因此，在绿色建筑设计中，切实地采用雨水收集技术，将其与生态环境、节约用水等结合起来，不但能够改善环境，而且能够降低成本，产生经济效益、社会效益和环境效应。

在绿色建筑设计中，可以通过景观设计实现建筑节水。首先，在设计初期要提出合理完善的景观设计方案，满足基本的节水要求；此外，还要健全水景系统的池水、流水及喷水等设施。特别地，需要在水中设置循环系统，同时要进行中水回收和雨水回收，满足供水平衡和优化设计，从而减少水资源浪费。

3. 室内节水措施

一项对住宅卫生器具用水量的调查显示，家庭用的冲水系统和洗浴用水占家庭用水的50% 以上。因此为了提高可用水的效率，在绿色建筑设计中，提倡采用节水器具和设备。这些节水器具和设备不但要运用于居住建筑，还需要在办公建筑、商业建筑，以及工业建筑中推广应用。特别是以冲厕和洗浴为主的公共建筑中，要着重推广节水设备，从而避免雨水的跑、冒、滴、漏现象的发生。此外，还需要人们通过设计手段，主动或者被动地减少水资源浪费，从而主观地实现节水。在节水设计中，目前普遍采用的家庭节水器具包括节水型水龙头、节水便器系统以及淋浴头等。

二、绿色建筑节水措施应用

1. 绿色建筑雨水利用工程

近年来，在绿色建筑领域发展起来一种新技术——绿色建筑雨水综合利用技术，并实践于住宅小区中，效果很好。它的原理中涉及很多学科，是一种综合性的技术。净化过程分为两种形式：人工和自然。这一技术将雨水资源利用和建筑景观设计融合在一起，促进人与自然的和谐。在实际操作中需要因地制宜，考虑实际工程的地域以及自身特性来给出合适的绿色设计，比如，可以改变屋顶的形式，设计不同样式的水景，改变水资源再次利用的方式等。科技日新月异，建筑形式在多样化的同时也越来越强调可持续发展，可以把雨水以水景的模式利用，再和自然能源相结合建造花园式建筑来实现这一目标。这一技术在绿色建筑中，在使水资源重复利用的同时改善了自然环境，节约了经济成本，带来了巨大的社会效益，所以应该加大推广力度，特别是在条件适宜的地区。这种技术也有缺点：降水量不仅受区域影响还受季节影响，这就要求收集设施的面积要足够大，所以占地较多。

2. 主要渗透技术

雨水利用技术在绿色建筑小区中通过保护本小区的自然系统，使其自身的雨水净化功能得以恢复，进而实现雨水利用。水分可以渗透到土壤和植被中，在渗透过程中得到净化，并最终存储下来。将通过这种天然净化处理的过剩的水分再利用，来达到节约用水、提高水的利用率等目的。绿色建筑雨水渗透技术充分利用了自然系统自身的优势，但是在使用过程中还是要注意这项技术对周围人和环境以及建筑物自身安全的影响，以及在具体操作时资源配置要合理。

在绿色建筑中应用到很多雨水渗透技术，按照不同的条件分类不同。按照渗透形式分为分散渗透和集中渗透。这两种形式特点不同，各有优缺点。分散渗透的缺点是渗透的速度较慢，储水量小，适用范围较小。它的优点是渗透充分，净化功能较强，规模随意，对设备要求简单，对输送系统的压力小。分散渗透的应用形式常见的为地面和管沟。集中渗透的缺点是对雨水收集输送系统的压力较大，优点是规模大、净化能力强，特别适用于渗透面积大的建筑群或小区。集中渗透的应用形式常见的有池子和盆地形。

3. 节水规划

用水规划是绿色建筑节水系统规划、管理的基础。绿色建筑给排水系统能否实现良性循环，关键就是对该建筑水系统的规划。在建筑小区和单体建筑中，由于建筑或者用户对水源的需求量不同，这主要与用户水资源的使用性质有关。在我国《建筑给水排水设计规范》（GB50015—2003）中提供了不同用水类别的用水定额和用水时间。

第四节 绿色建筑节材设计规则

一、绿色建筑节材和材料利用

节材作为绿色建筑的一个主要控制指标，主要体现在建筑的设计和施工阶段，而到了运营阶段，由于建筑的整体结构已经定型，对建筑的节材贡献较小。因此绿色建筑在设计之初就需要格外地重视建筑节材技术的应用，并遵循以下五个原则：

1. 对已有结构和材料多次利用

在我国的绿色建筑评价标准中有相关规定，对已有的结构和材料要尽可能地利用，将土建施工与装修施工一起设计，在设计阶段就综合考虑以后要面临的各种问题，避免重复装修。设计可以做到统筹兼顾，将在之后的工程中遇到的问题提前给出合理的解决方案，要充分利用设计使各个构件充分发挥自身功能，使各种建筑材料充分利用。这样多次利用可以避免资源浪费、减少能源消耗、减少工程量、减少建筑垃圾，且在一定程度上改善了建筑环境。

2. 尽可能地减少建筑材料的使用量

绿色建筑中要做到建筑节能首先就是要减轻能源和资源消耗，最直接的手段就是减少建筑材料的使用量，特别是一些常用的材料，像钢筋、水泥、混凝土等，这些材料的生产过程会消耗很多自然资源和能源，它的生产需要大量成本，还影响环境，如果这些材料不能合理利用就会成为建筑垃圾污染环境。建筑材料的过度生产不利于工程经济和环境的发展，所以要合理设计与规划材料的使用量，并好好管理，避免施工过程中建筑材料的浪费。

3. 建筑材料尽可能与可再生相关

在我们的生活中可再生相关材料有很多，大体可以分为以下三类。第一种，本身可再生。第二种，使用的资源可再生。第三种，含有一部分可再生成分。自然界的资源分为以下两类：可再生资源和不可再生资源。可再生资源的形成速率大于人类的开发利用率，用完后可以在短时间内恢复，为人类反复使用，如太阳能、风能，太阳可提供的能源可达100多亿年，相对于人类的寿命来说是"取之不尽，用之不竭"。如果建筑材料大量使用可再生相关材料，就可以减少对不可再生资源的使用量，减少有害物质的产生，减少对生态环境的破坏，达到节能环保的目的。

4. 废弃物再利用

这里废弃物的定义比较广泛，包括生活中、建筑过程中，以及工业生产过程中产生的废弃物。实现这些废弃物的循环回收利用，可以较大程度地改善城市环境，还能节约大量的建筑成本，实现工程经济的持续发展。我们要在确保建筑物的安全以及保护环境的前提下尽可能多地利用废弃物来生产建筑材料。国标中也有相关规定，我们的工程建设要更多地利用废弃物生产的建筑材料，减少同类建筑材料的使用，二者的使用比例要不小于50%。

5. 建筑材料的使用遵循就近原则

国家标准规范中对建筑材料的生产地有相关要求，总使用量70%以上的建筑材料生产地距离施工现场不能超过500km，即就近原则。这项标准缩短了运输距离在经济上节约了施工成本，选用本地的建筑材料避免了气候和地域等外界环境对材料性质的影响，在安全上保证了施工质量。建筑材料的选择应该因地制宜，本地的材料既可以节约经济成本又可以保证安全质量，因此就近原则非常适用。

二、节能材料在建筑设计中的应用

在城市发展进程中，建筑行业对国民经济的推动功不可没，特别是建筑材料的大量使用。要实现绿色建筑，实现建筑材料的节能是重要环节。对于一个建筑工程，我们要从建筑设计、建筑施工等各个方面来逐一实现材料的节能。在可持续发展中应该加强建设、推广使用节能材料，这样在保证经济稳步增长的同时又能保护环境。现在国际上出现了越来越多的绿色建筑的评价标准，我们在设计和施工中要严格按照标准来选用合适的建筑材料，向节能环保的绿色建筑方向发展。

1. 节能墙体

节能墙体材料取代先前的高耗能的材料应该在建筑设计中广泛利用，以达到国家的节能标准。在建筑设计中，采用新型优质墙体材料可以节约资源，将废弃物再利用，保护环境；此外，优质的墙体材料带给人视觉和触觉上的享受，好的质量可以提高舒适度以及房屋的耐久性。在节能墙体中可以再次利用的废弃物种类有废料和废渣等建筑垃圾，把它们重新用于工程建设，变废为宝，节约经济成本的同时又保护了环境，实现了可持续发展。随着城市的发展，绿色节能建筑也飞快发展，节能环保墙体材料的种类也越来越多，形式也逐渐多样化，由块、砖、板以及相关的复合材料组成。我国学者结合本国实际国情以及国外研究现状又逐渐发展出更多的新型墙体材料，经过多年的研究和发展，有一些主要的节能材料已经在实际工程中广泛应用，如混凝土空心砌块，在保证自身强度的前提下尽可能地减少自重，减少材料的使用。

2. 节能门窗

绿色建筑不断发展，节能材料逐渐变得多样性，技能技术也快速发展，为实现我国建筑行业的可持续发展奠定了基础。节能材料不再是仅仅注重节能的材料，更人性化地加入了环保、防火、降温等特点。这些新型节能材料的使用，提高了建筑物的性能如保温性、隔热性、隔声性等；同时也促进了相关传统产业的发展。建筑节能主要从各个构件入手，门窗是必不可少的构件，它的节能对整体建筑的节能必不可少。相关资料显示，建筑热能消耗的主要方式就是通过门窗的空气渗透以及门窗自身散热功能，约有一半的热能以这种形式流失。门窗作为建筑物的基本构件，直接与外界环境接触，热能流失比较快，所以可从改变门窗材料来减少能耗，提高热能的使用率，进一步节约供热资源。

3. 节能玻璃

玻璃作为门窗的基本材料，它的材质是门窗节能的主要体现。可采用一些特殊材质的玻璃来实现门窗的保温、隔热、低辐射功能。在整个建筑过程中，节能环保的思想要贯穿整个设计以及施工过程，要尽可能地采用节能玻璃。随着绿色建筑的发展，节能材料种类的增多，节能玻璃也有很多种，最常见的是单银（双银)Low-E玻璃。这种节能玻璃广泛应用于绿色建筑。它具有优异的光学热工特性，这种性能加上玻璃的中空形式使节能效果特别显著。在建筑设计以及施工过程中将这种优良的节能材料充分地应用于建筑物中，会使整体的节能性能得到最大限度的发挥。

4. 节能外围

建筑物的外围和外界环境直接接触，在建筑节能中占有主要地位，所占比例约有56%。墙和屋顶是建筑物外围的主要构件，在建筑物整体节能中占有主要地位。例如，水立方的建设就充分使用了节能外围材料，水立方的外墙透光性极强，使游泳中心内的自然光采光率非常高，不仅高度节约了电能，而且白天走进体育馆也会有种梦幻般的感觉，向世界展示了我国在节能材料领域的成就。气泡型的膜结构幕墙，给人以舒适感，展示了最先进的技术，代表着我国对节能外围材料的研究已经达到国际水平，并将之推广应用到实际工程。

此外，除了墙体材料的设计，屋顶在设计中也可以实现节能。可以在屋顶的设计中加入对太阳能的利用，将这种可再生能源最大限度地转化成其他形式的能源，来减少不可再生资源的消耗。这种设计绿色、经济、环保，在推动经济稳步发展的同时又符合我国可持续发展的总目标。

5. 节能功能材料

影响建筑节能的指标中还有一项是不可或缺的节能功能材料，它通常由保温材料、装饰材料、化学建材、建筑涂料等组成。它不仅增强了建筑物的保温、隔热、隔声等性能，还增加了建筑物的外延和内涵，增强建筑物的美观性能。这些节能功能材料既能满足建筑物的使用功能，又增加了的美观性，是一种绿色、经济、适用、美观的材料。目前，节能功能材料主要以各种复合形式或化学建材的形式存在，新型的化学建材逐渐在节能、力能材料中占据主导地位。

第五节 绿色建筑环保设计

一、绿色建筑室内空气质量

室内环境一般泛指人们的生活居室、劳动与工作的场所，以及其他活动的公共场所等。人的一生80%—90%的时间是在室内度过的，在室内很多污染物的含量比室外更高。因此，从某种意义上讲，室内空气质量（IAQ）的好坏对人们的身体健康及生活的影响远远高于室外环境。

从20世纪70年代开始，人们逐渐意识到能源危机，因此人们开始研究在建筑中的能源使用率。由于早期人们对节能效率较为重视，而对室内空气质量的重视不够，造成很多建筑采用全封闭不透气结构，或者室内空调系统的通风效率很低，室内的新风量获得较少，造成室内空气质量较差，建筑综合征频发。随着经济的飞速发展和社会的进步，人们越来越崇尚居室环境的舒适化、高档化和智能化，由此带动了装修装饰热和室内设施现代化的兴起。良莠不齐的建筑材料、装饰材料及现代化的家电设备进驻室内，使得室内污染物成分更加复杂多样。研究表明，室内污染物主要包括物理性、化学性、生物性和放射性污染物四种，其中，物理性污染物主要包括室内空气的温湿度、气流速度、新风量等；化学性污染物有在建筑建造和室内装修过程中采用的甲醛、甲苯、苯，以及吸烟产生的硫化物、氮氧化物及一氧化碳等；生物性污染物则是指微生物，主要包括细菌、真菌、花粉以及病毒等；放射性污染物主要是氡及其子体。室内空气污染以化学性污染最为突出，甲醛已经成为目前室内空气中首要的污染物而受到各界极大关注。

室内空气质量的主要指标包括室内空气构成及其含量、化学与生物污染物浓度，室内物理污染物的指标包括：温度和湿度、噪声、震动以及采光等。影响室内空气含量的因素主要是我们平时较为关心的室内空气构成及其含量。从这一方面分析，空气中的物理污染物会提高室内的污染物浓度，导致室内空气质量下降。同时，室外环境质量、空气构成形式，以及污染物的特点等也会影响室内空气质量。因此，在营造良好的室内空气质量环境时，需要分析研究空气质量的构成与作用方式，从而正确的措施。

1. 室内温湿度

室内温湿度，顾名思义，是指室内环境的温度和相对湿度，这两者不但影响着室内温湿度调节，而且影响着室内人体与周围环境的热对流和热辐射，因此室内温度是影响人体热舒适的重要因素。有关调查表明，室内的空气温度为25℃时，人们脑力劳动的工作效率最高；当室内的温度低于18℃或高于28℃时，工作效率将会显著下降。如果25℃时对应的工作效率为100%，那么当室内温度为10℃时的工作效率仅为30%，因此世界卫生组织将 12℃作为室内建筑热环境的限值。空气湿度对人体表面的水分蒸发散热有直接影响，进而会影响人体的舒适度。但相对湿度太低时，会引起人们的皮肤干燥或者开裂，甚至会影响人体的呼吸系统而导致人体的免疫力下降。当室内的相对湿度较大时，容易造成室内的微生物以及霉菌的繁殖，造成室内空气污染，甚至这些微生物还会引起呼吸道疾病。

2. 新风量

为了保证室内的空气质量，要求进入室内的新风量满足要求，要求主要包括"质"和"量"。"质"要求新风保证无污染、无气味，不对人体的健康造成影响；"量"则是指到达室内的空气含量能够满足室内空气新风量达到一定的水平。在过去的空调设计中，只考虑室内人员呼吸造成的空气污染，而忽略了室内污染物对空气的污染，造成室内空气质量不良，这需要在空调设计中加以重视，从而保证室内空气质量。

3. 气流速度

与室外空气对环境质量的影响机理相同，室内气流速度也会对污染物起到稀释和扩散作用。如果室内空气长时间不流通，就可能会造成人体的窒息、疲劳、头晕，以及呼吸道和其他系统的疾病等。此外，室内气流速度也会影响人体的热对流和交换，因此可以采用室内空气流通清除微生物和其他污染物。

4. 空气污染物

按照室内污染物的存在状态，可以将污染物分为悬浮颗粒物和气体污染物两类。其中，悬浮颗粒物中主要包括固体污染物和液体污染物，主要表现为有机颗粒、无机颗粒、微生物以及胶体等；而气体污染物则是以分子状态存在的污染物，表现为无机化合物、有机物和放射性污染物等。

二、改善室内空气质量的技术措施

要想更好地改善室内空气质量，关键是完善通风空调系统和消除室内、室外空气污染物。以下从影响室内空气质量的主要因素及其相互间关系出发，提出了改善室内空气品质的具体措施。

1. 污染源控制

众所周知，消除或减少室内污染源是改善室内空气质量，提高舒适性最经济、最有效的途径。理论上讲，用无污染或低污染的材料取代高污染材料，避免或减少室内空气污染物产生的设计和维护方案，是最理想的室内空气污染控制方法。对已经存在的室内空气污染源，应在摸清污染源特性及其对室内环境的影响方式的基础上，采用撤出室内、封闭或隔离等措施，防止散发的污染物进入室内环境。比如，现代化大楼最常见的是挥发性的有机物（VOC），以及复印机和激光打印机发生的臭氧和其他的刺激性气味的污染；其控制方法可采用隔离控制、压差控制和过滤、吸附及吸收处理等。对建筑物污染源的控制，会受到投资、工程进度、技术水平等多方面因素的限制。根据相关数据确定被检查材料、产品、家具是否可以采用，或仅在特定的场合下可以采用。有些材料也可以仅在施工过程中临时采用，对于不能使用的材料、产品可以采取"谨慎回避"的办法。因此要注重建筑材料的选用，使用环保型建筑材料，并使有害物充分挥发后再使用。

微生物滋长需要水分和营养源，降低微生物污染的最有效手段是控制尘埃和湿度。对于微生物可以通过下列技术设计进行控制：将有助于微生物生长的材料（如管道保温隔音材料）等进行密封；对施工中受潮的易滋生微生物的材料进行清除更换，减少空调系统的潮湿面积；建筑物使用前用空气真空除尘设备清除管道井和饰面材料的灰尘和垃圾，尽量减少尘埃污染和微生物污染。

室内空气异味是"可感受的室内空气质量"的主要因素。因此要控制异味的来源，需减少室内低浓度污染源，减少吸烟和室内燃烧过程，减少各种气雾剂、化妆品的使用等。在污染源比较集中的地域或房间，采用局部排风或过滤吸附的方法，防止污染源的扩散。

2.空调系统设计的改进措施

空调系统设计人员在设计一开始就应该认真考虑室内空气质量，还要考虑系统今后如何运行管理和维护。要使设计人员认同这是他们的责任，许多运行管理和维护的症结问题出自原设计。

新风量与室内空气质量之间有密切联系，新风量是否充足对室内空气质量影响很大。入室新风量目的是将室外新鲜空气送入室内稀释室内有害物质，并将室内污染物排到室外。在抗击"非典"中，特别强调开窗通风，实质上就是用这个办法改善室内空气质量。但需注意的是，室外空气也可能是室内污染物的重要来源。由于大气污染日趋严重，室外大气中的尘、菌、有害气体等污染物的浓度并不低于室内，盲目引入新风量，可能带来新的污染。采用新风的前提条件为，室外空气质量好于室内空气质量；否则，增大新风量只会增大新风负荷，使运行费用急剧上升，对改善室内空气品质毫无意义。

通过通风系统，在室内引入新鲜空气，除了能够稀释室内的污染源以外，还能够将污染空气带出室外。为了保证新风系统能够消除新风在处理、传递和扩散方面造成的污染，需要做到以下几点：首先要选择合理的新风系统，对室内空气进行过滤处理，这就需要进行粗效过滤；其次是要将新风直接引入室内，从而能够降低新风年龄，减少污染路径。在室内的新风年龄越小，其污染路径越短，室内的新风品质就越好，从而对人体健康越有利。同样，空调技术也会对室内空气造成污染，采用新型空调技术，可以提高工作区的新风品质。同样，可以缩短空气路径，因此可以将整个室内转变为室内局部通风，专门提高人工作区附近的空气质量，从而提高室内通风的有效性。此外，还可以采用空气监测系统，增加室内的新鲜空气量和循环气量，从而维持室内的空气品质。

3.改进送风方式

室内外的空气质量是相互影响的，置换通风送风方式在空调建筑中使用比较普遍。与传统的混合送风方式相比较，基于空气的推移排代原理，使室内空气由一端进入而从另一端将污浊空气排出。这种方式，可以将空气从房间地板送入，依靠热空气较轻的原理，使新鲜空气受到较小的扰动，经过工作区，带走室内比较污浊的空气和余热等。上升的空气从室内的上部通过回风口排出。

此时，室内空气温度成分层分布，污染也是成竖向梯度分布，能够保持工作区的洁净和热舒适性。但是目前置换通风也存在一定的问题。人体周围温度较高，气流上升将下部的空气带入呼吸区，同时将污染导入工作层，降低了空气的清新度。采用地板送风的方式，当空气较低且风速较大时，容易引起人体的局部不适。通过 CFD 技术，建立合适的数学物理模型，研究通风口的设置与风速大小对人体舒适度的影响，以有效地节约成本，因此目前已经研究出置换通风的新方法。此外，可以通过计算流体力学的方法，模拟分析室内空调气流组织形式，只要通过选择合适的数学、物流模型，就可以通过计算流体力学方法计算室内各点的温度、相对湿度、空气流动速度，进而可以提高室内换气速度。同时，还可以通过数值模拟的方法，计算室内的空气龄，进而判断室内空气的新鲜程度，从而优化设计方案，合理营造室内气流组织。通过上述分析，改善与调节室内通风，提高室内的自然通风，是一项较为科学经济有效的方法。

4. 通风空调系统的改进措施

空调系统的改进主要包括空调设备的选择以及通风管道系统的设计与安装。在安装通风管道时要特别注意静压箱和管件设备的选择，从而保证室内的相对湿度能够处于正常水平，以减少灰尘和微生物的滋生，美国暖通空调学会标准对室内空调系统的改进进行了特别的说明。同时要求控制通风盘管的风速，进行挡水设计，一般地，要求空调带水量为 1.148以内，从而能够确保空调带水量在空气流通路径中被完全吸收，从而减少对下游管道的污染。此外，对于除湿盘管，要设计有一定的坡度并保证其封闭性，从而在各种情况下都可以实现集水作用，还要求系统能够在 3 分钟之内迅速排出凝水，在空调停止工作之后，能够保证通风，直至凝结水完全排出。

针对由于人类活动和设备所产生的热量超过设计的容量而产生的环境及空气问题往往在建筑设计中通过以下的措施来解决：①在人员比较密集的空间，安装 CO_2 及 VOC 等传感装置，实时监测室内空气质量，当空气质量达不到设定标准时，触动报警开关，从而接通入风口开关，增大进风量。②在油烟较多的环境中，加装排油通风管道。③其他的优化措施还包括：有效率合理地利用各等级空气过滤装置，防止处理设备在热湿情况下的交叉污染；在通风装置的出风口处加装杀菌装置；并对回收气体进行合理化处理再利用。一个高质量设备实现设计目标的前提应该包括：合理规范的前期测试及正确的安装程序，在设备的运行过程中，更要有负责的监管和维护。

5. 建筑维护和室内空调设备的运行管理

建筑材料、室内设备和家具在使用过程中，应包括定期的安全清洁检查和维修，防止化学颗粒沉积，滋生有害细菌。空调系统是室内空气污染的主要源头，空调系统的清洁和维护更是尤其重要。空调系统的清洁和维护主要分为两部分：①风系统。风系统的维护方法主要有人工、机械化及自动化的方式。②水系统。水系统的维护和清洁主要有物理跟化学两种。其中，化学方法应用得较广泛，利用人工或者自动向水系统中投入化学试剂来实现除尘、杀菌、清洁、排废水等。

6. 应用室内空气净化技术

使用空气净化技术，是改善室内空气质量、创造健康舒适的办公和住宅环境十分有效的方法，在冬季供暖、夏季使用空调期间效果更为显著，和增加新风量相比，此方法更为节能。

（1）微粒捕集技术

将固态或液态微粒从气流中分离出来的方法主要包括机械分离、电力分离、洗涤分离和过滤分离。室内空气中微粒浓度低、尺寸小，而且要确保可靠的末级捕集效果，所以主要用带有阻隔性质的过滤分离来清除气流中的微粒；此外，也常采用静电捕集方法。室内空气中应用不同类型的过滤器以过滤掉不同粒径的微粒。

（2）吸附净化方法

吸附是利用多孔性固体吸附剂处理气体混合物，使其中所含的一种或数种组分吸附于固体表面上，从而达到分离的目的。此方法其优点是吸附剂的选择性高，它能分开其他方法难以分开的混合物，有效地清除浓度很低的有害物质，净化效率高，设备简单，操作方便。所以此方法特别适用于室内空气中的挥发性有机化合物、氨、HS、SO_2、NO 和氧气等气态污染物的净化。作为净化室内空气的主要方法，吸附被广泛使用，所用吸附剂主要是粒状活性炭和活性炭纤维。

（3）非平衡等离子体净化方法

等离子体是由电子、离子、自由基和中性粒子组成的导电性流体，整体保持电中性。非平衡等离子体就是电子温度高达数万度的等离子。将非平衡等离子体应用于空气净化，不但可分解气态污染物，还可从气流中分离出微粒，整个净化过程涉及预荷电集尘、催化净化和负离子发生等作用。非平衡等离子体降解污染物是一个十分复杂的过程，而且影响这一过程的因素很多，因此相关研究还需深入。非平衡等离子体不仅可净化各种有害气体，而且可分离颗粒物质，调节离子平衡，所以理论上说，它在空气净化方面有着其他方法无法比拟的优点，它的应用前景非常乐观。

（4）光催化净化方法

光催化净化是基于光催化剂在紫外线照射下具有的氧化还原能力而净化污染物的。光催化剂属半导体材料，包括 TiO_2、ZnO、Fe_2O_3、CdS 和 WO_3 等。其中，TiO_2 具有良好的抗光腐蚀性和催化活性，而且性能稳定、价廉易得、无毒无害，是目前公认的最佳光催化剂。光催化法具有能耗低，操作简单，反应条件温和、经济，可减少二次污染及连续工作和对污染物全面治理的特点，适用范围广泛。

在实际应用中，针对所需去除污染物的种类，充分利用各种方法的特点，将上述各种技术方法进行优化组合，即可取得良好的空气净化效果。

室内空气质量问题已经谈论了许多年，国内外的研究及论文相当丰富，但真正解决问题的路程还相当遥远，面临的困难还相当多。目前应当从以下几个方面入手：首先，我们必须认识到室内空气质量是一门跨学科的新兴学科，其研究问题是如何为人们提供可以长时期生活的健康、舒适的室内环境，明确了定义、性质、范畴和要求，才能科学有效地展开研究。它不是任何一个或几个现有学科可以解决的问题，是具有很大发展潜力的学科。因此，对室内空气质量问题的性质要形成科学、全面和比较统一的认识。应尽快地建立起我国的比较完善的室内空气质量和标准与评价方法。

　　其次，由于多因子、多途径地诱发了室内空气质量问题，改善室内空气质量实际上是一个系统工程，并不是单一的措施或方法能奏效的。我们应清楚地认识到，现在提出的一些"解决"方法或开发的一些产品，还不能"解决"室内空气质量问题，只能从局部改善"污染"问题。空气质量问题既不容忽视也不应夸大。目前的问题不在于能否达到良好的室内空气质量，而在于如何以有效的途径、合理的能耗提供合适的室内空气质量。必须加强基础研究和实验，首先解决危害机理、检测和评价的标准和手段等关键问题。

第四章　绿色建筑节能技术

绿色节能建筑是指遵循气候设计和节能的基本方法，对建筑规划分区、群体和单体、建筑朝向、间距、太阳辐射、风向，以及外部空间环境进行研究后，设计出的低耗能建筑物。其内涵即通过高新技术的研发和先进适用技术的综合集成，极大地减少建筑对不可再生资源的消耗和对生态环境的污染，并为使用者提供健康、舒适，与自然和谐的工作及生活环境。

第一节　围护结构节能技术

绿色建筑最早从建筑节能起步，绿色建筑首先应该是节能建筑。建筑围护结构是指建筑及房间各面的围挡物。它分透明和不透明两部分：不透明围护结构有墙、不透明幕墙、屋顶和楼板等；透明围护结构有窗户、透明幕墙、天窗和阳台门等。按是否与室外空气直接接触，又可分为外围护结构和内围护结构。外围护结构是指同室外空气直接接触的围护结构，如外墙、幕墙、屋顶外门和外窗等，这些部位需要做好保温、隔热，以降低能耗，尤其要考虑夏季内部发热量便于散发以减少空调能耗。因此大型公共建筑节能不能简单地以提高外围护结构的保温隔热性能来达到节约建筑能耗的目的，还应有足够的可开启面积，便于必要时散发内部的热量。在优先采用自然通风的基础上，采取有组织的机械排风可以达到一定效果。另外，围护结构还应有必要的透光面积，以满足自然采光的要求，减少照明能耗。

1. 建筑节能与节能建筑

建筑节能是活动，节能建筑是成果。

建筑节能的活动是与时俱进的，我国早在 20 世纪 80 年代就已开展建筑节能，学习发达国家的做法了，其主要是指节约和减少建筑使用中的能耗，即建筑供暖、空调、通风、热水、炊事、照明、家用电器等方面的能耗。但随着世界能源问题的凸显和人们认识的提高，建筑节能含义有所拓展。如今，随着绿色建筑的倡导，建筑节能应赋予新的含义：在保证建筑物舒适度和减少温室气体排放的前提下，从项目初期规划、建筑材料的确定及生产、建筑物建造及使用过程直至拆除的环境保护、能源及可再生能源的综合利用。

节能建筑也是有时代和地域特征的。节能建筑是在满足使用功能的前提下，通过对建筑整体规划分区、群体和单体建筑朝向、间距、太阳辐射、风向，以及外部空间环境进行研究；对建筑用能给予综合评判和优化；考虑建筑使用管理等综合因素后，设计出的建筑可视为节能建筑。因此，建筑节能的关键是项目的前期调研、规划和后期使用管理。

2. 建筑节能的意义

目前，建筑能耗约占全社会商品能耗的30%，并将继续上升，建筑能源需求快速增长问题已经成为制约国民经济发展和全面建成小康社会的主要因素之一。建筑节能作为节约能源的重点领域，在现阶段国家号召降低单位国内生产总值（GDP）能耗，对节能工作意义十分重大。

（1）可以减少常规能源的使用

建筑节能主要通过采取各种节能措施，提高建筑物的保温隔热性能和用能系统的运行效率，从而提高能源使用效率，减少能源的消耗量。此外，建筑节能强调在资源许可的条件下，提倡充分利用可再生能源进行建筑的采暖、制冷和生活热水供应，以及照明和发电等。

（2）可以有效地改善大气环境

我国的建筑用能结构以煤炭为主，而且各类建筑面积持续增长，建筑能耗的加剧显著增加了二氧化碳排放量，建筑用能已成为大气污染的主要因素。通过建筑节能的途径，可以有效地减少常规能源的使用量，尤其是煤炭的消耗，从而减少排放 CO_2、SO_2 和粉尘等污染物，对改善大气环境质量具有直接的作用。

（3）可以改善生活和工作环境

20世纪六七十年代，因片面强调降低建筑造价，节约一次投资（建造费用），只保证安全，不考虑保温，各地都盲目减小了外墙厚度，致使建筑物的保温隔热性能很差，采暖系统热效率低，存在严重的挂霜、结露和冷（热）桥现象，单位建筑面积采暖能耗很高，并且居住环境的热舒适性较差。通过开展建筑节能工作，对既有建筑物进行节能改造，改善围护结构保温隔热性能，提高供热系统效率，一方面可以降低建筑能耗；另一方面可以增强居住和生活空间的舒适性。综上所述，建筑节能对实现国家节能战略目标、保证国家能源安全方面具有非常重要的作用。

（4）可以延长建筑物的使用寿命

在自然环境不断变化的条件下，建筑围护结构的有效保温隔热能改善建筑物的生态条件，减少墙体等材料因受外界气候变化所带来的耐久性的降低，延长建筑主体结构的使用寿命。同样，建筑节能智能化的控制，也有利于建筑物使用寿命的改善。

3. 温室气体

联合国政府间气候变化专门委员会（IPCC）的3000多名著名专家于1990年提出的气候变化第一次评估报告中指出，在过去的100多年中，全球地面平均温度升高了 0.3℃—0.6℃。英国采用全球2000个陆地观测站的大约1亿个数据以及6000万个海洋观测数据，并对城市热岛效应做了校正后的结果分析表明，1981—1990年全球平均气温比100年前的 1861—1880 年上升了 0.48℃。

地球温度升高 0.5℃、1℃，有人可能以为这算不了什么，其实这是一个十分惊人的数字。要知道，这是全世界温度的平均数。由于体积极为巨大，地球表面的平均温度只要升高一点儿，也需要非常多的热量。从 18000 年前最近一次的冰河期到现在，即大约平均用了 1000 年，地球温度才升高 0.5℃。而最近这 100 来年就已经升高了约 0.59℃。也就是说，最近一个世纪地球实际升温速度比以往加快了 10 倍。这才只是地球气候变暖的开端，严重得多的灾祸正在到来，在能源高速消耗的同时也是能源枯竭的来临。

专家研究发现，地球变暖是人类活动产生的温室效应造成的结果。产生温室效应的气体统称为温室气体。大气中能产生温室效应的气体已经发现有近 30 种，CO_2 和其他微量气体如 CH_4、N_2O、O_3、CFCs，以及 H_2O 等一些气体就是温室气体。在各种温室气体中，对产生温室效应所起到的作用，CO_2 大约占 66%、CH_4 占 16%、CFCs 占 12%，其余则为其他气体造成的。

4. 我国建筑节能标准体系的建立

中国地域广阔，南北温差较大，依据 GB 50178—1993《建筑气候区划分标准》的规定，中国建筑气候区可划分为五个区，分别是严寒地区、寒冷地区、夏热冬冷地区、夏热冬暖地区和温和地区。不同地区对采暖和空调有着不同的需求。例如，严寒和寒冷地区，以采暖能耗为主；夏热冬冷地区和夏热冬暖地区，以空调能耗为主。因此，建筑节能工作要结合不同区域的气候条件、经济水平、能源供应、消费观念等各种因素组织开展。

我国的建筑节能工作也主要是分气候区域逐步开展的。

由于北方地区采暖能耗较大，且污染严重，根据"先居住建筑后公共建筑，先北方后南方，先城镇后农村"的原则，住房和城乡建设部于 1986 年 3 月颁发了行业标准 JGJ 26—86《民用建筑节能设计标准（采暖居住建筑部分）》，并于 1986 年 8 月 1 日试行，这是我国第一部建筑节能设计标准，规定严寒和寒冷地区采暖居住建筑在 1980—1981 年当地通用设计的基础上节能 30%，开始了严寒和寒冷地区的建筑节能工作。随着建筑节能工作的推进，节能水平的进一步提高，1995 年建设部组织对 JGJ26—86《民用建筑节能设计标准（采暖居住建筑部分）》进行了修订，出台了 JGJ 26—95《民用建筑节能设计标准（采暖居住建筑部分）》，1996 年 7 月 1 日施行，规定严寒和寒冷地区采暖居住建筑在 1980—1981 年当地通用设计的基础上节能 50%。

2001 年建设部发布的行业标准 JGJ 134—2001《夏热冬冷地区居住建筑节能设计标准》，规定夏热冬冷地区（主要在长江中下游一带）居住建筑节能 50%，夏热冬冷地区 2001 年 10 月 1 日起执行该标准。2003 年住房和城乡建设部发布的行业标准 JGJ 75—2003《夏热冬暖地区居住建筑节能设计标准》，规定夏热冬暖地区（包括海南、广东和广西大部分、福建南部、云南小部分）居住建筑节能 50%，夏热冬暖地区 2003 年 10 月 1 日起执行《夏热冬暖地区居住建筑节能设计标准》。

2005 年建设部和国家质量监督检验检疫总局联合发布的国家标准 GB 50189—2005《公

共建筑节能设计标准》，规定节能率为 50%。2005 年 7 月 1 日 GB 50189—2005《公共建筑节能设计标准》开始实施。2010 年修编了 JGJ26—2010《严寒和寒冷地区居住建筑节能设计标准》。至此，这些标准的发布和实施，意味着从北到南、从居住建筑到公共建筑，覆盖我国三大气候区域和两大建筑类型的建筑节能设计标准体系基本建立，为全国建筑节能工作的开展提供了依据和手段。

5.《公共建筑节能设计标准》的适用范围

《公共建筑节能设计标准》适用于新建、扩建、改建的公共建筑的节能设计。办公建筑，如写字楼、政府部门办公楼等；商业建筑，如商场、金融建筑等；旅游建筑，如旅馆、饭店娱乐场所等；科教文卫建筑，如文化、教育、科研、医疗、卫生、体育建筑等；通信建筑，如邮电、通信、广播用房等；交通运输建筑，如机场、车站等。

该标准的节能途径和目标是：通过改善建筑围护结构保温、隔热性能，提高采暖、通风和空调设备、系统的能效比；采取增进照明设备效率等措施，在保证相同的室内热环境舒适参数条件下，与 20 世纪 80 年代初建成的公共建筑相比，全年采暖、通风、空调和照明的总能耗要达到减少 50% 的目标。

6. 建筑能耗的影响因素

建筑能耗的影响因素很多，其中主要有：建筑物所在的区域环境；建筑物使用的功能；建筑围护结构形式及材料性能；建筑采暖通风、空调形式及系统；建筑用电用能设备的选取和配置及运行管理的状况等。

7. 建筑物用能系统

建筑物用能系统是指与建筑物同步设计、同步安装的用能设备和设施。居住建筑的用能设备主要是指采暖空调系统，公共建筑的用能设备主要是指采暖空调系统和照明两大类；设施一般是指与设备相配套的、为满足设备运行需要而设置的服务系统。

8. 建筑物体形系数

建筑物体形系数是指建筑物与室外大气接触的外表面积与其所包围的体积的比值。外表面积中不包括地面和不采暖楼梯间隔墙和户门的面积。它实质上是指单位建筑体积所分摊到的外表面积。体积小、体形复杂的建筑，以及平房和低层建筑，体形系数较大，对节能不利；体积大、体形简单的建筑，以及多层和高层建筑，体形系数较小，对节能较为有利。

9. 窗墙面积比

窗墙面积比是窗户洞口面积与房间立面单元面积（房间层高与开间定位线围成的面积）的比值。窗墙面积比反映房间开窗面积的大小。

10. 保温和隔热的区别

建筑物围护结构（包括屋顶、外墙、门窗等）的保温和隔热性能，对冬、夏季室内热环境和采暖、空调能耗有着重要影响。围护结构保温和隔热性能优良的建筑物，不仅冬暖夏凉、室内热环境好，而且采暖、空调能耗低。随着国民经济的发展、人们生活水平的提高，人们对改善冬、夏季室内热环境、节约采暖和空调能耗问题日益重视，提高围护结构保温和隔热性能的问题也日益突出。那么，什么是围护结构的保温性能？什么是围护结构的隔热性能？二者的区别何在？

围护结构的保温性能通常是指在冬季室内外条件下，围护结构阻止由室内向室外传热，从而使室内保持适当温度的能力。

围护结构的隔热性能通常是指在夏季自然通风情况下，围护结构在室外综合温度（由室外空气和太阳辐射合成）和室内空气温度的作用下，其内表面保持较低温度的能力。二者的主要区别在于：

（1）传热过程不同。保温性能反映的是冬季由室内向室外的传热过程，通常按稳定传热考虑；隔热性能反映的是夏季由室外向室内以及由室内向室外的传热过程，通常按以24h为周期的波动传热来考虑。

（2）构造措施不同。由于围护结构的保温性能主要取决于其传热系数K值或传热阻R0的大小，而围护结构的隔热性能主要取决于夏季室外和室内计算条件下内表面最高温度的高低。对于外墙来说，由多孔轻质保温材料构成的轻型墙体（如彩色钢板聚苯或聚氨酯泡沫夹芯墙体）或多孔轻质保温材料内保温墙体，其传热系数K值可能较小，或其传热阻R0值可能较大，即其保温性能可能较好；但因其是轻质墙体，热稳定性较差，或因其是轻质保温材料内保温墙体，其内侧的热稳定性较差；在夏季室外综合温度和室内空气温度波作用下，内表面温度容易升得较高，即其隔热性能可能较差。也就是说，保温性能通常受构造层次排列的影响较小，而隔热性能受构造层次排列的影响较大。相同材料和厚度的复合墙体，内保温构造隔热性能较差，外保温构造隔热性能较好。造成上述情况的原因从保温和隔热性能指标的计算方法和计算结果中可以了解得更为清楚。

11. 建筑遮阳

遮阳系数是指通过窗户（包括窗玻璃、遮阳和窗帘）投射到室内的太阳辐射量与照射到窗户上的太阳辐射量的比值。外窗的综合遮阳系数是指考虑窗本身和窗口的建筑外遮阳装置综合遮阳效果的一个系数，其值为窗本身的遮阳系数与窗口的建筑外遮阳系数的乘积。

（1）建筑遮阳的基本要求

遮阳设施应根据地区气候、技术、经济、使用房间的性质及要求条件，综合解决夏季遮阳隔热、冬季阳光入射、自然通风、采光等问题。

不同朝向太阳辐射的特点。太阳辐射强度随季节变化及朝向不同差别很大。在夏季，一般以水平面最高；东、西向次之；南向较低，北向最低。当存在大面积天窗时，如中庭空间屋顶面是建筑遮阳设计的首要考虑部位；其次是东西向。考虑到西向太阳辐射强度最大时刻室外气温较高，西向遮阳比东向更为重要。接下来依次是：西南向、东南向、南向和北向墙面。

外遮阳将太阳辐射直接阻挡在室外，节能效果较好。固定式外遮阳价格相对便宜，但灵活性较差，设计不当时易影响冬季阳光入射及房间自然通风等。可调式外遮阳一般结构较复杂、价格较高。内遮阳不直接暴露在室外，对材料及构造的耐久性要求较低，价格相对便宜，操作、维护方便。内遮阳将入射室内的直射光漫反射，降低了室内阳光直射区内的空气温度，对改善室内温度不平衡状况及避免眩光具有积极作用。

外遮阳可分为水平式、垂直式、综合式和挡板式四种基本形式，使用时应根据具体情况加以选择。

（2）建筑遮阳的形式和方法

1）室内遮阳。室内遮阳可分为立面遮阳和顶面遮阳。

立面遮阳一般用垂直帘、卷帘、艺术帘等，都用于窗户的遮阳，可以是手动，也可以是电动。由于中国人的传统建筑观念是坐北朝南，因此，面对东升西落的太阳，垂直帘是最为理想的遮阳产品。它可以根据太阳的移动而转动，在达到令人满意的遮阳效果的同时，获得最大的室内外通透性。卷帘是最为简单又干脆的，可以拉下，切断室内外的联系，遮挡一切；也可以畅通无阻，让室内外融成一体。

顶面遮阳一般用顶棚帘，用于屋顶的玻璃遮阳。卷上时，露出蓝天白云，阳光透窗而下，分不清身在室内还是室外；放下时，遮挡强烈的阳光，节省空调费用。

2）墙体遮阳。

3）室外遮阳。室外遮阳可以分为遮阳棚遮阳和百叶遮阳板遮阳。

遮阳棚可以分为曲臂式遮阳棚、摆臂式遮阳棚、遮阳伞。遮阳棚将建筑与环境融为一体。

百叶遮阳板，俗称遮阳翻板，类似于室内铝合金百叶帘，但尺寸更大，且安装于室外，板材一般采用铝合金。作为一种刚性的硬质材料，它能利用空气对流来降低热量，遮阳效果和节能效果都属上乘。百叶遮阳板按外形大致分为梭形单体百叶、梭形组合百叶、单板遮阳百叶三类。

梭形单体百叶主要用于大型商场、展览馆、车库等场所的外立面和顶面遮阳。这种机构是通过改变叶片翻转角度来达到不同遮阳效果，并以此调节光通量。这种机构可以有效地排除温室效应，机构坚固、牢靠，还可以起到一定的防盗作用。

梭形单体百叶又可分为纵向和横向两种。叶片主体由铝合金一次压制而成，材料经过时效处理，刚性较强且有韧性。叶片表面喷塑或氟碳喷涂处理。叶片支撑轴为不锈钢材料，采用磨削工艺加工而成。支撑轴在叶片内部带有倒钩，在叶片旋转过程中不会从叶片中脱落。叶片有多款色泽可供挑选，并具有不变形、耐高温、不易褪色、清洗简单方便等优点。叶片表面可以是全铝光板，叶片可以制成网孔板，透光、透气。传动方式既可以手动，也可以电动。一般采用框架形式，适用于任何建筑结构。

单板遮阳百叶采用单层铝合金型材，表面喷塑或氟碳喷涂处理。整套机构不受框架限制，可任意制作成多种几何图形。一般采用手动转柄方式，操作轻松、简便。室外遮阳的节能效果是非常显著的，作为建筑节能的一种新途径，有着巨大的实用潜力。

用于玻璃幕墙的遮阳，还可以将百叶遮阳板置于内、外两层玻璃窗的中间，靠近外层玻璃。

第二节　建筑墙体节能技术

建筑节能的基本原则之一是，应依靠科学技术进步，提高建筑热工性能和采暖空调设备的能源利用效率，不断提高建筑热环境质量，降低建筑能耗。建筑的热过程涉及夏季隔热、冬季保温，以及过渡季节的除湿和自然通风四个因素，为室外综合温度波作用下的一种非稳态传热。夏季白天室外综合温度波高于室内，外围护结构受到太阳辐射被加热升温，向室内传递热量；夜间室外综合温度波下降，围护结构散热，即夏季存在建筑围护结构内外表面日夜交替变化方向的传热，以及在自然通风条件下对围护结构双向温度波作用。冬季除通过窗户进入室内的太阳辐射外，基本上是以通过外围护结构向室外传递热量为主的热过程。

因此，在进行围护结构热工设计时，不能只考虑热过程的单向传递，把围护结构的保温作为唯一的控制指标，应根据当地的气候特点，同时考虑冬、夏两季不同方向的热量传递以及在自然通风条件下建筑热湿过程的双向传递。

一、围护结构总体热工性能节能设计方法

围护结构的热稳定性是指在周期热作用下，围护结构本身抵抗温度波动的能力。围护结构的热惰性是影响其热稳定性的主要因素。房间的热稳定性是指在室内外周期性热作用下，整个房间抵抗温度波动的能力。房间的热稳定性主要取决于内外围护结构的热稳定性。

当建筑设计不能完全满足规定的围护结构热工设计要求时，计算并比较参照建筑和所设计建筑的全年采暖和空调能耗，判定围护结构的总体热工性能是否符合节能设计要求。

1. 围护结构热工性能权衡判断法

权衡判断法是先构想出一栋虚拟的建筑（称为参照建筑），然后分别计算参照建筑和实际设计的建筑的全年采暖与空调能耗，并依照这两个能耗的比较结果做出判断。

每一栋实际设计的建筑都对应一栋参照建筑。与实际设计的建筑相比，参照建筑除了在实际设计建筑不满足标准的一些重要规定之处做了调整外，其他方面都相同。参照建筑在建筑围护结构的各个方面均应完全符合节能设计标准的规定。

权衡判断法的核心是对参照建筑和实际所设计的建筑的采暖和空调能耗进行比较并做出判断。用动态方法计算建筑的采暖和空调能耗是一个非常复杂的过程，很多细节都会影响能耗的计算结果。因此，为了保证计算的准确性，必须做出许多具体的规定。

需要指出的是，实施权衡判断法时，计算出的并非实际的采暖和空调能耗，而是某种

"标准"工况下的能耗。

2.参照建筑对比法

当设计建筑各部分围护结构的传热系数均符合或优于标准的规定，且窗墙比在标准推荐范围内时，该建筑设计可以直接判定为节能（采暖）设计；当设计建筑物外窗和保温外墙传热系数不能满足标准规定或窗墙比大于标准的推荐值时，应采用"参照建筑对比法"进行采暖节能建筑设计判定。参照建筑是"虚拟"建筑，形成的方法是采用设计建筑原型，将设计建筑各部分围护结构的传热系数均调整到符合标准的限值，将不符合标准的窗墙比调整为标准的推荐值，修改后的建筑就是设计建筑的参照建筑。因为参照建筑符合标准的传热系数限值和推荐的窗墙比，所以是采暖节能建筑。只需将设计建筑与节能参照建筑进行对比，即可判定设计建筑是否为节能建筑。

基准建筑是选择建筑层数、体形系数、朝向和窗墙面积比等在某一地区具有代表性的住宅建筑，以此作为基准，将建筑物耗热量控制指标分解为各项围护结构传热系数限值，以便从总体上控制该地区居住建筑能耗，此建筑称为基准建筑。

设计建筑是指正在设计的、需要进行节能设计判定的建筑。

二、外墙外保温系统的构造设计

外墙外保温工程是指将外墙外保温系统通过组合、组装、施工或安装固定在外墙外表面上所形成的建筑物实体。

1.外墙外保温技术的优、缺点

（1）外墙外保温技术的优点

1）适用范围广，适用于不同气候区的建筑保温。

2）保温隔热效果明显，建筑物外围护结构的热桥少，影响也小。

3）能保护主体结构，大大减少了自然界温度、湿度、紫外线等对主体结构的影响。

4）有利于改善室内环境。

（2）外墙外保温技术的缺点

1）在寒冷、严寒及夏热冬冷地区，此类墙体与传统墙体相比保温层偏厚，与内侧墙之间需有牢固连接，构造较传统墙体复杂。

2）外围护结构的保温较多采用有机保温材料，对系统的防火要求高。

3）外墙体保温层一旦出现裂缝等质量问题，维修比较困难。

2.粘贴保温板薄抹灰外墙外保温系统

它是由黏结层、保温层、抹面层和饰面层构成的，依附于外墙外表面，起保温、防护和装饰作用的构造系统。

将预处理的保温板内置于模板内侧作为保温层，浇筑混凝土形成黏结层，再进行抹面层和饰面层施工，形成的具有保温隔热、防护和装饰作用的构造系统。

3. 钢丝网架保温板现浇混凝土外墙外保温系统

它是将钢丝网架保温板内置于模板内侧作为保温层，浇筑混凝土形成黏结层，再进行抹面层和饰面层施工，形成的具有保温隔热、防护和装饰作用的构造系统。

4. 胶粉聚苯颗粒贴砌保温板外墙外保温系统

它是以专用胶粉聚苯颗粒保温浆料作为黏结层，黏结保温板作为保温层，涂抹专用胶粉聚苯颗粒保温浆料和抹面胶浆作为抹面层，再进行饰面层施工形成的具有保温隔热、防护和装饰作用的构造系统。

5. 喷涂或拆模浇筑硬泡聚氨酯自黏结外墙外保温系统

它是由自黏结的喷涂（拆模浇筑）硬泡聚氨酯作为保温层，并进行界面处理和找平处理，再进行抹面层和饰面层施工形成的具有保温隔热、防护和装饰作用的构造系统。

6. 免拆模浇筑硬泡聚氨酯自黏结外墙外保温系统

它是将不拆卸的模板固定于基层形成空腔，空腔内浇筑硬泡聚氨酯自黏结形成保温层，再在模板上进行抹面层和饰面层的施工形成的具有保温隔热、防护和装饰作用的构造系统。

7. 保温浆料外墙外保温系统

它是由界面层保温浆料保温层、抹面层和饰面层构成的，依附于外墙外表面，起保温隔热、防护和装饰作用的构造系统。

8. 保温装饰复合板外墙外保温系统

它是由黏结层和保温装饰复合板构成，辅以专用锚栓固定于外墙外表面，起保温、防护和装饰作用的构造系统。

三、其他几种墙体保温技术简介

1. 外墙内保温技术

外墙内保温是将保温材料置于外墙体的内侧，对于建筑外墙来说，可以是多孔轻质保温块材、板材或保温浆料等。

（1）外墙内保温技术的优点

1）它对饰面和保温材料的防水、耐候性等技术指标的要求不高，纸面石膏板、石膏抹面砂浆等均可满足使用要求，取材方便。

2）内保温材料被楼板所分隔，仅在一个层高范围内施工，不需搭设脚手架。

（2）外墙内保温技术的缺点

1）许多种类的内保温做法，由于材料、构造、施工等原因，饰面层易出现开裂现象。

2）不便于用户二次装修和吊挂饰物。

3）占用室内使用空间。

4）由于圈梁、楼板、构造柱等会引起热桥，热损失较大。

2. 墙体自保温技术

结构保温一体化技术在建筑中主要用于框架填充保温墙以及预制保温墙板。

（1）墙体自保温技术的优点

1）适用范围广，适用于不同气候区的建筑保温。

2）系统具有夹心保温的优点。

（2）墙体自保温技术的缺点

1）在寒冷、严寒地区，墙体偏厚。

2）框架以及节点部分仍易产生热桥。其中，多孔轻质保温材料构成的轻型墙体（如彩色钢板聚苯或聚氨酯泡沫夹心墙体），其传热系数值可能较小，或其传热阻值可能较大，即其保温性能可能较好，但因其是轻质墙体，热稳定性较差。

3. 复合保温墙体（夹心保温）技术

复合保温墙体技术是将保温材料置于同一外墙的内外侧墙片之间，建筑框架结构可以在砌筑内外填充墙间填充保温材料。

（1）复合保温墙体技术的优点

1）内、外填充墙的防水、耐候等性能均良好，对保温材料形成有效地保护，各种有机、无机保温材料均可使用。

2）对施工季节和施工条件的要求不太高，不影响冬期施工。

（2）复合保温墙体技术的缺点

1）在非严寒地区，此类墙体与传统墙体相比偏厚。

2）内、外侧墙片之间需有连接件连接，构造较传统墙体复杂。

3）建筑中圈梁和构造柱的设置，使热桥更多。

4）内、外墙体温差应力大，形成较大的温度应力，易出现变形裂缝。

4. 外墙夹心保温技术

（1）外墙夹心保温一般以 24cm 砖墙做外墙片，以 12cm 砖墙做内墙片，也有内、外墙片相反的做法。两片墙之间留出空腔，随砌墙随填充保温材料。保温材料可以是岩棉、EPS 板或 XPS 板、散装或袋装膨胀珍珠岩等。两片墙之间可采用砖拉结或钢筋拉结，并设钢筋混凝土构造柱和圈梁连接内外墙片。

选用外墙夹心保温时应注意：

1）夹心保温做法可用于寒冷地区和严寒地区。

2）应充分估计热桥影响，设计热阻值应取考虑热桥影响后复合墙体的平均热阻。

3）应做好热桥部位节点构造保温设计，避免内表面出现结露问题。

4）夹心保温易造成外墙或外墙片温度裂缝，设计时需注意采取加强措施和防止雨水渗透措施。

（2）小型混凝土空心砌块 EPS 板或 XPS 板夹心墙构造的做法：内墙片为厚 190mm 混凝土空心砌块，外墙片为厚 90mm 混凝土空心砌块，两片墙之间的空腔中填充 EPS 板或

XPS板，EPS板或XPS板与外墙片之间有一定厚度的空气层。在圈梁部位按一定间距用混凝土挑梁连接内、外墙片。

第三节　设备节能

建筑设施设备指安装在建筑物内为人们居住、生活、工作，提供便利、舒适、安全等条件的设施设备。绿色建筑的设施设备，则更进一步保证绿色建筑节能、环保等"绿色"功能顺利地运行实现。同时，设备设施自身节能环保的实现，也应该成为绿色建筑环保目标体系中的一部分。根据GB/T50378—2006《绿色建筑评价标准》的要求，对现行建筑设施设备的设计选型进行绿色化指导，实现其绿色功能运作与环保节能效益的同步实现。

建筑设备包括建筑电气、采暖、通风、空调、消防、给/排水、楼宇自动化等。建筑内的能耗设备主要包括空调、照明、采暖等。空调系统、采暖系统和照明系统的耗能在大多数的民用建筑能耗中占主要份额，空调系统的能耗更是达到建筑能耗的40%—60%，成为建筑节能的主要控制对象。

一、建筑节能设备与系统

1.空调节能设备与系统

（1）热泵系统

热泵是通过做功使热量从温度低的介质流向温度高的介质的装置。热泵利用的低温热源通常可以是环境（大气、地表水和大地）或各种废热。应该指出，由热泵从这些热源吸收的热量属于可再生的能源。采用热泵技术为建筑物供热可大大降低供热的燃料消耗，不仅节能，同时也大大降低了燃烧矿物燃料而引起的CO_2和其他污染物的排放量。热泵通常分为空气源热泵和地源热泵两大类。地源热泵又可进一步分为地表水热泵、地下水热泵和地下耦合热泵。空气源热泵以室外空气为一个热源。在供热工况下将室外空气作为低温热源，从室外空气中吸收热量，经热泵提高温度送入室内供暖；另一种热泵利用大地（土壤、地层、地下水）作为热源，可以称为地源热泵。

（2）变风量系统

采用变风量（Variable Air Volume，VAV）系统，以减少空气输送系统的能耗。VAV空调控制系统可以根据各个房间温度要求的不同进行独立温度控制，通过改变送风量的办法，来满足不同房间（或区域）对负荷变化的需要。同时，采用变风量系统可以使空调系统输送的风量在建筑物中各个朝向的房间之间进行转移，从而减少系统的总设计风量。这样，空调设备的容量也可以减小，既可节省设备费的投资，也进一步降低了系统的运行能耗。该系统最适合应用于楼层空间大且房间多的建筑。尤其是办公楼，更能发挥其操作简单、舒适、节能的效果。因此，变风量系统在运行中是一种节能的空调系统。

（3）变制冷剂流量空调系统

变制冷剂流量（Variable Refrigerant Volume，VRV）空调系统是一种制冷剂式空调系统，它以制冷剂为输送介质，属空气热泵系统。该系统由制冷剂管路连接的室外机和室内机组成。室外机由室外侧换热器、压缩机和其他制冷附件组成；室内机由风机和直接蒸发式换热器等组成。一台室外机通过管路能够向若干个室内机输送制冷剂液体，通过控制压缩机的制冷剂循环量和进入室内各个换热器的制冷剂流量，可以适时地满足室内冷热负荷要求。

（4）冷热电三联供系统

热电联产是利用燃料的高品位热能发电后，将其低品位热能供热的综合利用能源的技术。目前，我国大型火力电厂的平均发电效率为33%左右，其余能量被冷却水排走；而热电厂供热时根据供热负荷，调整发电效率，使效率稍有下降（如20%），但剩余的80%热量中的70%以上可用于供热，总体来看是比较经济的。从这个意义上讲，热电厂供热的效率约为中小型锅炉房供热效率的两倍。在夏季还可以配合吸收式冷水机组进行集中供冷，实现冷热电三联供。另外一种形式为建筑（或小区）冷热电联产（Building Cooling Heating and Power，BCHP），是指能给小区提供制冷、制热和电力的能源供给系统，它应用燃气为能源，将小型（微型）燃气涡轮发电机与直燃机相组合，实现小区冷热电联供。

2. 采暖节能设备与系统

（1）风机水泵变频调速技术

风机水泵类负载多是根据满负荷工作需用量来选型，实际应用中大部分时间并非工作于满负荷状态。采用变频器直接控制风机泵类负载是一种最科学的控制方法，利用变频器内置PID调节软件，直接调节电动机的转速保持恒定的水压、风压，从而满足系统要求的压力。当电动机在额定转速的80%运行时，理论上其消耗的功率为额定功率的80%，去除机械损耗及电动机铜、铁损等影响，节能效率也接近40%；同时也可以实现闭环恒压控制，节能效率将进一步提高。由于变频器可实现大的电动机的软停、软启，避免了启动时的电压冲击，降低电动机故障率，延长使用寿命；同时也降低了对电网的容量要求和无功损耗。为达到节能的目的，推广使用变频器已成为各地节能工作部门，以及各单位节能工作的重点。因此，大力推广变频调速节能技术，不仅是当前企业节能降耗的重要技术手段，而且是实现经济增长方式转变的必然要求。

（2）设置热能回收装置

通过某种热交换设备进行总热（或显热）传递，不消耗或少消耗冷（热）源的能量，完成系统需要的热、湿变化过程称为热回收过程。回收热源可以取自排风、大气、天然水、土壤和冷凝放热等。这种装置一般用于可集中排风而需新风量较大的场合。新风换气热回收装置的设计和选择，应根据当地气候条件而定。采用中央空调的建筑物应用新风换气热回收装置，对建筑物节能具有显著意义。对于夏季高温、高湿地区，要充分考虑转轮全热交换器的应用。根据夏季空气含湿量情况可以划定有效的换新风热回收应用范围：对于含湿量大于1012g/kg的湿润气候状态，拟采用转轮全热交换器；对于含湿量小于0.09g/kg

的干燥气候状态，拟采用显热交换器加蒸发冷却。

3. 照明节能设备与系统

目前，太阳能应用技术已取得较大突破，并且较成熟地应用于建筑楼道照明、城市亮化照明。太阳能光伏技术是利用电池组件将太阳能直接转变为电能的技术。太阳能光伏系统主要包括太阳能电池组件、蓄电池、控制器、逆变器照明负载等。当照明负载为直流时，则不用逆变器。太阳能电池组件是利用半导体材料的电子学特性实现 P—V 转换的固体装置。太阳能照明灯具中使用的太阳能电池组件都是由多片太阳能电池并联构成的，因为受目前技术和材料的限制，单一电池的发电量十分有限。常用的单一电池是一只硅晶体二极管，当太阳光照射到由 P 型和 N 型两种不同导电类型的同质半导体材料构成的 PN 结上时，在一定的条件下，太阳能辐射被半导体材料吸收，形成内建静电场。理论上讲，此时，若在内建电场的两侧面引出电极并接上适当负载，就会形成电流。蓄电池由于太阳能光伏发电系统的输入能量极不稳定，所以一般需要配置蓄电池系统才能工作。太阳能电池产生的直流电先进入蓄电池储存，达到一定值，才能供应照明负载。

（1）建筑物楼道照明

太阳能走廊灯由太阳能电池板供电。整栋建筑采用整体布局、分体安装、集中供电方式。太阳能安装在天台或屋面，用专用导线（可预留）传送到每层走道和楼梯。系统采用声、光感应，延时控制。白天系统充电、夜间自动转换开启装置，当探测到有人走动的信息后，自动启动亮灯装置 5min 内自行关闭。当楼内发生突发事故如火灾、地震等切断电源或区域停电时，仍可连续供电 3—5h，可以作为应急灯使用，在降低各项费用的同时体现了人性化的设计理念。

（2）室外太阳能照明设备

太阳能照明灯具主要有太阳能草坪灯、庭院灯、景观灯和高杆路灯等。这些灯具以太阳光为能源，白天充电，晚上使用，无须铺设复杂昂贵的管线，而且可以任意调整灯具的布局。其光源一般采用 LED 或直流节能灯，使用寿命较长，又为冷光源，对植物生长无害。太阳能亮化灯具是一个自动控制的工作系统，只要设定该系统的工作模式就能自动工作。控制模式一般分为光控方式和计时控制方式，一般采用光控或者光控与计时组合工作方式。在光照强度低于设定值时控制器启动灯点亮，同时开始计时。当计时到设定时间时就停止工作。充电及开关过程可以由微电脑智能控制，自动开关，无须人工操作，工作稳定可靠，节省电费。

（3）节电开关

人体照度静态感应节电开关。本控制器是一种人体感应和照度双重控制的智能控制器，能够根据环境照度和探测区域有无人员自动控制灯电源的开启和关闭。当环境照度值低于设定值，探测区域有人员时控制器开启，在无人或照度达到关闭值后则自动关闭电源，有效节电率达到 30% 以上。远红外开关采用红外热释传感器、专用 IC 电路设计的高可靠性节能电子开关。在光照低于 10LUX，动感物进入其测试区内即自动开启光源或报警器，一旦离开测试区，则按产品的延时时间参数自动关闭电源。它较之触摸延时开关方便可靠，较之声控型电子开关抗干扰性能高，适用于走廊、楼梯、卫生间、仓库等的照明，可作为夜暗防盗的专线自动控制开关。

4. 给水、排水节能设备与系统

（1）定时冲水节水器

厕所定时冲水节水器适用于需要由时间来控制冲水的厕所及需要定时冲洗的污水管道等，可用于公共厕所的大解槽或小解槽定时冲水或者新改造的娱乐、宾馆、饭店等，因需要后来增设卫生间和排污管道定时冲洗，起到排通作用。厕所定时冲水节水器以高性能微电脑芯片为核心，可根据用户需求任意设定时间段自动按时冲水，一天内最多可实现 40 次冲水。它具有走时准确、操作方便等特点。时间调整部分，液晶显示，中文界面，手动自动两用。

（2）免冲水小便器、环保地漏等

免冲水小便器的特性如下：

1）憎水性：在高级陶瓷表面实施银系纳米级抗污防菌技术，使其瓷釉表层形成细致的纳米级界面结构，达到表面密度和光洁度较高的水平，陶瓷表面吸水度小于 0.025，从而更好地使尿液不易滞留、清除异味。

2）憎菌性：陶瓷表面釉层内含有特殊的防菌材料，有效地抑制了细菌的滋生，消除了尿液因菌化作用而产生的异味及尿垢、尿碱。其独特的流畅内凹面陶瓷技术，无论尿液或尘埃均不易留存、存垢；银系纳米级防菌陶瓷技术及釉层的特殊抗污材料，使陶瓷表面不易沾土。

3）密封性：免冲水小便器采用独有的"薄膜气相吸合封堵"国家专利技术，使尿液进入排尿口下方的特制薄膜套后，因套内外产生的压差可将套壁自动吸合，从而有效地防止了下水管道的异味溢出；其特有的"不残留接口"设计使尿垢无存留之地。

4）简约性：省去了因安装上水装置和回水弯所带来的一切烦恼。与下水道口连接密封，采用软管多道水封插挤密封的方式，使清理下水管道更为便捷。

环保地漏的特点及优势：采用了先进的科学技术和巧妙的机械原理，逆向运用水能的上、下制动开闭装置。其主要特征是以独特的活塞式结构实现 21 世纪环保、唯美的诸多功能。产品安装在下水口，水流入时装置底部的密封垫自动打开，下水畅通无阻，流水中断后，底部密封垫自动关闭，形成完全密封，地漏以下的气体无法上来。其主体由 ABS 环保材料构成，耐高温达 80%，其密封性已通过了严格的技术测试。

二、建筑设备节能设计应注意的问题

建筑的节能设计，必须依据当地具体的气候条件，首先保证室内热环境质量；同时，还要提高采暖、通风、空调和照明系统的能源利用效率，以实现国家的节能目标、可持续发展战略和能源发展战略。

1. 合适、合理地降低设计参数

合适、合理地降低设计参数不是消极被动地以牺牲人们的舒适、健康为前提。空调的设计参数，夏季空调温度可适当提高一点儿（如提高至 25%—26%），冬季的供暖温度可适当低一点儿。

2. 建筑设备规模要合理

建筑设备系统功率大小的选择应适当：如果功率选择过大，设备常部分负荷而非满负荷运行，导致设备工作效率低下或闲置，造成浪费；如果功率选择过小，达不到满意的舒适度，势必要改造、改建，也是一种浪费。建筑物的供冷范围和外界热扰量基本是固定的，出现变化的主要是人员热扰和设备热扰，因此选择空调系统时主要考虑这些因素。同时，还应考虑随着社会经济的发展，新电气产品不断涌现，应注意在使用周期内所留容量能够满足发展的需求。

3. 建筑设备设计应综合考虑

建筑设备之间的热量有时起到节能作用，但有时则是冷热抵消。如夏季照明设备所散发的能量将直接转化为房间热扰，消耗更多冷量；而冬天的照明设备所散发的热量将增加室内温度，减少供热量。所以，在满足合理的光照度下，宜采用光通量高的节能灯，并能达到冬、夏季节能要求的照明灯具。

4. 建筑能源管理系统自动化

建筑能源管理系统（Building Energy Management System，BEMS）建立在建筑自动化系统（Building Automatic System，BAS）的平台之上，是以节能和能源的有效利用为目标来控制建筑设备的运行。它针对现代楼宇能源管理的需要，通过现场总线把大楼中的功率因数温度、流量等能耗数据采集到上位管理系统，将全楼的水、电力、燃料等的用量由计算机集中处理，实现动态显示、报表生成，并根据这些数据实现系统的优化管理，最大限度地提高能源的利用效率。BAS 造价相当于建筑物总投资的 0.5%—1%，年运行费用节约率约为 10%，一般 4—5 年可回收全部费用。

5. 建筑物空调方式及设备的选择

应根据当地资源情况，充分考虑节能、环保、合理等因素，通过经济技术性分析后确定。

三、影响建筑节能设备发展的因素

影响建筑节能设备发展的因素如下：

1. 充分注意地区差异的观念。我国幅员辽阔，地区气候、人文、经济水平均有较大差异，不可能用一种类型设备通行全国。对于引进国外产品应分析其产生和应用的背景与我国的异同，择其善者而用之。

2. 建立寿命周期成本观念。一般应按建筑寿命 50 年内发生的各项费用，取其总和较低者作为选取决策的依据，不应只考虑一次投资最低者。

3. 重视综合设计过程。在方案之初即让相关专业工种介入，统筹考虑相互影响，寻求合理的解决方案。

4. 注重建筑节能设备的同时，要考虑运行建筑节能设备中的节能问题。

第四节　建筑幕墙节能技术

建筑幕墙由支承结构体系与面板组成、可相对主体结构有一定位移能力、不分担主体结构所受作用的建筑外围护结构或装饰性结构。

1. 建筑节能对幕墙的基本要求

建筑幕墙在建筑中应用较为普遍，但由于幕墙的不同形式，对保温层的保护形式也有所不同，玻璃幕墙的可视部分属于透明幕墙。对于透明幕墙，节能设计标准中对其有遮阳系数、传热系数、可见光透射比、气密性能等相关要求。为了保证幕墙的正常使用功能，在热工方面对玻璃幕墙还有抗结露要求、通风换气要求等。玻璃幕墙的不可视部分，以及金属幕墙、石材幕墙、人造板材幕墙等，都属于非透明幕墙。对于非透明幕墙，建筑节能的指标要求主要是传热系数。但同时考虑到建筑节能问题，还需要在热工方面有相应要求，包括避免幕墙内部或室内表面出现结露、冷凝水污损室内装饰或功能构件等。

对于非透明幕墙，开放幕墙，则在保温层外应设防水膜，在南方地区则设防水反射膜（如铝箔）。对易于吸水吸潮的矿棉类产品应根据不同气候条件放置防水透气膜，在寒冷和严寒地区设置在内侧，其他地区设置在外侧。带保温层的幕墙建筑其防火性能也应引起足够重视，一般应用不燃或难燃材料。

2. 透明围护结构的节能措施

透明部分围护结构的节能要难得多，因为它不可能用非透明的保温材料达到，而必须依靠改变透明体（如玻璃）本身的热工性能，增加玻璃的层数，调节空间层、采取密封技术、改善边沿条件，以及在玻璃上镀或贴上特殊性能的膜，也可以采取遮阳措施等办法，得以改善围护结构的热工性能，而其结果也远不如非透明围护结构有效。其基本节能措施如下：

（1）大型公建的玻璃幕墙面积不宜过大。应尽量避免在东、西朝向大面积采用玻璃幕墙。

（2）玻璃幕墙应采用中空玻璃、低辐射中空玻璃、稀有气体的低辐射中空玻璃、两层或多层中空玻璃等，也可采用双层玻璃幕墙提高保温性能。

（3）应避免形成跨越分隔室内外保温玻璃面板的冷桥。其主要措施包括采用隔热型材，连接紧固件采取隔热措施，采用隐框结构、索膜结构等。

（4）玻璃幕墙周边与墙体或其他围护结构连接处应采用有弹性、防潮型保温材料填塞，缝隙应采用密封剂或密封胶密封。

（5）在有遮阳要求时，玻璃幕墙宜采用吸热玻璃、镀膜玻璃（包括热反射镀膜、低辐射镀膜、阳光控制镀膜等）、吸热中空玻璃、镀膜中空玻璃等。

（6）空调建筑的向阳面，特别是东、西朝向的玻璃幕墙，应采取各种固定或活动式遮阳等有效的遮阳措施。在建筑设计中宜结合外廊、阳台、挑檐等处理方法进行遮阳。

（7）玻璃幕墙应进行结露验算，在设计计算条件下，其内表面温度不应低于室内的露点温度。

（8）幕墙非透明部分（面板背后保温材料）所在的空间应充分隔气密封，防止结露。

（9）空调建筑大面积采用玻璃窗、玻璃幕墙，根据建筑功能、建筑节能的需要，可采用智能化控制的遮阳系统、通风换气系统。

3. 提高透明体的热工性能

一般的透明体都是玻璃，玻璃是热的不良导体，其导热系数为 0.90W/（$m^2 \cdot K$），单层玻璃的热阻极小，玻璃的阳光辐射阻挡能力也很差。单片 6mm 透明玻璃的传热系数为 5.58 W/（$m^2 \cdot K$），遮阳系数达到 0.99，可见玻璃的热工性能很差。要改善玻璃的保温隔热性能，就必须设法降低玻璃的热传导性；防热应设法减少玻璃的遮阳系数。基本原则是使玻璃的热传导系数和遮阳系数的绝对值之和降到尽可能小。其方法如下：

（1）增加玻璃的层数

经验和实测证明：单纯增加玻璃的厚度对改善其热工性能收效甚微，增加层数则可取得明显效果。双层透明中空玻璃的传热系数比单片透明玻璃几乎减小了 1/2。目前三玻两腔中空的玻璃窗已在市场上得到应用。

（2）控制玻璃之间的空气间层

一般地说，双层玻璃窗的热工性能随两层玻璃之间空气层厚度的增加而有所改善，但并非绝对，当间距超过一定限度后，热工性能未必能再改善。因为空气层厚度过大，两玻璃之间的空气会因温差而产生对流，从而加强能量的传递，降低其保温隔热性能。试验证明，最佳间距为 12mm 左右。

（3）选择合适的着色或镀膜玻璃

不同颜色和不同镀膜的玻璃，其传热系数和遮阳系数都会有差别。着色玻璃是通过改变玻璃本身材料的组成使对太阳能的吸收发生变化而限制太阳热辐射直接透过，降低其遮阳系数，增加的色剂不同，降低的遮阳系数也不同，但一般降低的量是有限的。镀膜玻璃是在玻璃的表面镀上一层不同材料的反射膜，将太阳辐射热发射出去，从而降低玻璃的遮阳系数。由于膜材料和膜系结构的不同，可分为热反射镀膜玻璃（阳光控制膜玻璃）和低辐射镀膜玻璃。

低辐射膜层的作用首先是反射远红外热辐射，有效降低玻璃的传热系数；其次是反射太阳中的热辐射，有选择地降低遮阳系数。低辐射玻璃在阻挡同样数量的太阳热能时，并不过多地限制可见光透过，这对建筑物采光极为重要。

低辐射镀膜技术的优越性，还在于可以精确控制膜层的厚度及均匀性，通过调整膜层结构而达到或接近所要求的光谱选择性透过或反射指标，因此有冬季型低辐射膜玻璃、夏季型低辐射膜玻璃和遮阳型低辐射膜玻璃之分，其遮阳系数分别可达 0.84、0.52 和 0.47。

（4）中空玻璃的封边、隔条与充气

现在透明部分围护结构，无论是采光顶窗户还是玻璃幕墙，为了达到较好的保温隔热效果，一般都不采用单层玻璃而采用中空玻璃。早期曾采用过简易的双层玻璃，但由于其密封性差，水汽和粉尘容易侵入造成结霜，不但影响其热工性能和透气率，也是一种污染，目前已基本不再采用。

中空玻璃两片玻璃之间的封条胶和隔离条对中空玻璃的热工性能有很大影响，封边胶的黏结强度和抗老化性是影响中空玻璃质量的重要因素，目前采用较多、效果较好的是丁基胶聚氨酯和聚硫胶。

4. 提高幕墙非透明部分节能的技术措施

建筑非透明部分围护结构以石材、金属幕墙为主。过去国内幕墙建筑很少考虑幕墙的保温问题，幕墙建筑是众所周知的耗能大户。近几年来已有所重视，在达到节能标准的情况下，非透明幕墙的保温隔热性能要比透明幕墙好得多。而且，其保温隔热措施也较易实施。因此，在可能的情况下，幕墙建筑宜采用非透明幕墙。如果希望建筑的立面有玻璃的质感，可采用非透明的玻璃（或其他透明材料）幕墙，即玻璃后面仍是保温隔，热材料和普通墙体。其围护结构节能的主要技术措施如下：

（1）非透明部分围护结构外墙是建筑物的重要组成部分。一是要满足结构要求（如承重、抗剪等）；二是需要外墙材料具有较低的导热系数。要求节能墙体不仅保温隔热，而且抗裂、防水、透气及具有一定的耐火极限。

（2）需保温的非透明部分围护结构应首选外保温构造。

（3）外墙外保温构造时应尽量减少混凝土出挑构件及附墙部件。当外墙有出挑构件及附墙部件（如阳台、雨罩、靠外墙阳台栏板、空调室外机搁板、附壁柱、凸窗的非透明构件、装饰线和靠外墙阳台分户隔墙等）时应采取隔断热桥或保温措施。

（4）外墙外保温的墙体，窗口外侧四周墙面应进行保温处理。外窗尽可能外移或与外墙面平，以减少窗框四周的热桥面积，但应设计好窗口上滴水处理。

（5）外墙保温采用内保温构造时，应充分考虑结构性热桥的影响。

（6）当墙体采用轻质结构时，应按 GB 50176—1993《民用建筑热工设计规范》的规定进行隔热验算。在满足 GB 50176—1993《民用建筑热工设计规范》规定的隔热标准基础上，对空调房间外墙内表面最高温度，宜控制在夏季空调室外计算温度与夏季空调室外计算的平均温度之间，且不应高于 32℃。

（7）在正确使用和正常维护的条件下，外墙外保温工程的使用年限应不少于 25 年。

（注：正常维护包括局部修补和饰面涂层维修两部分。对局部破坏应及时修补。对于不可触及的墙面，饰面层正常维修周期应不小于 5 年。）

5.影响门窗和玻璃幕墙节能效果的主要材料

（1）骨架材料

不同的骨架材料对幕墙传热系数影响较大，不容忽视。塑料框、木框等因材料本身的传热系数较小，对外窗和玻璃幕墙的传热系数影响不大。铝合金框、钢框等材料本身的导热系数很大，形成的热桥对外窗和玻璃幕墙的传热系数影响也较大，必须采用断桥处理。

20世纪70年代末，隔热断桥铝型材在国外问世，主要用于高寒地区的铝合金门窗和幕墙，到80年代末开始用于高寒地区的是有框玻璃幕墙。目前，我国在保温隔热性能要求很高的建筑中，也开始将其用于明框隔热玻璃幕墙、隐框隔热玻璃幕墙及点支撑隔热玻璃幕墙。

隔热断桥铝型材的隔热原理是基于产生一个连续的隔热区域，利用隔热条将铝合金型材分隔成两个部分。隔热条冷桥选用材料为聚酰胺尼龙66，其导热系数为$0.3W/(m^2 \cdot K)$，远小于铝合金的导热系数，而力学性能指标与铝合金相当。

（2）透明玻璃材料

随着技术的不断进步，玻璃的品种越来越多，目前主要以节能为目的的品种有吸热玻璃、镀膜玻璃、中空玻璃、真空玻璃等。

1）吸热玻璃

吸热玻璃是在玻璃本体内掺入金属离子使其对太阳能有选择地吸收，同时呈现不同的颜色。吸热玻璃的节能是通过太阳光透过玻璃时，将光能转化为热能被玻璃吸收，热能以对流和辐射的形式散发出去，从而减少太阳能进入室内。

2）镀膜玻璃

镀膜玻璃在建筑上的应用主要有热反射玻璃（也称太阳能控制玻璃）和低辐射玻璃两种。此外，还有贴膜、涂膜玻璃等。

热反射玻璃是在玻璃表面镀上金属、非金属及其氧化物薄膜，使其具有一定的反射效果，能将太阳能反射回大气中，从而达到阻挡太阳能进入室内，使太阳能不在室内转化为热能的目的。太阳能进入室内的量越少，空调负荷也就越少；热反射玻璃的反射率越高，说明其对太阳能的控制越强。但玻璃的可见光透过率会随着反射率的升高而降低影响采光效果，太高的玻璃反射率也可能出现光污染问题。

低辐射镀膜玻璃能有效地控制太阳能辐射，阻断远红外线辐射，使夏季节省空调费用，冬季节省暖气费用，具有良好的隔热保温性能；能有效地阻断紫外线透过，防止家具及织物褪色，被认为是热工性能较好的节能玻璃。但其膜层结构较为复杂，要求设备具有超强的生产能力及技术控制精度。离线低辐射镀膜玻璃的特性多数是通过金属银层实现的，金属银的氧化将意味着低辐射镀膜玻璃失去低辐射性能，所以离线低辐射镀膜玻璃不能直接暴露在空气中单片使用，只能将其制成复合产品。此外，若在制成复合产品时措施不当或密封不严，会在很大程度上缩短其低辐射性能的寿命。

3）中空玻璃

中空玻璃由于在两片玻璃之间形成了一定的厚度，并被限制了流动的空气或其他气体层，从而减少了玻璃的对流和传导传热，因此具有较好的隔热能力。例如，由两片5mm普通玻璃和中间层厚度为10mm的空气层组成的中空玻璃，在热流垂直于玻璃进行热传递时对流传热、传导传热、辐射传热各约占总传热的2%、38%、60%。同时，中空玻璃的单片还可以采用镀膜玻璃和其他节能玻璃，能将这些玻璃的优点都集中于中空玻璃上，也就是说中空玻璃还可以集本身和镀膜玻璃的优点于一身，从而可以更好地发挥节能作用。

近年来，在中空玻璃技术的基础上，一些新型隔热玻璃不断出现，主要有：

①稀有气体隔热玻璃。通过在中空玻璃的空腔内充入稀有气体，可以得到更高隔热性能的玻璃。目前，国外已经出现了充氪气的三层中空玻璃，结合低辐射技术，它的传热系数可以达到 $0.7W/(m^2 \cdot K)$。

②气凝胶隔热玻璃。气凝胶是一种多孔性的硅酸盐凝胶，95%（体积比）为空气。由于它内部的气泡十分细小，所以具有良好的隔热性能；同时又不会阻挡、折射光线（颗粒远小于可见光波长），具有均匀透光的外观。把这种气凝胶注入中空玻璃的空腔，可以得到传热系数小于 $0.7W/(m^2 \cdot K)$ 的隔热玻璃组件。该种物质长时间使用后的沉降现象是目前限制其大范围商业应用的主要因素。

③真空隔热玻璃。通过把中空玻璃空腔中的空气抽走，消除掉空腔内部的对流和传导传热，可以获得更好的隔热效果。这种玻璃的空腔很窄，一般为0.5—2.0mm，两层玻璃之间用一些均匀分布的支柱分开。通过附加低辐射涂层改善其辐射特性，真空隔热玻璃的传热系数已经达到 $0.5W/(m^2 \cdot K)$。这种隔热玻璃相对于其他的隔热玻璃而言，具有厚度大、质量轻的优点，但生产工艺较为复杂，中间小立柱的存在也影响它的外观，在一定程度上限制了其在幕墙门窗上的应用。

真空玻璃是目前节能效果最好的玻璃。真空玻璃是在密封的两片玻璃之间形成真空，从而使玻璃与玻璃之间的传导热接近于零，同时真空玻璃的单片一般至少有一片是低辐射镀膜玻璃。低辐射镀膜玻璃可以减少辐射传热，这样通过真空玻璃的传热，其对流辐射和传导都很少，节能效果非常好。但目前国内生产能力不足，且对产品质量要求很高，加上成本因素（成本较高），使其推广有一定难度。

（3）间隔条

间隔条不但影响中空玻璃的边部节能，而且影响中空玻璃的密封寿命及中空玻璃幕墙的安全和结构性能。铝间隔条具有良好的垂直度、抗扭曲性以及光滑平整的表面，可以保证比较好的水密性和气密性，长期以来作为中空玻璃隔条。但是铝金属间隔条的导热系数大，增大能量损失，并且形成小范围的空气对流，降低屋内的舒适度，在严重的时候玻璃内表面结露，影响中空玻璃的密封胶的密封性能，需进行断热处理。不锈钢暖边间隔条具有优越的力学性能、良好的热工性能和稳定的化学性能。

6. 透明玻璃幕墙节能材料的选择

透明玻璃幕墙节能材料的技术选择主要从以下几个方面入手。

（1）提高玻璃的热工性能

玻璃面材是影响透明玻璃幕墙热工性能的主要因素，应着重研究改善玻璃热工性能的技术与措施，提高玻璃的热工性能主要有以下技术措施：

1）增加玻璃的层数

采用双层中空玻璃构造或双层幕墙结构。双层玻璃要求增加型材的规格，增加型材的成本和消耗；双层中空玻璃构造可解决热导问题，但难以解决隔热问题等。双层呼吸式玻璃幕墙热工性能较好，但一次投资大、占地面积大，且维修费用高，难以推广。

2）采用真空玻璃

北京市在国内建立了首条用于建筑的真空玻璃生产线，为建筑节能玻璃发展提供了难得的产品平台，限于规模、成本等因素，大面积推广还有一定难度，目前用于高档高性能建筑中。此外，真空玻璃的尺寸受加工条件限制，难以满足玻璃幕墙大规格单元的要求。

3）采用镀膜玻璃

镀膜玻璃是一种高技术玻璃，包括热反射玻璃、太阳能调节玻璃、低辐射镀膜玻璃等品种。其中，低辐射镀膜玻璃具有冬季保温、夏季隔热的功能。我国现有低辐射玻璃的生产能力难以达到大面积推广的供货要求。

对于高能耗的既有建筑的玻璃幕墙，由于受条件的制约和限制，要大幅度地提高玻璃面层的热工性能，使其具有较好的保温隔热性能，并能较主动地适应室外环境的变化，难度很大。若采用粘贴低辐射膜或用透明玻璃节能涂膜对玻璃表面进行涂刷，可不拆换玻璃，大大降低改造成本；同时节省施工时间，且施工十分简便，又减少了建筑垃圾。

（2）提高型材热工性能

目前，玻璃幕墙中作为框体骨架材料的主要有铝合金材料和钢材，而铝合金和钢材的导热系数较大，降低其传热系数的有效途径是与其他导热系数较低的材料结合，从结构角度设计导热系数低，同时不降低其结构强度的框体结构。目前，在玻璃幕墙中普遍采用的框体材料的热工性能仍不够理想，而热工性能较好的框体材料价格相对较高，型材的材质、断热处理的措施是提高其热工性能的关键，需要开发研究综合性能好，且价格适中的新型隔热框体结构材料。如，将普通铝合金型材换成断桥型材。

（3）开发推广暖边技术

鉴于铝金属间隔条缺乏断热功能，各国积极开展相关研究。其中发展和推广最好的是暖边技术。暖边技术是将金属隔条用导热系数低的材料阻隔起来，减少真空玻璃边部的温差，提高中空玻璃内表面温度，有效地减缓窗户附近的空气流通等。

（4）研究新型遮阳产品

通常，采用传统的遮阳产品能起到一定的隔热作用，其缺点是在遮阳的同时也遮挡了视线、影响了采光、增加了电能。目前，国外已应用透明遮阳卷帘（不是百叶）来替代传统的遮阳产品，在一定程度上解决了遮阳与遮挡的矛盾。应研究新型的遮阳产品，在有效遮阳的同时保持玻璃幕墙的通透性，以达到较好的隔热、节能效果。

7. 幕墙建筑保温防火设计要求

幕墙建筑保温防火设计要求如下：

（1）建筑高度不低于 50m 的幕墙建筑，全部外保温应采用燃烧性能等级为 A 级的保温材料。

（2）建筑高度小于 50m 的幕墙建筑，全部外保温除可采用燃烧性能等级为 A 级的保温材料外，还可以采用符合要求的酚醛泡沫板或硬泡聚氨酯，保温层外应覆盖厚度不小于 20mm 的防火保护层。

（3）石材、金属等不透明幕墙宜设置基层墙体，其耐火极限应符合现行防火规范关于外墙耐火极限的有关规定。幕墙面板与基层墙体之间的空腔，应在每层楼板处设置高度不低于 100mm 的、燃烧性能等级为 A 级的保温材料，沿水平方向连续封闭严密，确保该封闭隔离带的耐久有效性。不设置基层墙体时，复合外墙的耐火极限也应符合现行防火规范中关于非承重外墙耐火极限的有关规定。石材或人造无机板幕墙为开缝构造时，空腔也应分层封堵，不可在竖缝处断开。

（4）除酚醛泡沫板和硬泡聚氨酯需覆盖厚度不小于 20mm 的防火保护层外，一般不燃材料保温层外也宜有厚度不小于 10mm 的防火保护层。燃烧性能等级为 A 级的泡沫玻璃板、泡沫水泥板等硬质吸水率低的无机保温板材可不另设防火保护层。

（5）保温材料的上、下应分别采用厚度不小于 1.5mm 的镀锌钢板有效包封，包封闭合腔体的有效高度应不小于 0.8m。

（6）对于悬挂与建筑结构基层墙体之外的点窗（幕墙窗），窗结构与基层墙体之间的空腔（包括保温层与面板之间的空腔），应沿着点窗的周围设置高度不低于 100mm 的、燃烧性能等级为 A 级的保温材料，沿水平方向连续封闭严密，严格控制火灾时烟雾的扩散。

第五章　节能与能源利用

节能技术的基础是可持续开发和环境保护。该技术在建筑工程设计中的应用已成为目前市场上最大的竞争优势。在节能技术的应用中，各种可再生资源的利用非常重要。从经济可行性、经济性、节能性等方面入手，以环境保护为核心，实现建筑技术绿色发展。同时，要保证施工质量，节约各种施工资源，改善和优化整个工作环境，控制新增能源消耗，为中国建设项目的可持续发展奠定基础。

第一节　概　述

我国人口众多，能源供应体系面临资源相对不足的严重挑战，人均拥有量远低于世界平均水平。据不完全统计，我国目前煤炭、石油、天然气人均剩余可采储量分别只有世界平均水平的 58.60%、7.69% 和 7.05%，而且现阶段我国正处在工业化、城镇化快速发展的重要时期，能源资源的消耗强度大，能源需求不断增长，能源供需矛盾越显突出。所以，节能降耗是我国经济发展的一项长远战略方针，其意义不仅仅是节约资源，还与生态环境的保护、社会经济的可持续发展密切相关，也正是后者的压力加速节能降耗工作的开展。

建筑的能耗约占全社会总能耗的 30%，其中最主要的是采暖和空调，其占到 20%。目前，建筑耗能（包括建造能耗、生活能耗、采暖空调等）已与工业耗能、交通耗能并列成为我国能源消耗的三大"猛虎"，尤其是建筑耗能随着我国建筑总量的逐年攀升和居住舒适度的提高，呈急剧上扬趋势。其中，建筑用能已经超过全社会能源消耗总量的 25%，并将随着人民生活水平的提高逐步增至 30% 以上。而这 30% 仅仅是建筑物在建造和使用过程中消耗的能源比例，如果再加上建材生产过程中耗掉的能源（占全社会总能耗的16.7%），和建筑相关的能耗将占到社会总能耗的 46.7%。现在我国每年新建房屋 20 亿平方米中，99% 以上是高能耗建筑；而既有的约 430 亿平方米建筑中，只有 4% 采取了能源效率措施，单位建筑面积采暖能耗为发达国家新建建筑的 3 倍以上。

这样的数字背后又隐藏何种隐忧，建筑能耗到底已经严重到何种程度，我国住宅建设用钢平均 55 kg/m²，比发达国家高出 10%—25%；水泥用量为 221.5 kg/m²，每拌和 1m³ 混凝土比发达国家要多消耗 80kg 水泥。从土地占用来看，发达国家城市人均用地 82.4m²，发展中国家平均是 83.3m²，我国城镇人均用地为 133m²。同时，从住宅使用过程中的资源消耗来看，与发达国家相比，住宅使用能耗为相同技术条件下发达国家的 2—3 倍。从水资源消耗来看，我国卫生洁具耗水量比发达国家高出 30% 以上。早在 2006 年底，全国政协调研组就建筑节能问题提交的调研数据显示：按目前的趋势发展，到 2020 年我国建筑能耗将达到 10.9 亿吨标准煤。它相当于北京 5 大电厂煤炭合理库存的 400 倍。每吨标准煤按我国目前的发电成本折合大约等于 2700 kW·h；这样，2020 年，我国的建筑能耗将达到 29430 亿 kW·h，将比三峡电站 34 年的发电量总和还要多（三峡电站 2008 年完成发电量 808.12 亿 kW·h）。因此，建筑节能问题不容忽视。

改革开放以来，建筑节能一直都受到政府有关部门的高度重视。早在 1986 年，我国就开始试行第一部建筑节能设计标准，1999 年又把北方地区建筑节能设计标准纳入强制性标准进行贯彻。国务院办公厅、建设部近年来又相继出台了《进一步推进墙体材料革新和推广节能建筑的通知》（国办发〔2005〕33 号）、《关于发展节能省地型住宅和公用建筑的指导意见》等文件以推动建筑节能工作。各地方政府也纷纷出台具体落实措施来降低建筑能耗。然而，由于缺乏完备的监管体系，建筑节能实施情况并不乐观。早在 2005 年，建设部曾对 17 个省市的建筑节能情况进行了抽查，结果发现北方地区做了节能设计的项目只有 50% 左右按照设计标准去做。事实证明，中国的建筑节能市场潜力巨大。据不完全统计，如果使用高效能源技术改造现有楼房，每年可以节约大约 6000 亿元人民币的成本，相当于少建 4 个三峡电站。

在工业化和城市化的进程中，如果要在下一个 15 年中保持高于 7% 的年增长率目标，我国正面临环境恶化和资源限制。实现可持续发展的目标，推广建筑节能、减少建筑能耗至关重要。导致建筑能耗巨大的几大"罪魁祸首"依然猖獗，在某些地方，特别是城乡接合部和农村地区，实心黏土砖产量仍出现，"封"而不"死"，造成极大的能源消耗；供热采暖的消耗大约占了建筑能耗的一半，但"热改"在推进过程中依然困难重重，无法实现建筑节能的目标；大型公共建筑的建筑面积不到城镇建筑总面积的 4%，却消耗了总建筑能耗的 22%，成为能耗的"黑洞"。

一、节能的概念

节能是节约能源的简称，概括地说，节能是采取技术上可行、经济上合理、有利于环境、社会可接受的措施，提高能源利用率和能源利用的经济效果；也就是说，节能是在国民经济各个部门、生产和生活各个领域，合理有效地利用能源资源，力求以最少的能源消耗和最低的支出成本，生产出更多适应社会需要的产品和提供更好的能源服务，不断改善人类赖以生存的环境质量，减少经济增长对能源的依赖程度。

我国建筑能耗与建筑节能现状表现为建筑总量大幅增加，能耗急剧攀升。目前，我国城乡建筑总面积约 400 亿平方米，其中能达到建筑节能标准的仅占 5%，其余 95% 都是非节能高能耗建筑。公共建筑面积大约为 45 亿平方米，其能耗以电为主，占总能耗的 70%，单位面积年均耗电量是普通居住建筑的 7—10 倍。调查显示，2013 年底北京三星级以上的宾馆、饭店有 300 多家，建筑面积超过 2 万平方米的商场、写字楼约有 200 家，这些大型公共建筑面积仅占民用建筑的 5.4%，但全年耗电量约占全市居民生活用电总量的 50%。随着城镇化进程的加快和人民整体生活水平的逐渐提高，中国正迎来一场房屋建设的高潮。据目前我国每年竣工房屋建筑面积 20 万平方米预测，到 2020 年，全国城乡将新增房屋建筑面积约 300 万平方米。在建筑总量大幅提升的同时，建筑能耗也将持续攀升。据测算，仅建筑用能在我国能源总消耗量中所占比例已从 2008 年的 10% 上升到 2013 年的 27.47%。根据发达国家的经验，这个比例将逐步提高到 35% 左右。作为住宅能耗的大户，空调正在以每年 1100 万台的惊人速度增长。由于人们对建筑热舒适性的要求越来越高，采暖区开始向南扩展，空调制冷范围由公共建筑扩展到居住建筑。我国农村建筑面积约为 250 万平方米，年耗电量约 900 亿 kW·h，假如农村目前的薪柴、秸秆等非商品能源完全被常规商品能源替代，我国建筑能耗将增加 1 倍。如果延续目前的建筑发展规模和建筑能耗状况，到 2020 年，全国每年将消耗 112 万亿 kW·h 和 411 亿吨标准煤，接近目前全国建筑能耗的 3 倍，并且建筑能耗占总能耗的比例将继续提高。建筑节能执行力差、能效低，住房和城乡建设部的一项调查显示，2013 年，我国按照节能标准设计的项目只有 58.5%，按照节能标准施工建造的只有 23.3%。当然，导致建筑节能执行力差的原因有很多，如在一些地方出现了一种被称为"阴阳图纸"的设计图，即一套图纸供设计审查用，另一套将建筑节能去掉后供施工用。设计师的建筑节能设计很好，但如果完全按照节能设计做，就会超过开发商的预算。由于不用节能材料后并不影响房屋的整体结构，也不会影响房屋的安全问题，所以只要相关部门不强行检查，开发商是能省则省。例如，若按节能规定操作，每平方米要多出 100 多元，一个几万平方米的小区，节能成本远远高于罚款。用廉价建材代替节能材料降低成本，开发商所需要做的仅是提交一份变更协商。建筑节能的关键之一就是建筑材料的节能，包括外墙保温材料、节能门窗等，在欧美日等发达国家，建筑保温材料中聚氨酯占 75%、聚苯乙烯占 5%、玻璃棉占 20%，而在中国，建筑保温材料 80% 用的是聚苯乙烯，聚氨酯的应用只占了 10% 左右。

二、节能的理念

建筑能耗尤其是住宅建筑的能耗，建筑能耗（实耗值）的增加，以及建筑能耗在总能耗中比例的提高，说明我国的经济结构比较合理，也说明人民生活水平有了较大提高，而且政府自身在节能上怎么做，往往会影响民众的消费方式，所以政府的节能宣传显得尤为重要，这是从节能的"工程意识"转变到"全社会的系统意识"的最好途径。当前，许多发达国家每年都会花费巨大的资金来做节能宣传，比如，日本政府每年花费约 1.2 亿美元来向民众宣传环保、节能等理念。但是，老百姓消费观念的转变需要一个长期的过程。据统计，我国节能灯产量占世界总产量的 90% 左右，但不幸的是，其中 70% 以上都出口了。

节能产品的使用给个人带来的收益是经济效益，而国家收到的除了经济效益，还有社会效益、环境效益，所以国家应加大这方面的投入和宣传。

1. 节能是具有公益性的社会行为

节约能源与能源开发不同，节能具有量大面广和极度分散两大特点，涉及各行各业和千家万户，它的个案效益有限而规模效益巨大，只有始于足下和点滴积累的努力，采取多方参与的社会行动，才能"聚沙成塔，汇流成川"。20世纪80年代至90年代，节能以弥补短缺为主，约束能源浪费，控制能源消费，以降低能源服务水平为代价，作为缓解能源危机的应急手段。20世纪90年代以来，随着社会资源和环境压力的不断加大，节能转向以污染减排为主，鼓励提高能效，提倡优质高效的能源服务，作为保护环境的一个主要支持手段。现在，节能减排新思维已成为当今全球经济可持续发展理念的一个重要组成部分，为推动节能环保的公益事业注入了新的活力。

2. 节能要基于效率和效益基础

节能既要讲求效率，也要讲求效益，效率是基础，效益是目的，效益要通过效率来实现。这里所说的效率就是要提高能源利用率，在完成同样能源服务条件下实现需要的作业功能，减少能源消耗，达到节约能源的目的。讲求效益就是要提高能源利用的经济效果，使节省的能源费用高于用于节能所支出的成本，达到增加收益的目的，从而使人们分享节能与经济同步增长的利益。

截至目前，我国对节能材料和技术的推广应用尚没有较好的激励政策和有效措施，节能在很大程度上还停留在一种企业行为，很多节能产品生产企业因打不开市场而最终退出。借鉴西方发达国家的做法，为推动建筑节能的深入，政府可对不执行节能标准的新建和改扩建建筑工程与节能建筑实行差别税费政策。出台相应的有效激励机制，在税收经营、技术市场管理等方面给予企业适当的优惠与帮助，以增强企业的积极性；或者借鉴美、德、日等发达国家的经验，由政府直接给予生产节能产品的企业一定比例的补贴，或采取减免生产企业和用户税费的方式进行支持。为鼓励厂家和用户实现更高的能源效率标准，对通过高标准节能认证的产品，由公益基金提供资金返还，也是一项不错的激励机制。

3. 节能资源是没有储存价值的"大众"资源

节能资源与煤炭、石油、天然气等自然赋存的公共资源不同，它是需求方的消费者自身拥有的潜在资源，这种资源一旦得以发掘，就会减少煤炭、石油、天然气等公共资源的消耗，成为供应方的一种替代资源。基于节能资源的这一"私有"属性，期望消费者参与节能减排的公益活动，需要采取以鼓励为主的节能推动措施，激发消费者投资能有效地挖掘其自身的节能潜力，为他们主动参与和自主选择适合自身需要的效率措施创造一个有利的实施环境，使节能付诸行动并落实到终端并最终产出节能资源。

4. 节能的难度是缺少克服市场障碍的有效办法

节能重在行动、贵在坚持。树立正确的节能理念，培育务真求实的节能意识是推动节能最积极的内在动力，它需要有激发人们节能内在动力的运作机制。节能不是工业、农业、商业、服务业盈利的主要目标，很难在会计账目上看到节能的货币价值；节能不是企事业主管关注的运营领域，节能也不是大众致富的来源。所以，人们对节能没有足够的热情，更多关注的是能够获得可靠的能源供应，实现他们需要的能源服务，很少能领悟到节能既是一种收获，又是一份奉献。因此，节能的难度不是来自技术障碍，其需要的是能够在日常活动中持续发挥作用的节能运作机制。

目前，我国有关建筑节能技术标准体系尚不够健全，还没有形成独立的体系，从而无法为建筑节能工作的开展适时提供全面、必要的技术依据。随着建筑节能工作的进展，迫切需要建立和完善建筑节能技术标准体系以促进我国的建筑节能工作的健康、持续发展。建立建筑节能监管体系，将建筑节能设计标准的监管进一步延伸至施工、监理、竣工验收、房屋销售等各个环节。规范节能认证标准并避免出现类似节能灯"节电不节钱"的现象，有效打击不法"伪节能"企业和产品，改变节能材料市场品牌杂、质量良莠不齐的局面等，仍然有很长的路要走。

三、施工节能的概念

一般来说，施工节能是指建筑工程施工企业采取技术上可行、经济上合理、有利于环境、社会可接受的措施，提高施工所耗费能源的利用率。目前，我国在各类建筑物与构筑物的建造和使用过程中，具有资源消耗高、能源利用效率低、单位建筑能耗比同等气候条件下的先进国家高出 2—3 倍等特点。近年来，国家提出要建设节约型社会和环境友好型社会，作为建筑节能实体的工程项目，必须充分认识节约能源资源的重要性和紧迫性，要用相对较少的资源、利用较好的生态环境保护，实现项目管理目标，除符合建筑节能外，主要是通过对工程项目进行优化设计与改进施工工艺，对施工现场的水、电、建筑用材、施工场地等要进行合理的安排与精心组织管理，做好每一个节约的细节，减少施工能耗并创建节约型项目。

四、施工节能与建筑节能

所谓建筑节能，在发达国家最初定义为减少建筑中能量的散失，现在普遍定义为"在保证提高建筑舒适性的条件下，合理使用能源，不断提高建筑中的能源利用率"。它所界定的范围指建筑使用能耗，包括采暖、空调、热水供应、炊事、照明、家用电器、电梯等方面的能耗，一般占该国总能耗的 30% 左右。随着我国每年以 10 亿平方米的民用建筑投入使用，建筑能耗占总能耗的比例已从 2000 年的约 10% 上升到目前的 30% 左右。我国近期建筑节能的重点是建筑采暖、空调节能，包括建筑围护结构节能，采暖、空调设备效率提高和可再生能源利用等。

施工节能是从施工组织设计、施工机械设备及机具，以及施工临时设施等方面的角度，在保证安全的前提下，最大限度地降低施工过程中的能量损耗，提高能源利用率。二者属于同一目标的两个过程，有本质的区别。当节能被作为一件大事情提上全社会的议事日程时，很多人更多关注的是，建筑物本身该如何节能，施工过程中的节能情况，则被大多数人所忽视。

五、施工节能的主要措施

制定合理的施工能耗指标，提高施工能源利用率。由于施工能耗的复杂性，再加上目前尚没有一个统一的提供施工能耗方面信息的工具可供使用，所以，什么是被认可的施工节能难以界定，这就使得绿色施工的推广工作进程十分缓慢。因此，制定切实可行的施工能耗评价指标体系已成为在建设领域推行绿色施工的瓶颈。

一方面，制定施工能耗评价指标体系及相关标准可以为工程达到绿色施工的标准提供坚实的理论基础；另一方面，建立针对施工阶段的可操作性强的施工能耗评价指标体系，是对整个项目实施阶段监控评价体系的完善，为最终建立绿色施工的决策支持系统提供依据；同时，通过开展施工能耗评价可为政府或承包商建立绿色施工行为准则，在理论的基础上明确被社会广泛接受的绿色施工的概念及原则等，可以为开展绿色施工提供指导和方向。

合理的施工能耗指标体系应该遵循以下几个方面的原则：科学性与实践性相结合原则；在选择评价指标和构建评价模型时要力求科学，能够确确实实地达到施工节能的目的以提高能源的利用率；评价指标体系的繁简也要适宜，不能过多过细，避免指标之间相互重叠、交叉；也不能过少过简而导致指标信息不全面最终影响评价结果。目前，施工方式的特点是粗放式生产，资源和能源消耗量大、废弃物多，对环境、资源造成严重影响，建立评价指标体系必须从这个实际出发。针对性和全面性原则。首先，指标体系的确定必须针对整个施工过程并紧密联系实际、因地制宜，并有适当的取舍；其次，针对典型施工过程或施工方案设定统一的评价指标；最后，指标体系结构要具有动态性。要把施工节能评价看作一个动态的过程，评价指标体系也应该具有动态性，评价指标体系中的内容针对不同工程、不同地点，评估指标、权重系数、计分标准应该有所变化。同时，随着科学的进步，不断调整和修订标准或另选其他标准，并建立定期的重新评价制度，使评价指标体系与技术进步相适应。

前瞻性、引导性原则：要求施工节能的评价指标应具有一定的前瞻性，与绿色施工技术经济的发展方向相吻合；评价指标的选取要对施工节能未来的发展具备一定的引导性，尽可能反映出今后施工节能的发展趋势和重点。通过这些前瞻性、引导性指标的设置，引导未来施工企业的施工节能发展方向，促使承包商、业主在施工过程中重点考虑施工节能。

具备可操作性，要求指标体系中的指标具有可度量性和可比较性以便于操作。一方面对于评价指标中的定性指标，应该通过现代定量化的科学分析方法加以量化；另一方面评价指标应使用统一的标准衡量，消除人为可变因素的影响，使评价对象之间存在可比性，进而确保评价结果的公正、准确。此外，评价指标的数据在实际中也应方便易得。总之，在进行施工节能评价过程中，必须选取有代表性、可操作性强的要素作为评价指标。对于所选择的单个评价指标，虽仅反映施工节能的一个侧面或某一方面，但整个评价指标体系却能够细致地反映施工节能水平的全貌。

优先使用国家、行业推荐的节能、高效、环保的施工设备和机具，工程机械的生产成本除了原材料、零部件外，主要是生产过程中的电、水、气的消耗和人工成本。节能、降耗的目标也就相应明显，就是降低生产过程中的电、水、气消耗，并把产生的热量等副产品加以利用。从目前的节能技术和产品来看，国内在上述方面已经比较成熟。除了变频技术节电外，更有先进的利用节能电抗技术对电力系统进行优化处理。作为工程机械的终端用户，建筑企业在施工过程中应该优先使用国家、行业推荐的节能、高效、环保的施工设备和机具，淘汰低能效、高能耗的"老式"机械。

施工现场分别设定生产、生活、办公和施工设备的用电控制指标，定期进行计量、核算、对比分析，并有预防与纠正措施，建筑施工临时用电主要应用在电动建筑机械、相关配套施工机械、照明用电及日常办公用电等几个方面。施工用电作为建筑施工成本的一个重要组成部分，其节能已经成为现在建筑施工企业深化管理、控制成本的一个有力窗口。根据建筑施工用电的特点，建筑施工临时用电应该分别设定生产、生活、办公和施工设备的用电控制指标，定期进行计量、核算、对比分析，并有预防与纠正措施。

在施工组织设计中，合理安排施工顺序、工作面以减少作业区域的机具数量，相邻作业区充分利用共有的机具资源。安排施工工艺时，应优先考虑耗用电能的或其他能耗较少的施工工艺，避免设备额定功率远大于使用功率或超负荷使用设备的现象。

按照设计图纸文件要求编制科学、合理、具有可操作性的施工组织设计，确定安全、节能的方案和措施。要根据施工组织设计，分析施工机械使用频次、进场时间、使用时间等，合理安排施工顺序和工作面等，减少施工现场或划分的作业面内的机械使用数量和电力资源的浪费。安排施工工艺时，应优先考虑耗用电能的或其他能耗较少的施工工艺。例如，在进行钢筋的连接施工时，尽量采用机械连接以减少采用焊接连接。

根据当地气候和自然资源条件，充分利用太阳能、地热等可再生能源。太阳能、地热等可再生能源的利用与否，是施工节能不得不考虑的重要因素。特别是在日照时间相对较长的我国南方地区，应当充分利用太阳能这一可再生资源。例如，减少夜间施工作业的时间，可以降低施工照明所消耗的电能；工地办公场所的设置应该考虑到采光和保温隔热的需要，降低采光和空调所消耗的电能，地热资源丰富的地区应当考虑尽量多地使用地热能，特别是在施工人员生活方面。

因地制宜推进建材节约，要积极采用新型建筑体系，就地取材推广应用高性能、低材耗、可再生循环利用的建筑材料。选材上要提高通用性、增加钢化设施材料的周转次数，少用木模，减少进场木材，降低材料资金投入。例如，推广应用 HRB500 级钢筋，直螺纹钢筋接头，减少搭接；优化混凝土配合比，减少水泥用量；做清水混凝土，减少抹灰量；

推广楼地面混凝土一次磨光成活工艺等。要根据施工现场布置、工程规模大小，合理划分流水施工区域将各种资源（包括人力资源、物资资源）充分利用。结合工程特点和在不影响工程质量的情况下，回收与利用被拆除建筑的建材与部品，合理利用废料，减少建筑垃圾的堆放处理费用，现场垃圾宜按可回收与不可回收分类堆放。例如，现场垃圾中不可避免地夹杂一些扣件、铁丝、钢筋头、可利用的废竹胶合板等，要安排专人进行垃圾的分类与回收利用。对于少量的混凝土及砌体垃圾要进行破碎处理，当作骨料进行搅拌，作为临时场地硬化的原料。办公、生活用房若使用活动房，墙体可采用保温隔热性能较好的轻钢保温复合板，提高节能效果，又可多次周转使用，节约材料。同时，要确定适用、先进的施工工艺，在施工时一次施工成功和水电管线的预理到位，避免施工过程中多次返工和因工序配合不好造成的破坏及浪费建筑材料以节省费用。

采取有效措施节约用水，施工现场生活用水要杜绝跑、冒、滴、漏现象，使用节水设备，采用质量好的厚质水管进行水源接入，避免漏水。混凝土墙、柱拆模后及时进行覆盖保温、保湿、喷涂专用混凝土养护剂进行养护并避免用水养护。混凝土表面不存储水分，避免养护时用水四处溢水、大量流失浪费。在节约生活用水方面，安排专人对食堂、浴室储水设施、卫生间等处的用水器具进行维护，发现漏水，及时维修。生活区有进行植被绿化的，要尽量种植节水型植被，定时浇灌，杜绝漫灌。同时，要做好雨水收集和施工用水的二次利用，将回收的雨水和经净化处理的水循环利用，浇灌绿化植被、清洗车辆和冲洗厕所等。

合理布局强化利用施工场地，在设计阶段要树立集约节地的观念，适当提高工业建筑的容积率，综合考虑节能和节地，适当提高公共建筑的建筑密度，居住建筑要立足于宜居环境，合理确定住宅建筑的密度和容积率。施工阶段，施工的办公、生产用房要尽量减少，除必要的施工现场道路要进行场地硬化外还应多绿化，营造整洁有序、安全文明的施工环境。道路的硬化可使用预制混凝土砌块，工程完工后揭掉运走，下一个工地重复使用。要按使用时间的先后顺序，统筹分类堆放建筑材料，避免材料堆放杂乱无章；施工用材尽量不要安排在现场加工，减少材料堆放场地。建筑垃圾要及时清理、运走，腾出施工场地以防影响施工进度。

第二节　机械设备与机具的节能措施

一、建立施工机械设备管理制度

建筑施工企业是机械设备和机具的终端用户，要降低其能量损耗，提高其生产效率，实现"能耗最低、效益最大"这一目标，首先应该管理好施工机械设备。

机械设备管理是一门科学，是经营管理和技术管理的重要组成部分。随着建筑施工机械化水平的不断提高，工程项目的施工对机械设备的依赖程度越来越大，机械设备已成为影响工程进度、质量和成本的关键。机械设备的能耗占建筑施工耗能很大比例，所以保持机械设备低能耗、高效率的工作状态是进行机械设备管理的唯一目标。机械设备的管理分为使用管理和维护管理两个方面。机械设备的使用管理在大型工程项目的施工过程中，具有数量多、品种复杂且相对集中等特点，机械设备的使用应有专门的机械设备技术人员专管负责；建立健全施工机械设备管理台账，详细记录机械设备编号、名称、型号、规格、原值、性能、购置日期、使用情况、维护保养情况等，大型施工机械定人、定机、定岗，实行机长负责制，并随着施工的进行，及时检查设备完好率和利用率，及时订购配件，以便更好地维护有故障的机械设备；易损件有一定储备，但不造成积压浪费，同时做好各类原始记录的收集整理工作，机械设备完成项目施工返回时，由设备管理部门组织相关人员对所返回的设备检查验收，对主要设备需封存保管。另外，机械设备操作正确与否直接影响其使用寿命的长短，提高操作人员技术素质是使用好设备的关键。对施工机械设备的管理，应制定严格的规章制度，加强对设备操作人员的培训考核和安全教育，按机械设备操作、日常维护等技术规程执行，避免由于人为错误操作或疏忽大意，造成机械设备损坏的事故。设备状况的好坏直接关系到经济技术指标的完成。首先应该加强操作人员的技术培训工作，操作人员应通过国家有关部门的培训和考核，取得相应机械设备的操作上岗资格；其次针对具体机型，从理论和实际操作上加强双重培训，只有操作人员掌握一定理论知识和操作技能后，才能上机操作；最后，加强操作人员使用好机械设备的责任心，积极开展评先创优、岗位练兵和技术比武活动，多手段培养操作人员刻苦钻研、爱岗敬业、竭诚奉献的精神也是施工机械设备管理过程中的重要一环。

二、施工机械设备的维护管理

加强机械设备的维护管理，提高机械设备完好率是施工企业面临的重要课题。机械设备运行到国家有关标准的行驶里程或超过有关标准规定间隔运行时间，为保持其良好的技术状况和工作性能必须进行维护，以完善的管理手段实现使用与维护有机结合，充分发挥施工机械综合生产效能，保护环境，降低运行消耗，对施工企业提高施工质量和降低能耗具有重要意义。

施工机械维护分为日常维护、定期维护等。机械设备的维护根据施工机械的结构和使用条件不同，维护性质和具体工作内容也有所变化。日常维护管理的实质是为了保证施工机械处于完好的技术状况和具备良好的工作性能，保证机械有效运行。日常维护管理由各设备操作人员执行，机械设备日常维护工作是其主要的工作职责之一，主要工作内容包括施工机械每次运行前和运行中的检视与排除运行故障，及运行后对施工设备进行养护，添加燃料、润滑油料和检查与消除所发现的故障等。

定期维护管理是指建筑施工企业对施工机械设备须按维护保养制度规定的维护保养周

期，或说明书中规定的保养周期，定期进行强制性维护保养工作，主要包括例行维护保养、一级维护保养、二级维护保养、走合期维护保养、换季性维护保养、设备封存期维护保养等，须严格按时强制执行，不得随意延长或提前作业。有的施工企业往往以施工任务紧、操作人员少、作业时间长等理由对设备保养进行推脱，极易造成机械设备早期磨损，这种思想必须根除。按有关规定需要进行维护保养的机械，如果正在工地作业，宜在工程间隙进行维护保养，不必等到施工结束进行。

加强设备维修保养制度，坚持设备评优工作，机械设备保养、维修、使用三者既相互关联又互为条件，任何机械设备在使用一段较长时间后都会出现不同程度的故障，为降低故障发生的概率、延长设备的使用寿命，应该根据机械设备的使用情况密切配合施工生产，按设备规定的运转周期（公里或小时）定期做好各项保养与维修工作。另外，设备管理部门在制定维修及保养计划时可以根据各类设备的具体情况、新旧设备的不同特点采取不同的措施。

施工机械保养维护直接影响其使用寿命，而且具有季节性特征。在炎热的夏季，由于气温较高、雨量多、空气潮湿、辐射热强，给机械施工带来许多困难。譬如，因冷却系统散热不良，发动机温度很容易超高，影响发动机充气系数，使功率下降；润滑油因受高温影响而黏度降低，润滑性差；施工现场水多、空气潮湿等容易导致机械的金属零件生锈；机械离合器与制动装置的摩擦部分也会因为温度过高而磨损增加甚至烧蚀；液压系统因工作油液黏度降低而引起系统外部渗漏和内部泄漏，使其传动效率降低等。因此，在高温季节对施工机械使用和保养的好坏将直接影响施工效率。

必须加强发动机冷却系统的维护和保养。经常检查和调整风扇皮带的张紧度，可防止风扇皮带过松打滑而降低冷却强度，并防止风扇皮带过紧致使水泵轴承过热而烧损。对冷却系统各管道和接头处应经常检查，发现破裂和漏水应及时排除，保持散热器上水室的水位有足够的高度并及时增补，切勿在工作中发现缺水在发动机过热的情况下向发动机加注冷水。

在冷却系统保养过程中应重视水垢的清除工作，使冷却系统的管道畅通以加速冷却水的循环。由于水垢的导热性差（比铸铁小十几倍），所以冷却系统内的散热器、水管等内部沉积水垢以后，不但会直接导致散热性能变差，还会使冷却水容量减少，降低冷却效果。由于施工机械在施工生产过程中条件相对恶劣，在没有软水或夏季干旱少雨的地方，发动机冷却系统内加注的冷却水必须进行软化处理。软化处理最简单的办法是煮沸后经沉淀即可使用，或者在有条件的前提下加入硬水软化剂进行软化，软化后应经过滤再加入发动机。若因冷却系统沉积水垢过多，经常引起发动机过热时，应进行清洗和除垢。一般的铸铁发动机除垢方法是：待发动机熄火后，趁热放出冷却水（在每 10 L 清水中加入 750g 烧碱和 250g 煤油），溶液注入发动机后启动发动机并以中速运转 5—10 min，然后待溶液在机内停留 10 h 之后重新启动发动机，以中速运转 5—10 min 后放出溶液，最后注入清水使发动机以中速运转进行清洗，如此进行 2—3 次即完成除垢工作。

要加强发动机及传动部分的润滑和调整工作，在高温下发动机及各传动部分机构能迅速启动和运转，对磨损所产生的影响主要取决于采用的润滑油品质。因此，对发动机及传动机构，在夏季高温条件下施工时应换用滴点较高的润滑脂，对液压传动系统中的工作油液也要采用专门的夏季用油。同时，由于夏季炎热、多雨，还应特别防止水分或空气进入内部。若油中进入空气和水分，当油泵把油液转变为高压工作油液时，空气和水分就会助长系统内热的急剧增加而引起发动机过热，过热将使工作油液变稀，并加速油液氧化以及系统内部各零件的磨损和腐蚀，降低系统的传动效率。

对在夏季和在南方施工的机械来说，特别是化油器式发动机的燃料系统应进行适当的调整。一般主要采取降低化油器浮子室的油面高度、减少主喷管与省油器的出油量等措施。此外，还应采取必要的措施预防油路产生气阻影响发动机的正常运转。因此，要勤于检查和排除燃料系统中的气体。对于柴油机来说，在高气温下因破坏了热规范，降低了气缸的充气系数，再加上夏季空气干燥、粉尘多，特别是在晴朗无雨天气的施工条件下尤为突出。依据经验机械行驶于土地上空气中的粉尘含量常常达到 1.5—2.0 g/m^3。

空气中含尘量的增加而促使必须加强对燃料供给系统的保养，特别是空气滤清器、油箱和燃料的粗、细滤清器的情况，否则会大大加速机件的磨损进程。

蓄电池的电解液也会因气温过高导致水分蒸发速度加快，所以在夏季必须注意加强对蓄电池的检查并加注蒸馏水；同时为防止大电流充电造成蓄电池温度过高，引起蒸发量增加，必须调整发电机调节器以减少发电机的充电电流，并检查和清洗蓄电池的通气孔，否则可能使蓄电池的电解液过热膨胀而导致蓄电池爆裂。

机械行走部分由于外界温度高，特别是轮式机械在炎热的气温下施工，由于轮胎上的负荷和运行速度是随着工作装置的工作状态而变化的，容易引起轮胎气压的剧增和剧减，一旦不慎便会使轮胎爆裂。因此，在施工中要特别注意轮胎的温度和气压，经常检查和保持规定的气压标准。对于施工企业已装备的具有先进技术、价格昂贵的机械设备，因其技术含量高，单凭经验和普通的维修工具已经难以对这些设备进行正确的维修。因此，这些机械设备应采用现代化的手段，以经济合理的方法进行维修，改革以往计划经济背景下实施的强制修理制度，实行"视情修理法"，即视设备的功能、工作环境、磨损大小，在充分了解与掌握其故障情况、损坏情况、技术情况的前提下进行状态维修和项目维修，这样在确保正常使用的同时，既保证了设备的完好率，又能充分发挥设备的最大工作效率，可避免此类机械不坏不修，坏了又无法修的情况发生。

为了促进各基层单位的管理工作，建筑施工企业每年应组织开展机械设备检查评比活动。为了防止基层单位平时不重视设备现场管理、检查时搞突击应付，检查评比宜采用不定期抽检的方式进行。另外，检查评比的结果还应与企业的奖惩制度相结合，体现"增产节约有奖，损失浪费要罚"的原则，对优秀的管理单位与个人给予奖励，对管理差的予以处罚。这样，不但有效地推动了企业的设备管理工作，还降低了设备的故障停机率，保证了企业的正常生产和企业自身的利益。

因此，要搞好施工机械设备使用维护管理，需要各级单位领导的重视，各部门的配合，使设备管理制度化、规范化、科学化，只有按正常的管理程序，努力提高机械设备的完好率、生产率、经济寿命率，使其在工程施工中发挥应有的作用，才能使施工机械设备使用维护管理工作走向良性循环轨道，从而降低施工机械设备与机具的能耗。

三、机械设备的选择与使用

选择功率与负载相匹配的施工机械设备，避免大功率施工机械设备低负载长时间运行。施工机械设备容量选择的原则是：在满足负荷要求的前提下，主要考虑电机经济运行，使电力系统有功损耗最小。对于已投入运行的变压器，由实际负荷系数与经济负荷系数差值情况即可认定运行是否经济，等于或相近时为经济，相差较大时则不经济。此外，根据负荷特性和运行方式还需考虑电机发热、过载及启动能力留有一定裕度（一般在 10% 左右）。对恒定负荷连续工作制机械设备，可使设备额定功率等于或稍大于负荷功率；对变动负荷连续工作制设备，可使电机额定电流（功率、转矩）大于或稍大于折算至恒定负荷连续工作制的等效负荷电流（功率、转矩），但此时需要校核过载、启动能力等不利因素。

机电安装可采用节电型机械设备，如逆变式电焊机和能耗低、效率高的手持电动工具等，节电逆变式电焊机是一种通过逆变器提供弧焊电源的新型电焊机，这种电源一般是将三相工频（50Hz）交流网络电压，经输入整流器整流和滤波，变成直流，再通过大功率开关电子元件（晶闸管 SCR、晶体管 GTR、场效应管 MOSFET 或 IGBT）的交替开关作用，逆变成几赫兹到几十赫兹的中频交流电压，同时经变压器降至适合于焊接的几十伏电压，后经再次整流并经电抗滤波输出相当平稳的直流焊接电流。逆变式电焊机具有高效、节能、轻便和良好的动态特性，且电弧稳定、溶池容易控制、动态响应快、性能可靠、焊接电弧稳定、焊缝成形美观、飞溅小、噪声低、节电等特性。

机械设备宜使用节能型油料添加剂，在可能的情况下考虑回收利用，节约油量，节能型油料添加剂可有效提高机油的抗磨性能，减轻机油在高温下的氧化分解，防止酸化，防止积炭及油泥等残渣的产生，最终改善机油质量并降低机油消耗。由于受施工环境和条件的影响，施工机械设备的燃油浪费现象比较严重，如果能够回收利用，既环保又节能，一举两得。国内外研究表明，现在对燃油甚至余热的回收利用技术已经比较成熟。合理安排工序要求进入施工现场后，要结合当地实际情况和公司的技术装备能力、设备配置等情况确定科学的施工工序，并根据施工图合理编制切实可行的机械设备专项施工组织设计。在编制专项施工组织设计过程中，要严格执行施工程序，科学安排施工工序，应用科学的计算方法进行优化，制订详细、合理、可行的施工机械进出场组织计划，以提高各种机械的使用率和满载率，降低各种设备的单位耗能。

第三节 生产、生活及办公临时设施的节能措施

一、存在的问题

施工现场生产、生活及办公临时设施的建造因受现场条件和经济条件的限制，一般多是因陋就简，往往存在下列问题：规划选址不合理，由于没有比较严格的审批制度，建筑施工企业对临时设施的选址仅仅以方便施工为目的，有的搭设在基坑边、陡坡边、高墙下、强风口区域，有的搭建在地势低洼的区域，由于通风采光条件不好，场地甚至长期阴暗潮湿；保温隔热性能差、通风采光卫生条件差，职工办公、生活条件艰苦。研究表明：夏季室外气温在38℃时，一些采用石棉瓦或压型钢板屋面的临时建筑，其室内温度达36℃以上，工人要到夜间零点以后才能进入宿舍休息；在冬季，当室外气温在0℃时，室内气温在5℃—6℃，夜间寒冷难忍往往采用明火取暖，这是引发火灾及一氧化碳中毒事故的重要原因；为了方便施工和降低工程直接成本，建筑施工企业在临时建筑的围护材料选用方面比较随意，如采用油毛毡、彩条布、竹篱片等做围护材料，不仅保温隔热性能差，增加能耗，而且容易发生火灾事故。

二、原因的分析

思想上不够重视。建筑施工企业对临时建筑的重视程度不够是产生上述现象的根源，主要表现在：受传统的基本建设制度影响较深，片面强调节约成本；"以人为本"思想淡薄；存在"临时"思想，认为使用时间短暂，不愿投入人力、物力和资金；对临时设施节能认识不足，建筑施工企业往往只计算临时设施的一次投入，而忽略了由于临时设施设计不当在使用过程中所耗费的能源和资金。针对这一原因，有人提出临时设施应作为流动资产管理与核算，把"临时设施"科目提升为一级会计科目，临时设施建设、使用消耗、拆除、报废等均通过该账户核算，其清理净损益直接冲减或增加服务工程的施工成本。

缺乏施工现场临时设施设计技术标准，使得临时设施的设计和施工验收无章可循。很长一段时间以来，我国并没有出台针对施工现场临时设施设计及施工验收规范，致使施工企业特别是中小型企业常常忽视临时设施的建设。

三、解决的一般措施

2007年9月，建设部印发《绿色施工导则》，对生产、生活及办公临时设施的节能、环保提出了具体的要求，并要求各省、自治区建设厅，直辖市建委和国务院有关部门，结合本地区、本部门实际情况认真贯彻执行。

利用场地自然条件，合理设计生产、生活及办公临时设施的体形、朝向、间距和窗墙面积比，使其获得良好的日照、通风和采光。南方地区可根据需要在其外墙窗设遮阳设施。建筑物的体形用体形系数来表示，是指建筑物接触室外大气的外表面积与其所包围的体积的比值，其实质上是指单位建筑体积所分摊到的外表面积。体积小、体形复杂的建筑，体形系数较大，对节能不利；体积大体形简单的建筑，体形系数较小，对节能较为有利。

我国地处北半球，太阳光一般都是偏南的，所以建筑物南北朝向比东西朝向节能，研究表明，东西向比南北向的耗热量指标增加 5% 左右。窗墙面积比为窗户洞口面积与房间立面单元面积的比值。加大窗墙面积比，对节能不利，故外窗面积不应过大。在不同地区，不同朝向的窗墙面积比应控制在一定范围。

临时设施宜采用节能材料，墙体、屋面使用隔热性能好的材料，减少夏季空调、冬季取暖设备的使用时间及耗能量。新型墙体节能材料（如孔洞率大于25% 非黏土烧结多孔砖、蒸压加气混凝土砌块、石膏砌块、玻璃纤维增强水泥轻质墙板、轻集料混凝土条板、复合墙板等）具有节能、保温、隔热隔声、体轻、高强度等特点，施工企业可以根据工程所在地的实际情况合理选用，以减少夏季空调、冬季取暖设备的使用时间及耗能量。合理配置采暖、空调、风扇数量，规定使用时间，实行分段分时使用，节约用电。

四、临时设施中的降耗措施

1. 施工用电

施工用电除施工机械设备用电外，就是夜间施工和地下室施工的照明用电，合理安排施工工序，根据施工总进度计划，在施工进度允许的前提下，尽可能少地进行夜间施工作业，可以降低电能的消耗量。另外，地下室大面积照明均使用节能灯，以有效节约用电。所有电焊机均配备空载短路装置，以降低功耗。夜间施工完成后，关闭现场施工区域内大部分照明，仅留四周道路边照明供夜间巡视，既可降低能耗，又减少了施工对周围环境的影响。

2. 生活用电

针对施工人员生活用电的特点，规定宿舍内所有照明设施的节能灯配置率为100%；生活区夜间 10：00 以后关灯，夜间 12：00 以后切断供电，由生活区门卫负责关闭电源，在宿舍和生活区入口挂牌告知；办公室白天尽可能地使用自然光源照明，办公室内所有管理人员养成随手关灯的习惯；下班时关闭办公室内所有用电设备。以上都是建筑施工企业降低施工生活用电能耗的重要措施。冬季、夏季减少使用空调时间，夏季超过 32℃时方可使用空调，空调制冷温度 ≥ 26℃，冬季空调制热温度 ≤ 20℃。施工人员经常使用大功率电热器具做饭、烧水或取暖，造成比较大的能量消耗，而且造成火灾事故的情况时有发生。为了禁止使用大功率电热器具，要求在生活区安装专用电流限流器，禁止使用电炉、电饮具、热得快等电热器具，电流超过允许范围时立即断电，并且定期由办公室对宿舍进行检查，若发现违规大功率电热器具，一律进行没收处理并进行相关处罚。

3.施工用水

采用循环水、基坑积水和雨水收集等作为施工用水，均是节约施工用水和降低能耗，甚至节约施工成本的主要措施。施工车辆进出场清洗用水采用高压水设备进行冲洗，冲洗用水可以采用施工循环废水。混凝土浇筑前模板冲洗用水和混凝土养护用水，均可利用抽水泵将地下室基坑内深井降水的地下水抽上来进行冲洗、养护。上部施工时在适当部位增设集水井，做好雨水的收集工作，用于上部结构的冲洗、养护，也是切实可行的节水措施。

4.生活用水

节约施工人员生活用水的主要措施有：所有厕所水箱均采用手动节水型产品；冲洗厕所采用废水；所有水龙头采用延迟性节水龙头；浴室内均采用节水型淋浴；厕所、浴室、水池安排专人管理，做到人走水关，严格控制用水量；浴室热水实行定时供水，做到节约用电、用水。

5.临时加工场

施工现场的木工加工场、钢筋加工场等均采用钢管脚手架、模板等周转设备料搭设，做到可重复利用，减少一次性物资的投入量。

6.临时设施的节约

现场临时设施尽量做到工具化、装配化、可重复利用化，施工围墙采用原有围墙材料进行加工，并且悬挂施工识别牌。氧气间、乙炔间、标养室、门卫、茶水棚等都可以是工具化可吊装设备。临时设施能在短时间内组装及拆卸，可整体移动或拆卸再组装用以再次利用，这将大大节约材料及其他社会资源。

第四节　施工用电及照明的节能措施

节约能源是我国一项重要的经济政策，节约电能不但能缓解国家电力供应紧张的矛盾，也是建筑施工企业自身降低成本，提高经济效益的一项重要举措。在建设节约型社会的今天，建筑施工现场电能浪费仍很严重，同时也影响安全用电。随着国家现代化建设事业的发展，工程建设项目逐年增多，施工现场临时用电设施也随之增加。虽然住房和城乡建设部颁布的《施工现场临时用电安全技术规范》早在 1988 年 10 月 1 日就已正式实施，但从各施工工地的实际情况来看，在临时用电方面还存在着许多问题。为了保障施工现场的用电安全，提高施工现场节能水平，加快施工进度，有必要加强对施工现场临时用电的管理，针对薄弱环节切实加以改进。

一、建筑施工现场耗电的现状

调查表明建筑施工现场使用旧式变压器居多，甚至还有 20 世纪 60 年代的 SJ 系列老式变压器，其电能损耗大，而且建筑施工现场变压器的负荷变化大。建筑施工连续性差，周期变化大；同时与季节气候变化有关，用电有高峰有低谷。统计资料显示，工地变压器的年平均负荷一般都在 50% 以下，变压器的空载无功功率占到满载无功功率的 80% 以上，变压器在低负载时输出的有功功率少，但使用的无功功率并未减少，功率因数降低。同时，在施工高峰期变压器超负荷运行，短路电能损耗大；在施工低谷期变压器长期轻负荷或空负荷运行，空载电能损失惊人。

电动机的负载变化大，表现为建筑施工现场的电动机负荷变化很大，建筑机械用电量选择总以最大负载为准，实际使用时往往处在轻载状态。电动机在轻载下运行对功率因数影响很大，因为感应电动机空载时所消耗的无功功率是额定负载时无功功率的 60%—70%，加之建筑工地使用的电动机是小容量、低转速的感应电动机，其额定功率因数很低，其值约为 0.7，其结果就造成了电能的无功消耗较大。

建筑施工现场大量使用电焊机、对焊机以及各种金属削切机床，而这些设备的辅助工作时间比较长，占全部工作时间的 35%—65%，造成这些设备处在轻载或空载状态下运行，从而浪费部分有功功率和大量的无功功率。电焊机、点焊机、对焊机等两相运行的焊接设备，其感应负载功率因数更低。

建筑施工现场临时用电量的估算公式不尽合理，选择配电变电器容量大，不利于节约电能。建筑施工现场的用电设备多是流动的，乱拉乱接的现象相当严重，使供电接线方式极不合理，线路过长，导线截面与负载不配套，造成线路无功损耗增大以致功率因数下降。

部分现场管理人员甚至个别领导对施工用电抱有临时观点，断芯、断股、绝缘层破损的旧橡皮线仍在工地上使用。在断芯、断股处往往产生电火花，消耗电能，也极易引起触电、火灾事故，给建筑施工企业造成经济损失和不良的社会影响。建筑施工现场单相、两相负载比较多，加上乱接电源线现象严重，造成三相负载不平衡，中性点漂移，便产生了中性线电流，中性线电耗大。

建筑施工现场低压电源铝线与变压器低压端子的连接多不装铜铝过渡接线端子，直接将铝线绕在变压器铜质端子上，用垫圈、螺母紧固。显然，铝线与铜端子两种不同材质在接触处产生电化学腐蚀加之接触面积也不够，造成接触电阻加大而发热，消耗电能，由于连接不可靠往往造成低压停电，甚至引起火灾。由于建筑施工现场管理不善，部分工地长明灯无人问津，白白浪费电能；建筑企业大量使用民工，一旦进入冬季，民工用电炉取暖也是屡见不鲜，浪费电能又不安全。

二、施工临时用电的特点

建筑施工用电主要在电动建筑机械设备、相关配套施工机械、照明用电及日常办公用电等几方面。针对其用电特点，建筑施工临电配电线路必须具有采用熔断器做短路保护的配电线路。同时，出于对安全性的考虑，要求施工现场专用的中性点直接的电力线路中必须采用 TN–S 接零保护系统。由于临电电压的不稳定性，临电配电箱负荷保护系统的设置也是必不可少的。对于施工现场极易引起火灾的特性，有施工现场照明系统的必须根据其实施照明的地点进行必要的设计。建筑施工用电的种种特性及其使用规定及要求，对建筑施工用电设计人员提出了一个艰巨的任务；同时作为建筑施工成本的一个重要组成部分，其节能已经成为现在建筑施工企业深化管理、控制成本的一个有力窗口。

三、合理组织施工及节约施工、生活的用电

在节约施工用电方面要积极做好施工准备，按照设计图纸文件要求，编制科学、合理、具有可操作性的施工组织设计，确定安全、节约用电的方案和措施。要根据施工组织设计，分析施工机械使用频次、进场时间、使用时间，进行合理调配，减少施工现场的机械使用数量和电力资源的浪费。比如，塔吊进行大规模吊装作业时应尽量安排在夜间进行，避开白天的用电高峰时段；施工用垂直运输设备要淘汰低能效、高能耗的老式机械，使用高能效的人货两用电梯合理管理，停机时切断电源；设置楼层呼叫系统，便于操作可避免空载。施工照明不要随意接拉电线、使用小型照明设备，操作人员在哪个区域作业，就使用哪个区域的灯塔照明，无作业时灯塔及时关闭。

在节约生活用电方面，办公及生活照明要使用低电压照明线路，可避免大功率耗电型电器的使用。办公照明白天利用自然光，不开或少开照明灯，采用比较省电的冷光源节能灯具，严格控制泛光照明，办公室人走灯熄，杜绝使用长明灯、白昼灯。夏季办公室空调温度设置应该大于 26℃，空调开启后关严门窗并间断使用。人离开办公室时空调应当及时关闭，减少空调耗电量，避免"开着窗户开空调"的现象发生。尽量减少频繁开启计算机、打印机、复印机等办公设备，设备尽量在省电模式下运行，耗电办公设备停用时随手关闭电源。

四、施工临时用电的节能设计

有条件企业的施工临时用电应该进行节能设计，施工临时用电根据建筑施工用电的特点，建筑施工临时用电节能设计首先要设计合理的线路走向，避免重复线路的铺设，减少电能在传输过程中的损耗；其次是在配电箱的设计和选用等方面进行节能设计；最后是施工照明用电的合理布局和实施，既要保证施工用电的照明亮度，又要合理减少照明用设备等，以达到减少临电用量的目的。

临时用电优先选用节能电线和节能灯具，采用声控、光控等节能照明灯具，电线节能要求合理选择电线、电缆截面，在用电负荷计算时要尽可能算得准确，电线、电缆截面与保护开关的配合原则一般是：对于 25 A 以下的保护开关，电线、电缆载流量应大于或等于保护开关整定值的 0.85 倍。对于 25 A 以上的保护开关，电线、电缆载流量应大于或等于保护开关整定值的 1 倍，节约照明用电不能单靠减少灯具数量或降低用电设备的功率，

要充分利用自然光来改善环境的反射条件，推广应用新光源和改进照明灯具的控制方式。

在施工灯具悬挂较高场所的一般照明，宜采用高压钠灯、金属卤化物灯或镇流高压荧光汞灯；除特殊情况外，不宜采用管形卤钨灯及大功率普通白炽灯。灯具悬挂较低的场所照明采用荧光灯，不宜采用白炽灯。照明灯具的控制可以采用声控、光控等节能控制措施。

临电线路合理设计、布置，临电设备宜采用自动控制装置，在建筑施工过程的初期，要根据建筑施工图纸系统地、有针对性地分析施工各地点的用电位置及常用电点的位置。根据施工需要进行用电地点及设备使用电源的路线铺设，在保证工程用电就近的前提下避免重复铺设及不必要的铺设，减少用电设备与电源间的路程，降低电能传输过程的损耗。

照明设计以满足最低照度为原则，照度不应超过最低照度的20%，建筑施工前根据图纸分析，确定施工期间照明的设置，根据规定的照明亮度等，在合理减少不必要浪费的情况下，减少照明消耗。避免出现双重照明及照明漏点。施工照明用电的设置应该合理安排施工工序，根据施工总进度计划，在施工进度允许的前提下，尽可能少地进行夜间施工。夜间施工完成后关闭现场施工区域内大部分照明，仅留必要的和小功率的照明设施。生活照明用电均采用节能灯，生活区夜间规定时间关灯并切断供电。办公室白天尽可能使用自然光源照明，办公室内所有管理人员养成随手关灯的习惯，下班时关闭办公室内所有用电设备。

建筑施工配电箱设计问题分析，在建筑施工初期，即要对建筑施工图纸进行系统的、有针对性的分析，在施工地点各用电位置及常用电点的位置设立供配电中间站，然后根据具体施工情况进行增加或减少配电点。在这里有一个安全性的问题需要注意，那就是配电箱的安全问题，必须遵守"三级控制、二级保护""一机一闸一箱一漏电"的安全原则，以保证施工人员的人身安全及施工现场的防火安全，可减少不必要的损失。

建筑施工期间照明的合理布局，建筑施工前根据图纸分析，确定施工期间照明的设置，根据相关规定的照明亮度等，在合理减少不必要浪费的情况下减少照明消耗，并且避免出现双重照明及照明漏点。

五、加强用电管理减少不必要的电耗

要克服临时用电"临时凑合"的观点，选用合格的电线电缆，严禁使用断芯、断股的破旧线缆，防止因线径不够发热或接触不良产生火花，消耗电能，引起火灾。临时用电必须严格按标准规范规定施工，安装接线头应压接合格的接线端子，不得直接缠绕接线，铜铝连接必须装接铜铝过渡接头，以克服电化学腐蚀引起接触不良。

施工作业小组搭接电源必须向工地供电管理部门书面申请（注明用电容量和负载性质），供电部门批准后按指定线路和接线处搭接电源，不经供电部门允许，任何人不得擅自在供电线路上乱拉、乱接电源。

制定临时用电制度，教育职工随手关灯，严禁使用电炉取暖、做饭，严禁使用电褥子，保证既节电又安全。建筑施工现场电能浪费严重，目前大多数施工现场缺乏完善的节电措施。建筑企业应从临电施工组织设计开始，正确估算临电用量，合理选择电气设备，科学考虑设备线缆布置，重视临电安装，加强用电管理，最终快速地将施工现场电能浪费降到最小。

第六章　绿色建筑的技术路线

　　绿色建造的推进是实现建筑品质提升和建筑业可持续发展的需要，是我国建筑业发展的一种必然趋势。要推进绿色建造，明确绿色建造技术的发展方向，进行绿色建造技术研究和实践，是绿色建造的前提条件。设计必须因地制宜，施工必须遵循绿色施工要求实现绿色施工，才能实现预期的绿色建筑效果。

第一节　绿色建筑与绿色建材

一、绿色建筑与绿色建材的关系

　　建筑是由建筑材料构筑的，建筑材料是建筑的基础，设计师的思路和设计必须通过"材料"这个载体来实现。建材工业能耗占全国社会终端总能耗的16%。

　　绿色建筑关键技术中的"居住环境保障技术""住宅结构体系与住宅节能技术""智能型住宅技术""室内空气与光环境保障技术""保温、隔热及防水技术"都与绿色建材有关。将绿色建材的生产研究和高效利用能源技术、绿色建筑技术研究密切结合，是社会未来的发展趋势。

二、绿色建材的概念及基本特征

　　20世纪后半期，人居环境与可持续发展已经成为全世界关注的焦点。"绿色建材产品标志"已成为建材产品进入重大建设工程的入场券。在我国，绿色建材的发展及专业化、规范化的评价指标和体系正在逐步完善。

　　1.绿色建材的概念

　　（1）绿色材料

　　1988年，在第一届"国际材料科学研究会"上首次提出绿色材料的概念。1992年国际学术界给绿色材料定义为："在原料采取、产品制造、应用过程和使用以后的再生循环利用等环节中对地球环境负荷最小和对人类身体健康无害的材料。"

　　（2）绿色建材

　　我国在1999年召开的首届"全国绿色建材发展与应用研讨会"上明确提出了"绿色

建材"的概念。2014 年颁布的《绿色建材评价标识管理办法》中对绿色建材的定义："是指在全生命周期内可减少对天然资源消耗和减轻对生态环境影响,具有'节能、减排、安全、便利和可循环'特征的建材产品。"绿色建筑材料的界定不能仅限于某个阶段,而必须采用涉及多因素、多属性和多维的系统方法,必须综合考虑建筑材料生命周期全过程的各个阶段,从原料采购—生产制造—包装运输—市场销售—使用维护—回收利用的各环节都符合低能耗、低资源和对环境无害化的要求。

(3)绿色建材产品

绿色材料与绿色建材产品是不一样的两个概念。绿色材料是指材料整个生命周期达到绿色和环境协调性要求;而绿色建材产品,特别是绿色装饰装修材料,主要是指在使用和服役过程中满足建材产品的绿色性能要求的材料产品和工程建设材料产品。简言之,二者之间的差别在于一个是对全程的评价,一个是局部的特点。

2.绿色建材的基本特征

包括:

(1)以低资源、低能耗、低污染为代价生产的高性能传统建筑材料,如用现代先进工艺和技术生产的高质量水泥。

(2)能大幅降低建筑能耗(包括生产和使用过程中的能耗)的建材制品,如具有轻质、高强、防水、保温、隔热、隔声等功能的新型墙体材料。

(3)有更高使用效率和优异材料性能,从而能降低材料消耗的建筑材料,如高性能水泥混凝土、轻质高强混凝土。

(4)具有改善居室生态环境和保健功能的建筑材料,如抗菌、除臭、调温、调湿、屏蔽有害射线的多功能玻璃、陶瓷、涂料等。

(5)能大量利用工业废弃物的建筑材料,如净化污水、固化有毒有害工业废渣的水泥材料。

三、发展绿色建材的意义和目标

就一般建筑材料而言,在生产、使用过程中,一方面消耗大量的能源,产生大量的粉尘和有害气体,污染大气和环境;另一方面,在使用中会挥发出有害气体,对长期居住的人来说,会对健康产生影响。鼓励和倡导生产、使用绿色节能建材,对保护环境、改善居住质量,实现可持续的经济发展都是至关重要的。

根据绿色建材的定义和特点,绿色建材需要满足以下四个目标,即:一是基本目标,包括功能、质量、寿命和经济性;二是环保目标,要求从环境角度考核建材生产、运输、废弃等各环节对环境的影响;三是健康目标,考虑到建材作为一类特殊材料与人类生活密切相关,使用过程中必须对人类健康无毒无害;四是安全目标,包括耐燃性和燃烧释放气体的安全性。

第二节　绿色建筑的通风、采光与照明技术

一、绿色建筑的通风技术

风与人类的生产生活密切相关，人类趋利避害的本能使人类在实践中发展了各种方法来防止风带来的负面影响，以及充分利用风来使自己的生活环境更为舒适。在当前自然环境恶化和可持续发展的要求下，人们更应研究如何利用风来降低能耗，营造健康舒适的环境。

（一）建筑通风的作用

建筑通风是指利用通风使建筑物室内污浊的空气直接或净化后排至室外，再把新鲜的空气补充进来，从而保持室内的空气环境符合卫生标准。建筑通风的目的包括：

1. 保证排除室内污染物；

2. 保证室内人员的热舒适；

3. 满足室内人员对新鲜空气的需要。

（二）建筑通风系统的分类

按建筑物的类别分为工业建筑通风和民用建筑通风；按通风范围分为全面通风和局部通风；按建筑构造的设置情况分为有组织通风和无组织通风；按通风要求分为卫生通风和热舒适通风；按动力分为自然通风和机械通风。以下主要介绍后两类通风系统。

1. 卫生通风和热舒适通风

（1）卫生通风

要求用室外的新鲜空气更新室内由于居住及生活过程而污染了的空气，使室内空气的清新度和洁净度达到卫生标准。对于民用建筑及发热量小、污染轻的工业厂房，通常只要求室内空气新鲜清洁，并在一定程度上改善室内空气温、湿度及流速，可通过开窗换气、穿堂风处理。

（2）热舒适通风

从间隙通风的运行时间周期特点分析，当室外空气的温湿度超过室内热环境允许的空气的温湿度时，按卫生通风要求限制通风；当室外空气温湿度低于室内空气所要求的热舒适温湿度时，强化通风，目的是降低围护结构的蓄热，此时的通风又叫热舒适通风。热舒适通风的作用是排除室内余热、余湿，使室内处于热舒适状态；同时也排除室内的空气污染物，保障室内空气品质起到卫生通风的作用。

一些精密测量仪器和加工车间、计算机用房等，要求室内的空气温度和湿度要终年基本恒定，其变化不能超过一个较小的范围，例如，终年恒定在20℃，变化范围不超过±0.2℃；对半导体硅的杂质硼、磷含量，按原子量计算分别应小于10—9和10—8，要

获得如此高纯度的材料，必须保持在高度恒温、恒湿和高度清洁的空气中进行生产，这些要求用一般通风办法是不能达到的。

2. 自然通风

自然通风是利用自然压力（风压、热压）的作用，将室外新风引入室内，将室内被污染的空气排出室外，达到降低室内污染物浓度的效果。由于自然通风系统无须使用风机，因此节省了初投资与机械能，符合"绿色建筑"对节能、环保以及经济性的要求。同时，它没有复杂的空气处理系统，便于管理。过渡季节有利于最大限度地利用室外空气的冷热量。另外，从舒适性的角度讲，人们通常更喜欢自然的气流形态。在我国的《绿色建筑评价标准》中，对自然通风技术的应用在相关条文中进行了明确，将其作为评价的得分点。但自然通风保障室内热舒适的可靠性和稳定性差，技术难度较大。

自然通风根据通风原理分为：风压作用下的自然通风；热压作用下的自然通风；风压和热压共同作用下的自然通风。

（1）风压作用下的自然通风

风压是指由于室外气流会在建筑物迎风面上造成正压，且在背风面上造成负压，在此压力作用下，室外气流通过建筑物上的门、窗等孔口，由迎风面进入，室内空气则由背风面或侧面出去。这种自然通风的效果取决于风力的大小。

（2）热压作用下的自然通风

热压是指当室内空气温度比室外空气温度高时，室内热空气密度小，比较轻，就会上升，从建筑的上部开口（天窗）跑出去，较重的室外冷空气就会经下部门窗补充进来。热压的大小除了跟室内外温差大小有关外，还与建筑高度有关。

热力和风力一般都同时存在，但两者共同作用下的自然通风量并不一定比单一作用时大。协调好这两个动力是自然通风技术的难点。但实际上，有的工程为满足自然通风的要求，土建建造费用的增加是非常显著的，这是要注意的问题。

3. 机械通风

机械通风是依靠通风机所造成的压力，来迫使空气流通进行室内外空气交换的方式。与自然通风相比较，由于靠通风机产生的压力能克服较大的阻力，因此往往可以和一些阻力较大、能对空气进行加热、冷却、加湿、干燥、净化等处理过程的设备用风管连接起来，组成一个机械通风系统，把经过处理达到一定质量和数量的空气送到一定地点。

按照通风系统应用范围的不同，机械通风可被分为局部通风和全面通风两种。机械通风依靠通风装置（风机）提供动力，消耗电能且有噪声。但机械通风的可靠性和稳定性好，技术难度小。因此在自然通风达不到要求的时间和空间，应该辅以机械通风。

4. 混合通风

自然通风与机械通风都有各自的优点和不足，利用各自的优点来弥补两者的不足，这种通风方式叫混合通风。与自然通风、机械通风相比，混合通风方式更可靠、稳定、节能和环保，目前很多建筑中采用这种通风方式。混合通风按照通风时间和通风区域可以分为四种方式：

（1）按照不同时间采用不同的通风方式，如在夜间使用自然通风来为建筑降温，白天则使用机械通风来满足使用需要；

（2）以某一通风方式为主，另一种为辅，如以自然通风为主，需要时采用机械辅助通风；

（3）按照不同区域的实际需要和实际条件，采用不同的通风方式；

（4）在同一时间、同一空间自然通风和机械通风同时使用。

（三）绿色建筑的通风影响因素

绿色建筑的通风受到多重因素的影响，应考虑针对性、灵活性和最优化等特点。

1. 建筑使用特点的影响

建筑使用特点不同，其通风需要也不同。比如，公共建筑的使用时间大部分是在白天，当室外的空气热湿状态不及室内时就需要限制或杜绝通风，尤其是在炎热的夏天和寒冷的冬天。夏季夜间，为了消除白天积存的热量，夜间不使用的公共建筑，仍应进行通风。而居住建筑则以夜间使用为主，故宜采用间歇通风，即白天限制通风，夜间强化通风的方式。

2. 建筑群总体布局的影响

建筑群的总体布局影响建筑通风，合理布置建筑位置、选择合适的建筑朝向和间距等将利于通风。例如，在我国夏热冬冷地区，错列式建筑群布置自然通风效果好；严寒和寒冷地区，周边式建筑群布置自然通风效果好；在有高差的坡地，建筑群的布置应结合地形，做到"前低后高"和有规律的"高低错落"的处理方式，将利于自然通风的组织。

3. 建筑单体设计的影响

在建筑单体设计中，不同的平面布置方式和空间组织形式也会影响建筑通风效果。所以应合理选择建筑平、剖面形式，合理确定房屋开口部分的面积与位置、门窗的装置与开启方法和通风构造，积极组织和引导穿堂风。

4. 其他因素的影响

在不同的季节段、时间段采用不同的通风方案，可以达到绿色节能的效果。恶劣季节采用以机械通风为主的通风方式，过渡季节采用自然通风。住宅在夏季午后，应限制通风，避免热风进入，以遏制室内气温上升，减少室内蓄热；在夜间和清晨室外气温下降、低于室内时强化通风，加快排出室内蓄热，降低室内气温。

（四）绿色建筑的通风设计原则

建筑通风设计以室内外空气品质为依据和衡量标准。室内空气质量高于室外时，应限制、放缓通风；室内空气质量低于室外时，采用适宜的通风可以改善室内空气环境。因此，在不同的情况下，把握通风的规律，认清通风的作用，了解通风的需求，采用不同的通风系统设计，合理控制通风量，最大限度地发挥通风的正面作用，抑制负面影响，也利于节约能源、保护环境。

二、绿色建筑的采光技术

光是世间万物之源，光的存在是世间万物表现自身及其相互关联的先决条件。光是建筑的灵魂，在建筑中是最具生命力的。

1. 建筑与自然光

自然光又叫天然光，是人们习惯的光源，曾经是人类唯一可利用的光源。自然光包括太阳直射光和天空扩散光。太阳直射光形成的照度高，并有一定的方向，在被照射物体背后出现明显的阴影；天空扩散光形成的照度低，没有一定方向，不能形成阴影。晴天时，地面照度主要来自直射日光，随着太阳高度角的增大，直射日光照度在总照度中占的比例也增加。全阴天则几乎完全是天空扩散光照明。多云天介于两者之间，太阳时隐时现，照度很不稳定。

在建筑中对自然光的运用主要是指对太阳直射光的设计。太阳能辐射中最强烈的区段正是人眼感觉最灵敏的那部分波范围。人眼在自然光下比在人工光下有更高的灵敏度，因此，在室内光环境设计中最大限度地利用自然光，不仅可以节约照明用电，而且对室内光环境质量的提高也有重要意义。

2. 绿色建筑采光设计的原则

绿色建筑的采光指自然采光，即以太阳直射光为主或有足够亮度的天空扩散光。自然采光不仅可以改善室内照明条件，更重要的是，天然光源具有取之不尽、用之不竭的特点，与人工光源相比更加安全洁净，可以减少人工照明能耗，达到建筑节能的目的。绿色建筑采光设计的基本原则包括以下几个方面：

（1）满足建筑对光线的使用需求

建筑采光设计应能满足各种室内功能对光线的使用需要。比如，在住宅建筑中，卧室、起居室和厨房既要有直接采光，也要达到视觉作业要求的光照度，且应满足卧室光线要柔和、起居室要充足、厨房要明亮等不同要求。采光设计应当与建筑设计融为一体，以使建筑获得适量的阳光，实现均衡的照明，避免眩光，同时使用高效灯具。

（2）满足视觉舒适的要求

一般来说，采光设计以不直接利用过强的日光而是间接利用为宜，这是因为采光均匀、亮度对比小、无眩光的间接光容易营造舒适的视觉环境。如在我国南方地区建筑南向时一般设遮阳处理。

（3）满足节能环保要求

采用自然光是节能的有效途径之一。相同照度的自然光比人工照明所产生的热量要小得多，可以减少调节室内热环境所消耗的能源。同时，自然光线除了照明和满足视觉舒适以外，还能清除室内霉气，抑制微生物生长，促进人体内营养物质的合成和吸收，改善居住和工作、学习环境等。

3.绿色建筑的自然采光方案

绿色建筑其宗旨是节能、高效、环保、舒适，其自然采光方案虽然方法不同，最终的目的都是营造一个舒适的光环境。绿色建筑自然采光方案可分为以下三种：

（1）自然采光方案与建筑形式相结合

在建筑设计中，考虑建筑本体与自然采光的关联性，在建筑的形式、体量、剖面（房间的高度和深度），平面的组织，窗户的形式、构造、结构和材料等中，考虑如何采用合适的自然采光方案。一般来说，要从建筑整体的角度综合考虑，自然光的质量、特性和数量直接取决于与建筑形式相结合的自然采光方案。

（2）采用新型采光技术系统

在某些情况下，如通过建筑设计进行自然采光没有可能性，则可以采用先进的技术系统来解决自然采光，如导光管（分水平导光管和垂直导光管）、太阳收集器、先进的玻璃系统（全息照相栅、三棱镜、可开启的玻璃等）或收集、分配和控制天然光的日光反射装置。

（3）"建筑形式＋技术整合"相结合

在这种方式下，自然采光的目标首先通过建筑形式来解决，然后通过技术的整合弥补不足，即通过建筑设计考虑自然采光。但由于某些原因（如地形、朝向、气候、建筑的特点等），自然采光满足不了工作的亮度要求或产生眩光等照明缺陷，而采用遮阳（室内外百叶、幕帘、遮阳板等）、玻璃（各种性能的玻璃及其组合装置）和人工照明控制这样的技术手段来补充和增强建筑的自然采光。

4.绿色建筑自然采光的具体形式

（1）顶部采光

顶部采光，即光线从建筑顶部进入建筑。其光线自上而下，有利于获得较为充足与均匀的室外光线，光效果自然。但顶部采光也存在一些缺点：直射阳光会对某些工作场所产生不利影响，由此产生的辐射热需要采取加强通风的措施解决。

金贝尔艺术博物馆（Kim bell Art Museum），坐落于美国得克萨斯州沃斯堡，于1972年建成，是由建筑设计大师路易斯·康（Louis Kahn）所设计。这座博物馆以混凝土修筑，但并不显笨重，这归功于16个成平行线排列的系列拱顶的设计元素，在每个拱之间是混凝土通道，博物馆加热和冷却装置的机械电气系统就隐藏其中。在博物馆拱壳结构单元的壳顶中央开一条宽90cm的纵向天窗。光线从天窗照进来，经过半透明铝质反光体均匀分散于成摆线状的拱顶天花，从而再反射到展品上。拱顶表面布满了乳白色的柔软的阳光，犹如蒙上了一层半透明的薄纱使得展室格外宁静安详。在金贝尔艺术博物馆拱形结构山墙一侧，拱顶与填充墙分离，形成一条摆线状拱形采光带，细细的光带增强了端部的采光效果，既揭示着展室外分割和过渡，又不至于产生眩光。

（2）侧面采光

侧面采光，即光线从建筑侧面进入建筑。侧面采光根据采光面的位置，可以分为单向采光和双向采光，以及高侧窗采光和低侧窗采光。双向采光效果最好，但一般较难实现，而单向采光则更为常见。采用低侧窗采光时，靠窗附近的区域比较明亮，离窗远的区域则较暗，照度的均匀性较差；采用高侧窗采光有助于使光线射入房间较深的部位，提高照度的均匀性。

（3）导光管采光系统

导光管采光系统，又叫光导照明、日光照明、自然光照明等，即用导光管将太阳集光器收集的光线传送到室内需要采光的地方。导光管采光系统100%利用自然光照明，可完全取代白天的电力照明，每天可提供8—10个小时的自然光照明，无能耗、一次性投资、无须维护；同时也减少了二氧化碳和其他污染物的大量排放，因此在国内外发展迅速，其发展前景十分广阔。

导光管采光系统主要分三大部分：

1）采光区。利用透射和折射的原理通过室外的采光装置高效采集太阳光、自然光，并将其导入系统内部。

2）传输区。对导光管内部进行反光处理，使其反光率达92%—99%，以保证光线的传输距离更长、更高效。

3）漫射区。由漫射器将较集中的自然光均匀、大面积地照到室内需要光线的各个地方。导光管采光系统构造做法。

（4）光纤照明系统

光导纤维（简称光纤），是一种利用光在玻璃或塑料制成的纤维中的全反射原理而达成的光传导工具。光导纤维是自20世纪70年代开始应用的高新技术，最初应用于光纤通信，80年代开始应用于照明领域，目前光纤用于照明的技术已基本成熟。光纤照明系统，可分为点发光（即末端发光）系统和线发光（即侧面发光）系统。

光纤照明具有以下显著特点：

1）光源易更换、维修和安装，易折不易碎，易被加工，可重复使用；

2）单个光源可形成多个发光特性相同的发光点，可自动变换光色；

3）无紫外线、红外线光，可减少对某些物品如文物、纺织品的损坏；

4）无电火花和电击危险，可应用于化工、石油、游泳池等有火灾、爆炸性危险或潮湿多水的特殊场所；

5）无电磁干扰，可应用在有电磁屏蔽要求的特殊场所内；

6）发光器可以放置在非专业人员难以接触的位置，具有防破坏性；

7）系统发热量低于一般照明系统，可减少空调系统的电能消耗。

（5）采光搁板

采光搁板，是在侧窗上部安装一个或一组反射装置，使窗口附近的直射阳光经过一次或多次反射进入室内，以提高房间内部照度的采光系统。从某种意义上讲，采光搁板是水平放置的导光管，它主要是为解决大进深房间内部的采光而设计的。当房间进深不大时，采光搁板的结构可以十分简单，仅在窗户上部安装一个或一组反射面，使窗口附近的直射阳光经过一次反射，到达房间内部的天花板，利用天花板的漫反射作用，使整个房间的照度有所提高。当房间进深较大时，采光搁板的结构就会变得复杂。在侧窗上部增加由反射板或棱镜组成的光收集装置，反射装置可做成内表面具有高反射比反射膜的传输管道。这一部分通常设在房间吊顶的内部，尺寸大小可与建筑结构、设备管线等相配合。为了提高房间内照度的均匀度，在靠近窗口的一段距离内，向下不设出口，而把光的出口设在房间内部，这样就不会使窗附近的照度进一步增加。配合侧窗，这种采光搁板能在一年中的大多数时间为进深小于 9m 的房间提供充足均匀的光照。

（6）导光棱镜窗

导光棱镜窗，是把玻璃窗做成棱镜，玻璃的一面是平的，一面是带有平行的棱镜，利用棱镜的折射作用改变入射光的方向，使太阳光照射到房间深处。它可以有效地减少窗户附近直射光引起的眩光，提高室内照度的均匀度。同时，由于棱镜窗的折射作用，可以在建筑间距较小时，获得更多的阳光。

棱镜片的聚光原理，棱镜片实际是一种聚光装置，将光集中于一定范围内，从而提高该范围内光的亮度。但棱镜窗的缺点当是人们透过窗户向外看时，影像是模糊或变形的，会给人的心理造成不良影响。因此棱镜窗在使用时，通常是安装在窗户的顶部，人的正常视线所不能达到的地方。

（7）遮阳百叶

遮阳百叶可以把太阳直射光折射到围护结构内表面上，增加天然光的透射深度，保证室内人员与外界的视觉沟通以及避免工作区亮度过高；同时，也起到避免太阳直射的遮阳效果，可以遮挡东、南、西三个方向一半以上的太阳辐射。

5. 绿色建筑的采光设计要点

（1）在建筑前期（总图设计、场地设计）和平面布局时开始考察建筑采光；

（2）在进行采光口或窗户设计时，综合考虑自然采光、自然通风、建筑造型、室内温度及舒适度、能耗问题等，不能片面地关注某一方面；

（3）根据建筑功能与形式，考虑设置天窗、高窗、采光中庭等多元的采光构造形式；

（4）在绿色建筑中可以根据实际情况采用自然光的新技术，达到舒适和节能的目的。

6. 不同类型绿色建筑的采光设计

绿色建筑采光设计，应根据建筑类型、功能、造型和采光的具体要求，充分考虑多种因素：如窗户的朝向、倾斜度、面积、内外遮阳装置的设置；平面进深和剖面层高；周围的遮挡情况（植物配置、其他建筑等）；周围建筑的阳光反射情况等；同时要考虑视觉舒适度、视觉心理、能源消耗来选择合理的采光方式，确定采光口面积和窗口布置形式，以创造良好的室内光环境。

（1）绿色办公建筑的采光设计

办公建筑的工作环境对采光要求较高，在现代化大进深的集中型办公室里，人们选择办公桌的位置时，喜欢靠近窗户，就是希望获得阳光和新鲜的空气。然而，侧窗采光很难满足大进深办公建筑的要求。为了解决这个问题，可以通过辅助的光反射系统来补充，或是利用中庭采光。

（2）绿色居住建筑的采光设计

自然光具有一定的杀菌能力，对人体生理、心理健康起着重要的作用；同时，还能起到丰富空间效果、节约电能、改善生态环境等作用。绿色居住建筑的采光设计应优化建筑的位置及朝向，使每幢建筑都能接收更多的自然光；应根据相关设计规范，利用窗地比和采光均匀度来控制采光标准；应控制开窗的形式和大小，考虑建筑的性质、室内墙面的颜色及反光率，配合一定的人工采光来避免产生眩光。

第三节　绿色建筑围护结构的节能技术

建筑围护结构热工性能的优劣，是直接影响建筑使用能耗大小的重要因素。我国根据 1 月份和 7 月份的平均气温划分为严寒地区、寒冷地区、夏热冬冷地区、夏热冬暖地区和温和地区 5 个不同的建筑气候区，各地的气候差异很大，建筑围护结构的保温隔热设计应与建筑所处的气候环境相适应。在严寒地区、寒冷地区，保温是重点；在夏热冬冷地区，则既要考虑冬季保温性能，又要考虑夏季隔热性能；在夏热冬暖地区，隔热和遮阳是重点。

绿色建筑围护结构的节能设计包括外墙节能技术、屋面节能技术、门窗节能技术及楼地面节能技术。

一、外墙节能技术

在建筑中，外围护结构的传热损耗较大，而且在外围护结构中墙体所占比例较大，所以，外墙体材料改革与墙体节能保温技术的发展是绿色建筑技术的重要环节，也是建筑节能的主要实现方式。

我国曾经长期以实心黏土砖为主要墙体材料，用增加外墙砌筑厚度来满足保温要求，这对能源和土地资源是一种严重的浪费。一般单一墙体材料较难同时满足承重和保温隔热的要求，因而在节能的前提下，应进一步推广节能墙材、节能砌块墙及其复合保温墙体技术，外墙保温材料应有更低的导热系数。

虽然我国建筑节能标准不断提高，从 1986 年的节能 30%，至现今的 65%。北京等城市已经实行节能 75% 的标准。但是总体来说，我国的建筑节能标准仍然远低于欧洲。比如，德国在 2009 年 4 月 1 日执行 ENEV2009 节能标准中对外墙的传热系数规定应不大于 $0.28W/(m^2 \cdot K)$；同时还应满足年能耗量的控制值，约为 7L 石油 $/m^2 \cdot a$。北京的地理纬度与德国相近，目前执行 75% 的节能标准，根据不同建筑高度和体形系数，外墙传热系数在 0.35—0.45W/（ $m^2 \cdot K$ ）之间，可见存在的差距。

二、屋面节能技术

随着建筑层数的增加，屋顶在建筑围护结构中所占面积的比例逐渐减少，加强屋顶保温及隔热对建筑造价影响不大，但屋顶保温节能设计，能减少屋顶的热能损失，改善顶层的热环境。因此，屋面节能设计是建筑节能设计的重要方面。

屋顶节能设计主要包括保温设计、通风隔热设计、种植屋顶设计、蓄水屋顶设计、屋顶平改坡设计及太阳能集热屋顶设计等。

三、门窗节能技术

一般建筑的门窗面积只占建筑外围护结构面积的 1/3—1/5，但传热损失占建筑外围护结构热损失的 40% 左右。为了增大采光通风面积或立面的设计需要，现代建筑的门窗、玻璃幕墙面积越来越大，因此增强外门窗的保温性、气密性、隔热性能，是改善室内热环境质量和提高建筑节能水平的重要环节。

节能型建筑门窗，是指能达到现行节能建筑设计标准的门窗，即门窗的保温隔热性能（传热系数）和空气渗透性能（气密性）两项物理性能指标达到或高于所在地区《民用建筑节能设计标准（采暖居部分）》及其所在各省、市、区实施细则的技术要求。

第四节 绿色智能建筑设计

随着现代科学技术特别是信息技术的不断发展，智能技术在各行各业得到越来越多的应用。从智能建筑、智能家居、智能交通、智能电网等到 2009 年由 IBM 提出"智慧地球"的概念，智能技术正在改变着我们的生活。

智能技术工程融合了机械、电子、传感器、计算机软硬件、人工智能、智能系统集成等众多先进技术，是现代检测技术、电子技术、计算机技术、自动化技术、光学工程和机械工程等学科相互交叉和融合的综合学科，它涉及检测技术、控制技术、计算机技术、网络技术及有关工艺技术。建筑智能化是智能技术工程的一个主要分支。

智能建筑（Intelligent Building, IB），又称智慧建筑，是利用系统集成方法，将计算机技术、通信技术、控制技术、生物识别技术、多媒体技术和现代建筑艺术有机结合，通过建筑内设备、环境和使用者信息的采集、监测、管理和控制，实现建筑环境的组合优化，从而为使用者提供满足建筑物设计功能需求和现代信息技术应用需求，并且具有安全、经济、高效、舒适、便利和灵活特点的现代化建筑或建筑群。智能系统在建筑中的作用很大。

根据欧洲智能建筑集团（EIBG）的分析报告，国际上把智能建筑技术的发展分为以下三个阶段：1985 年之前，为专用单一功能系统技术发展阶段；1986—1995 年，为多个功能系统技术向多系统集成技术发展阶段；1996 年以后，为多系统集成技术向控制网络与信息网络应用系统集成相结合的技术发展阶段。整个技术发展是随着计算机技术水平的发展而发展的。

绿色建筑的内涵同样涵盖智能设计理念，绿色智能建筑（Green Intelligent Buildings），即智能建筑与绿色建筑一体化设计所体现的节能环保性、实用性、先进性及可持续升级发展等特点，契合了当今世界绿色智能建筑发展的大潮流和大趋势。

一、相关概念

智能建筑的技术基础主要由现代建筑技术、现代电脑技术、现代通信技术和现代控制技术所组成。当今世界科学技术发展的主要标志是 4C 技术，即 Computer 计算机技术，Control 控制技术，Communication 通信技术和 CRT 图形显示技术。智能建筑将 4C 技术综合应用于建筑物之中，在建筑物内建立一个计算机的综合网络。

智能化建筑的 5A 智能化系统，5A 是指 OA（办公智能化）、BA（楼宇自动化）、CA（通讯传输智能化）、FA（消防智能化）、SA（安保智能化）。传统 3A 级写字楼的说法，即 FA、SA 包含在了 BA（楼宇自动化）中。

智能建筑与绿色智能建筑：

1. 智能建筑（intelligent building）

智能建筑的概念最早是由美国人提出的，1984 年 1 月美国人建成了世界上第一座智能化大楼，该大楼采用计算机技术对楼内的空调、供水、防火、防盗及供配电等系统进行自动化综合管理，并为大楼的用户提供讲音、文字、数据等各类信息服务。后来，日本、德国、英国、法国等发达国家的智能建筑也相继发展起来，智能建筑成为现代化城市的重要标志。对于"智能建筑"这个专有名词，不同的国家对此有不同的解释。

（1）智能建筑的定义

美国智能建筑学会定义：智能建筑是对建筑物的结构、系统、服务和管理四个基本要素进行最优化组合，为用户提供一个高效率并具有经济效益的环境。

日本智能建筑研究会定义：智能建筑应提供包括商业支持功能、通信支持功能等在内的高度通信服务，并能通过高度自动化的大楼管理体系保证舒适的环境和安全，以提高工作效率。

欧洲智能建筑集团定义：智能建筑是使其用户发挥最高效率，同时又以最低的保养成本，最有效地管理本身资源的建筑，能够提供一个反应快、效率高和有支持率的环境，以使用户达到其业务目标。

我国智能建筑方面的建设起始于 1990 年，中国新的国家标准《智能建筑设计标准》（GB50314—2015）于 2015 年 11 月 1 日实施，其对智能建筑的定义："以建筑物为平台，基于对各类智能化信息的综合应用，集架构、系统、应用、管理及优化组合为一体，具有感知、传输、记忆、推理、判断和决策的综合智慧能力，形成以人、建筑、环境互为协调的整合体，为人们提供安全、高效、便利及可持续发展功能环境的建筑。"

（2）建筑智能化工程的内容与要求

建筑智能化工程包括：1）计算机管理系统工程；2）楼宇设备自控系统工程；3）保安监控及防盗报警系统工程；4）智能卡系统工程；5）通信系统工程；6）卫星及共用电视系统工程；7）车库管理系统工程；8）综合布线系统工程；9）计算机网络系统工程；10）广播系统工程；11）会议系统工程；12）视频点播系统工程；13）智能化小区综合物业管理系统工程；14）可视会议系统工程；15）大屏幕显示系统工程；16）智能灯光、音响控制系统工程；17）火灾报警系统工程；18）计算机机房工程。这些工程内容能满足一般普通办公和商住建筑的智能化要求。

由于建筑使用者的行业属性不同，对建筑智能化应用系统的要求也不尽相同。智能建筑设计时，需要根据客户的行业特点、行业规范和专业应用需求进行深入的调研并做针对性的设计和系统集成。比如，体育、演出场所的灯光音响系统、售票检票系统、交通诱导系统；公安系统的110通信指挥系统、智能交通信号系统；法院的科技法庭系统；航空、铁路、公路运输系统的通讯调度系统；医院的医院信息系统（HIS）、医学影像传输系统（PACS）、医院检验信息系统（LIS）等。

2. 绿色智能建筑（Green Intelligent Buildings）

随着社会的进步，建筑智能化作为现代建筑的一个有机组成部分，不断吸收并采用新的可靠性技术，对传统的建筑概念赋予新的内容。新兴的生物工程技术、节能环保技术、多学科新材料技术等正在渗透到智能建筑领域中，形成更高层次的绿色智能建筑。

（1）绿色智能建筑的定义

绿色智能建筑，就是用绿色的观念和方式进行规划、设计、开发、使用和管理。执行统一的绿色建筑标准体系，并由独立的第三方进行认证和管理的智能建筑。绿色智能建筑是节能、环保、生态、智能化建筑的总称，智能化包括 BA、OA、CA、FA、SA 等 5A 技术。绿色智能建筑是一个被有效管控的、具备各方面相关系统的运营环境，作为一个生态系统涵盖了能源、排污、服务等方面，并在建筑物或园区级别实现优化管理，它与其内部的各个系统（如楼宇自动化系统）协同运作，并有机地组成了智慧城市的一部分，它将关键事件信息发给城市指挥中心，并接受来自城市指挥中心的指示。

（2）绿色智能建筑的内涵

创造健康、舒适、方便的生活环境是人类的共同愿望，也是建筑节能的基础和目标。从可持续发展理论出发，建筑节能的关键在于提高能量效率，智能建筑在实现高度现代化与舒适度的同时实现能源消耗的大幅度降低，以达到节省大楼营运成本的目的。现代绿色智能建筑的内涵包含建筑智能化和建筑节能两大部分。未来的智能建筑应是可持续发展的绿色智能建筑。

二、智能建筑的产生背景、发展概况及发展趋势

1. 智能建筑的产生背景

智能建筑概念于 20 世纪 70 年代诞生于美国。在 1973 年石油危机之前，美国的建筑物往往采用宽敞夸张的设计，尤其在通风方面，基本不考虑能耗方面的可持续性。在危机之后建筑节能概念才得到关注，一些厂家开始推出基于 DDC、PLC、DCS、HMI、SCADA 等技术的能耗管理系统（EMS），对建筑物的 HVAC 系统实施自动排程等管理，这也成为推动 BACS 发展的关键因素，由此可见，EMS 一直是 BACS 和 IBMS 系统的关注点。

20 世纪 80 年代中期，智能建筑在美、日、欧洲及世界各地蓬勃发展。

1984 年，美国康涅狄格州哈特福特市将一幢旧金融大厦进行改建，定名为"都市办公大楼"（City Palace Building），这就是世界上公认的第一幢"智能大厦"。该大楼有 38 层，总建筑面积 10 万多平方米。当初改建时，该大楼的设计者与投资者并未意识到这是形成"智能大厦"的创举，主要功绩应归于该大楼住户之一的联合技术建筑系统公司 UTBS，公司当初承包了该大楼的空调、电梯及防灾设备等工程，并且将计算机与通信设施连接，廉价地向大楼中其他住户提供计算机服务和通信服务。City Palace Building 是时代发展和国际竞争的产物。

早期的楼宇自动化系统（BACS）通常只有以 HVAC 楼宇设备为主的自控系统，随着通信与计算机技术，尤其是互联网技术的发展，楼宇中的其他设备也逐渐地被集成到楼宇自动化系统中，例如，消防自动报警与控制、安防、电梯、供配电、供水、智能卡门禁、能耗监测等系统，实现了基于 IT 的物业管理系统、办公自动化系统等与控制系统的融合，形成了智能建筑综合管理系统（IBMS）。现代智能建筑综合管理系统是一个高度集成和谐互动、具有统一操作接口和界面的"高智商"的企业级信息系统，为用户提供了舒适、方便和安全的建筑环境。

据有关数据，当今美国的智能大厦超万幢，日本和泰国新建大厦中的 60% 为智能大厦。英国的智能建筑发展不仅较早，而且比较快。早在 1989 年，在西欧的智能大厦面积中，法兰克福和马德里各占 5%，巴黎占 10%，而伦敦占了 12%。进入 20 世纪 90 年代以后，智能大厦蓬勃发展，呈现出多样化的特征，从摩天大楼到家庭住宅，从集中布局的楼房到规划分散的住宅小区，都被统称为智能建筑。

2. 我国智能建筑的发展过程及发展前景

在中国，智能建筑的历史比智能家居要更长，就基础功能而言，大型公共建筑的智能化已经进入普及阶段。我国的智能建筑于 20 世纪 90 年代才起步，中国智能建筑占新建建筑的比例，2006 年仅为 10% 左右，目前比例仅为 20% 左右，预计这一比例将有望逐步达到 30%，但远低于美国的 70%、日本的 60%。相比于欧、美、日等发达国家，我国的建

筑智能化普及程度目前还比较低，有巨大的成长空间。2020 年，中国将成为全球最大的智能建筑市场，约占全球市场的 1/3。

国内第一座大型智能建筑，通常被认为是北京发展大厦，此后，相继建成了深圳的地王大厦、北京西客站等一大批高标准的智能大厦。而且在乌鲁木齐等远离沿海的西部中型城市也建造了智能大厦，智能建筑在国内的发展迎来了高潮。

近年来，中国智能建筑行业发展势头迅猛且潜力极大，被认为是中国经济发展中一个非常重要的产业。中国各大中城市的新建办公和商业楼宇等多冠以"3A 智能建筑""5A 智能大厦"之名，公共建筑的智能化已经成为现代建筑的标准配置。我国北京、上海、广州、深圳等地区智能建筑行业已经从幼稚期向成长期发展。

在民用建筑、商用建筑、大型公共建筑、工业建筑里，大型公共建筑通过智能化设计和管理后，节能效果最明显；其次是商用建筑。民用建筑因其最终用户过于复杂，对节能的需求和成本的控制区别太大，因此智能化的推进速度不如前两者，但智能家居近年发展迅速。工业建筑用户往往更加注重生产流程的节能，因此对智能建筑的需求仍然较低。近些年，新建政府办公楼及商业大型公共建筑智能化占比达到了 60%，因此，其规模基本上决定了建筑智能化行业的发展空间和速度。

《2013—2017 年中国智能建筑行业发展前景与投资战略规划分析报告前瞻》显示，我国智能建筑行业市场在 2005 年首次突破 200 亿元之后，以每年 20% 以上的增长态势发展。按照"十二五"末国内新建建筑中智能建筑占新建建筑比例 30% 计算，该比例提高近一倍，未来三年智能建筑市场规模增速维持在 25% 左右。据国外权威机构预测，到 21 世纪，全世界智能大厦的 40% 将兴建在中国的大城市里。

3. 智能建筑技术应用

智能建筑不仅仅是智能技术的单项应用，同时也是基于城市物联网和云中心架构下的一个智能技术与智慧应用的有机智慧综合体。

（1）智能控制技术应用的扩展

智能控制技术的广泛应用，是智能建筑的基本特点。智能技术通过非线性控制理论和方法，采用开环与闭环控制相结合、定性与定量控制相结合的多模态控制方式，解决复杂系统的控制问题；通过多媒体技术提供图文并茂、简单直观的工作界面；通过人工智能和专家系统，对人的行为、思维和行为策略进行感知和模拟，获取对楼宇对象的精确控制。智能控制系统具有变结构的特点，具有自寻优、自适应、自组织、自学习和自协调能力。

（2）城市云端的信息服务的共享

云计算技术是分布式计算和网络计算的发展和商业实现。该技术把分散在各地的高性能计算机用高速网络连接起来，以 Web 界面接受各地科学工作者提出的计算请求，并将之分配到合适的节点上运行。用户可以像使用水电一样使用隐藏在物联网背后的计算和存储资源，强大而方便。智慧城市中的云中心，汇集了城市相关的各种信息，可以通过基础设施服务、平台服务和软件服务等方式，为智能建筑提供全方位的支撑与应用服务。因此，智能建筑要具有共享城市公共信息资源的能力，尽量减少建筑内部的系统建设，达到高效节能、绿色环保和可持续发展的目标。

（3）物联网技术的实际应用

物联网是借助射频识别（RFID）、红外感应器、全球定位系统、激光扫描器等信息传感设备，按约定的协议，把任何物品与互联网连接起来，进行信息交换和通讯，以实现智能化识别、定位、跟踪、监控和管理的一种网络。智能建筑中存在的各种设备、系统和人员等管理对象，需要借助物联网的技术，来实现设备和系统信息的互联互通和远程共享。

4. 智能建筑的发展趋势

智能建筑的应用范围与种类日益丰富与成熟，智能建筑正从以办公、商业为主的公共建筑向智能住宅、智能家居方向发展，也由单体智能建筑向群体、区域方向的智能社区、智慧城市、智慧地球趋势发展。

第五节　BIM 技术在国内外的应用现状及发展前景

一、BIM 技术在国内外的应用

自 2002 年 BIM 被正式提出以来，BIM 已席卷欧美的工程建设行业，引发了史无前例的彻底变革。今天，美国大多建筑项目都已应用 BIM，在政府的引导推动下，还形成了各种 BIM 协会、BIM 标准。

纽约曼哈顿自由塔（坐落于"9·11"袭击事件中倒塌的原世界贸易中心旧址），是美国运用 BIM 技术的代表作。自由塔是最早运用 refit 的项目之一，自由塔的设计公司 Partner Carl Galioto 说："refit 帮助我们实现了 20 世纪 80 年代以来的一个梦想——让建筑师、工程师和建设者在同一个包含所有工程信息的集成数字模型中工作。"

在旧金山与奥克兰海湾大桥的建设中，为使当地的公众和施政的参与方以及相关的投资方一起观看整个项目进展的过程，旧金山市政府提供了一项由 BIM 实现的施工进程仿真分析服务。由此，旧金山每一位市民都可以进行访问，直观地了解建设进度，判断大桥建设各阶段产生的影响。

与此同时，英国、日本、韩国、新加坡以及中国香港等地区，也对 BIM 的应用提出了不同的发展规划。英国政府明确要求 2016 年之前企业实现 3D—BIM 的全面协同；韩国政府计划于 2016 年之前实现全部公共工程的 BIM 应用；中国香港特区政府计划 BIM 应用作为所有房屋项目的设计标准；新加坡政府成立 BIM 基金计划于 2015 年之前超八成建筑业企业广泛应用 BIM；日本建筑信息技术软件产业成立国家级国产解决方案软件联盟。

欧特克公司与 Dodge 数据分析公司共同发布的最新《中国 BIM 应用价值研究报告》

中显示，中国目前已跻身全球前五大 BIM 应用增长最快地区之列。早在 2004 年，中国在做奥运"水立方"设计的时候，就开始应用 BIM，因为"水立方"的钢结构异常复杂，在世界上都是独一无二的，靠传统的二维模式无法完成设计。2008 年，在奥运村的建设项目中，BIM 再次得到全面应用。

现在，BIM 技术正在为中国各地带来"第一高楼"。2015 年全面竣工的上海中心大厦，建筑主体为 118 层，总高为 632 米。在上海中心的外幕墙施工中，通过 BIM 的计算和规划，给 16—18 名现场安装工人 3 天时间就可以完成一层的安装，而且施工精确度达到了毫米级。BIM 在优化方案、减少施工文件错漏、简化大型和多样化的团队协作等方面成果显著，无疑正在给国内建筑业带来巨大变革。

二、BIM 技术在国内的行业现状和发展前景

2003 年，建设部"十五"科技攻关项目建议书中将 BIM 技术写入其中。

2011 年 5 月，中国住房和城乡建设部《2011—2015 年建筑业信息化发展纲要》（以下简称《纲要》）明确指出："十二五"期间，基本实现建筑企业信息系统的普及应用；在设计阶段探索研究基于 BIM 技术的三维设计技术，提升参数化、可视化和性能化设计能力，并为设计施工一体化提供技术支撑；在施工阶段开展 BIM 技术的研究与应用，推进 BIM 技术从设计阶段向施工阶段的应用延伸，降低信息传递过程中的衰减；在施工阶段研究基于 BIM 技术的 4D 项目管理信息系统在大型复杂工程施工过程中的应用，实现对建筑工程有效的可视化管理等。可以说，《纲要》的颁布拉开了 BIM 技术在我国项目管理各阶段全面推进的序幕。

2014 年 10 月 29 日《上海 BIM 技术应用推广指导意见》要求，从 2017 年起，上海市投资额 1 亿元以上或单体建筑面积 2 万平方米以上的政府投资工程，大型公共建筑，市重大工程，申报绿色建筑、市级和国家级优秀勘察设计、施工等奖项的工程，实现设计、施工阶段 BIM 技术应用；世博园区等六大重点功能区域内的此类工程，全面应用 BIM 技术。北京、山东、陕西、广东等地也相继推出 BIM 技术应用推广政策与标准。

但是，现阶段中国对 BIM 技术的应用仍停留在设计阶段，其在施工及运营阶段的应用仍有广阔的前景。随着国家与地方政府的大力推广，BIM 技术的应用必将引发建筑业以及工程造价管理的新变革。

第六节　BIM 技术在绿色建筑中的应用

BIM 技术对于绿色建筑的规划、设计，乃至施工及后续的营运维护，都有很大的帮助与效益。近年来，更有人提出 Green BIM 的概念，即"绿色 BIM"，强调 BIM 技术对绿色

建筑的设计及建造的重要性。

一、BIM 技术应用于绿色建筑的相关指标

1. 生态指标——生物多样性指标、绿化指标及基地保水指标

（1）生物多样化指标

包括：小区绿网系统、表土保存技术、生态水池、生态水域、生态边坡、生态围篱设计和多孔隙环境。因为其与建筑物模型间之关联较弱，BIM 技术的应用主要以 3D 可视化来协助生态环境设计方案评估。

（2）绿化指标

包括：生态绿化、墙面绿化及浇灌、人工地盘绿化技术、绿化防排水技术和绿化防风技术等。BIM 技术能提供可视化且交互式的辅助设计与规范检查。

（3）基地保水指标

包括透水铺面、景观贮留渗透水池、贮留渗透空地、渗透井与渗透管、人工地盘贮留等。可以应用 3D—BIM 模型，搭配套装或自行开发的软件工具，用以协助设计所需之计算分析与规范检查及模拟施工方法与过程。

2. 节能指标

建筑节能上的设计与分析，因牵涉建筑方位、建筑对象与空间安排，例如，开口率、外遮阳、开口部玻璃及其材质、建筑外壳的构造和材料、屋顶的构造与材料、帷幕墙、风向与气流运用、空调与冷却系统运用、能源与光源管理运用，以及太阳能运用等。

3D—BIM 模型的应用，大大地提高了建筑物节能分析与设计的效率与质量，因此可谓是 BIM 在绿色建筑领域最主要的应用领域。目前已有许多商业软件包（如 Autodesk Ecotect Analysis）及一些免费能源分析仿真软件（如美国能源部的 Energy Plus），可与 BIM 模型搭配运用，来对具有节能组件（例如，绿墙、绿屋顶、太阳能板或其他被动式节能组件）或设施（主动式节能控制装置）的建筑进行不同详细程度的分析。此部分的工具与技术已越来越成熟，不过分析的困难在于仿真节能组件及设施，尤其是相关模拟参数的决定。

另外，此类分析的复杂度与计算量通常不低，且目前也还没有足够的实际或实验案例，能够验证能源分析模型与工具在不同情境下的精确度，这些都是未来还需要继续努力之处。

3. 减废指标——二氧化碳及废弃物减量

（1）二氧化碳减量

包括：简朴的建筑造型与室内装修、合理的结构系统、结构轻量化与木构造。BIM 模型除可供可视化的设计检查，也有建筑组件的数量与相关属性数据，来协助评估计算碳足迹。

（2）废弃物减量

包括：再生建材利用、土方平衡、营建自动化、干式隔间、整体卫浴、营建空气污染防治。

对基地所需的挖填方计算，也能透过 3D 模型提供较 2D 工程图更准确地估算，而有利于土方平衡。且在施工阶段应用 BIM 模型，更能因精确计算工程材料之数量而避免超量备料，以及因对象尺寸计算更精准而减少边角料之废弃量。

4. 健康指标——室内健康与环境、水资源和污水垃圾改善

（1）室内健康与环境指标

包括：室内污染控制、室内空气净化、生态涂料与生态接着剂、生态建材、预防壁体结露 / 白华、地面与地下室防潮、噪声防制与振动音防制。BIM 可搭配计算流体动力学（Computational Fluid Dynamics，CFD）软件进行室内通风与空气质量仿真，及搭配声场分析软件工具以仿真声音传播。

（2）水资源指标

包括：节水器材、中水利用计划、雨水再利用与植栽浇灌节水。BIM 的管线设计技术，能与管流分析仿真软件搭配，以供设计水的回收循环再利用系统。

（3）污水与垃圾改善指标

包括：雨污水分流、垃圾集中场改善、生态湿地污水处理。BIM 的 3D 可视化优势，可用于设计一定时间内考虑相关指标的要求，同时有利于检查设计成果。

二、BIM 在建筑全生命周期的应用

BIM 技术在建筑全生命周期中主要的三大应用阶段是：

设计阶段：实现三维集成协同设计，提高设计质量与效率，并可进行虚拟施工和碰撞检测，为顺利高效施工提供有力支撑。

施工阶段：依托三维图像准确提供各个部位的施工进度及各构件要素的成本信息，实现整个施工过程的可视化控制与管理，有效控制成本、降低风险。

运营阶段：依托建筑项目协调一致的、可计算的信息，进行对整体工作环境的运行和全部设施的维护，及时有效地实现运营、维护与管理。

1. BIM 与规划选址、场地分析

建筑物规划选址与场地分析，是研究影响建筑物定位的主要因素，确定建筑物的方位、外观，建立建筑物与周围环境景观联系的过程。在规划阶段，场地的地貌、植被、气候条件都是重要因素。传统的场地分析存在如定量分析不足、主观因素过强、无法处理大量数据信息等问题。

通过 BIM 结合地理信息系统（Geographic Information System，GIS）软件的强大功能，对场地及拟建的建筑物空间数据进行建模，可以帮助项目在规划阶段评估场地的使用条件和特点，从而做出新建项目最理想的场地规划、交通流线组织关系、建筑布局等。

目前，国内规划部门对于城市可建设用地的地块大多没能进行地块性能分析，城市规划编制与管理方法也无法量化，如地块舒适度、空气流动性、噪声云图等指标。这就导致

国内规划部门不能在可建设用地中优选出满足人们健康、绿色生产、生活要求的地块来建造建筑。而 BIM 的性能分析可以通过与传统规划方案的设计、评审相结合，对城市规划多项指标进行量化，对城市规划编制的科学化和可持续发展产生积极的影响。

2. BIM 在工程勘察设计阶段的应用

（1）BIM 技术在工程勘察的应用，包括：

1）如何将上部结构建模与地下工程地质信息充分结合，实现不同专业基于 BIM 的协作；

2）如何开发或利用现有的 BIM 软件技术，解决目前软件对地质体建模与可视化分析针对性不强的问题，增强工程勘察结果在项目全生命周期中的展现力；

3）如何完善地质空间的建模理论与技术方法，以解决空间地质状况复杂性和不确定性带来的困难，满足工程施工与研究的专业功能需要等。

（2）BIM 技术应用到管线综合领域，主要解决以下问题：

1）勘察设计阶段管线综合充分考虑碰撞检测结果，使 BIM 管线综合成果指导施工；

2）基于 BIM 的 refit MEP 等软件的功能应加强本土化设计和协调，使设计参数符合国内的设计规范，以解决现有 MEP 软件内的一些族（管线设备）的尺寸与国内标准尺寸不符的问题。

（3）BIM 技术应用于工程量统计方面，对于工程量统计人员，需要从传统算量软件思想转变到基于 BIM 的工程量统计；BIM 软件对建筑构件及其属性定义的标准应统一，定义的范围应能覆盖包括附属构件在内的绝大部分构件，使输出算量达到预期。

3. BIM 在建筑设计阶段的应用

BIM 在建筑设计阶段的价值主要体现在可视化、协调性、模拟性、优化性和可出图性五个方面（详见前面所述 BIM 的特点）。在建筑设计阶段实施 BIM，所有设计师应将其应用到设计的全过程。但在目前尚不具备全程应用条件的情况下，局部项目、局部专业、局部过程的应用将成为未来过渡期内的一种常态。因此，根据具体项目的设计需求、BIM 团队情况、设计周期等条件，可以选择在以下不同的设计阶段中实施 BIM。

（1）不同设计阶段的 BIM 应用

1）概念设计阶段。在前期概念设计中使用 BIM，在完美表现设计创意的同时，还可以进行各种面积分析、体形系数分析、商业地产收益分析、可视度分析、日照轨迹分析等。

2）方案设计阶段。此阶段使用 BIM，特别是对复杂造型设计项目将起到重要的设计优化、方案对比（如曲面有理化设计）和方案可行性分析作用。同时，建筑性能分析、能耗分析、采光分析、日照分析、疏散分析等都将对建筑设计起到重要的设计优化作用。

3）施工图设计阶段。对于复杂造型设计等用二维设计手段施工图无法表达的项目，BIM 则是最佳的解决方案。当然在目前 BIM 人才紧缺，施工图设计任务重、时间紧的情况下，可以采用"BIM+AutoCAD"的模式，前提是基于 BIM 成果用 AutoCAD 深化设计，以尽可能地保证设计质量。

4）专业管线综合。对大型工厂设计、机场与地铁等交通枢纽、医疗体育剧院等公共项目的复杂专业管线设计，BIM 是彻底、高效解决这一难题的唯一途径。

5）可视化设计。效果图、动画、实时漫游、虚拟现实系统等项目展示手段也是 BIM 应用的重要部分。

（2）不同类型建筑项目 BIM 应用的介入点

1）住宅、常规商业建筑项目。其项目特点通常是造型较规则，有以往成熟项目的设计图纸等资源可以参考利用；使用常规三维 BIM 设计工具即可完成（如 refit Architecture 系列）。此类项目是组建和锻炼 BIM 团队或在设计师中推广应用 BIM 的最佳选择。从建筑专业开头，从扩初或施工图阶段介入，先掌握 BIM 设计工具的基本设计功能、施工图设计流程等，再由易到难逐步向复杂项目、多专业、多阶段及设计全程拓展。

2）体育场、剧院、文艺中心等复杂造型建筑项目。其项目特点是造型复杂或非常复杂，没有设计图纸等资源可以参考利用，传统 CAD 二维设计工具的平、立、剖面等无法表达其设计创意，现有的 Rhino、3ds max 等模型不够智能化，只能一次性表达设计创意，当方案变更时，后续的设计变更工作量很大，甚至已有的模型及设计内容要重新设计，效率极其低下，专业间管线综合设计是其设计难点。

此类项目可以充分发挥、体现 BIM 设计的价值。为提高设计效率，建议从概念设计或方案设计阶段介入，使用可编写程序脚本的高级三维 BIM 设计工具或基于 refit Architecture 等 BIM 设计工具编写程序、定制工具插件等完成异型设计和设计优化，再在 Revit 系列中进行管线综合设计。

3）工厂、医疗等建筑项目。其项目特点是造型较规则，但专业机电设备和管线系统复杂，管线综合是设计难点。可以在施工图设计阶段介入，特别是总承包项目，可以充分体现 BIM 设计的价值。总之，不同的项目设计师和业主关注的内容不同，最终将决定在项目中实施 BIM 的具体内容，如异型设计、施工图设计、管线综合设计或性能分析等。

4.BIM 在结构设计阶段的应用

目前，基于 BIM 技术的工具软件在给结构设计提供的功能一般都可以很好地达到初步设计文档所要求的深度。但是，结构工程师最关心的是从结构计算到快速出施工图，即生成符合标准的设计施工图文档。由于目前基于 BIM 理念的工具软件尚有些技术问题还没有被很好解决，从 3D 模型到传统的施工图文档还不能达到 100% 的无缝连接，所以，建设阶段性应用或部分应用 BIM 技术，同样也可以大大提高工作效率。例如，利用工具软件快速创建 3D 模型并自动生成各层平面结构图（模板图）和剖面图的优点，来完成结构条件图。将条件图导出为 2D 图，一方面提供给其他专业作为结构条件用；另一方面也是在 2D 工具中制作配筋详图和节点详图的基准底图。

目前，BIM 在钢结构详图深化设计中的应用已经非常成熟。设计院的蓝图是无法指导钢结构直接加工制作和现场安装的，需要在专业的详图深化软件中建模，深化出构件详图（用于指导加工）和构件布置图（用于指导现场定位拼装）。以 X-steel（BIM 软件之一）

为例，一个完整的 X-steel 模型，就是一个钢结构专业的完整 BIM 模型，它包含整个钢结构建筑的 3D 造型，组成的各个构件的详细信息和高强螺栓、焊缝等细部节点信息，可以导出用钢量、高强螺栓数量等材料清单，使工程造价一目了然。在钢结构施工中，BIM 实现了场外预加工、场内拼装的功能，而场内场外信息能准确流通的关键，就在于都是通过 BIM 模型获取构件信息。

第七章 建筑绿色节能施工及方案

立足于建筑工程建设施工实践，积极探究绿色节能建筑施工技术，加强对绿色节能建筑的推广应用，从整体上促进我国建筑工程施工技术水平实现大幅度提高，实现对能源资源的有效节约是我国建筑绿色节能施工发展的一大方向。

第一节 绿色施工与环境管理的基本结构

一、绿色施工与环境管理概要

1. 绿色施工与环境管理的基本内容

绿色施工应符合国家的法律、法规及相关的标准规范，实现经济效益、社会效益和环境效益的统一。实施绿色施工，应依据因地制宜的原则，贯彻国家、行业和地方相关的技术经济政策。

（1）坚持可持续发展价值观，履行社会责任。

（2）实施绿色施工，应对施工策划、材料采购、现场施工、工程验收等各阶段进行控制，实施对整个施工过程的管理和监督。具体包括：

1）环境因素识别与评价。

2）环境目标指标。

3）环境管理策划。

4）环境管理方案实施。

5）检查与持续改进。

（3）绿色施工和环境管理是建筑全寿命周期中的重要阶段

实施绿色施工和环境管理时，应进行总体方案优化。在规划、设计阶段，应充分考虑绿色施工和环境管理的总体要求，为绿色施工和环境管理提供基础条件。

2. 绿色施工与环境管理的基本程序

绿色施工和环境管理的基本程序主要包括组织管理、规划管理、实施管理、评价管理和人员安全与健康的配套管理五个方面。

（1）组织管理

建立绿色施工和环境管理体系，并制定相应的管理制度与目标。

项目经理为绿色施工和环境管理第一责任人，负责绿色施工和环境管理的组织实施及目标实现，并指定绿色施工和环境管理人员与监督人员。

（2）规划管理

编制绿色施工和环境管理方案。该方案应在施工组织设计中独立成章，并按有关规定进行审批。

绿色施工和环境管理方案应包括以下内容：

1）环境保护措施。制订环境管理计划及应急救援预案，采取有效措施，降低环境负荷，保护地下设施和文物等资源。

2）节材措施。在保证工程安全与质量的前提下，制定节材措施。如进行施工方案的节材优化，建筑垃圾减量化，尽量利用可循环材料等。

3）节水措施。根据工程所在地的水资源状况，制定节水措施。

4）节能措施。进行施工节能策划，确定目标，制定节能措施。

5）节地与施工用地保护措施。制定临时用地指标、施工总平面布置规划及临时用地、节地措施等。

（3）实施管理

绿色施工和环境管理应对整个施工过程实施动态管理，加强对施工策划、施工准备、材料采购、现场施工、工程验收等各阶段的管理和监督。应结合工程项目的特点，有针对性地对绿色施工和环境管理做相应的宣传，通过宣传营造绿色施工和环境管理的氛围。

定期对职工进行绿色施工和环境管理知识培训，增强职工绿色施工和环境管理意识。

（4）评价管理

结合工程特点，对绿色施工和环境管理的效果及采用的新技术、新设备、新材料与新工艺，进行自我评估。成立专家评估小组，对绿色施工和环境管理方案、实施过程及项目竣工，进行综合评估。

（5）人员安全与健康的配套管理

制定施工防尘、防毒、防辐射等职业危害的措施，保障施工人员的长期职业健康。合理布置施工场地，保护生活及办公区不受施工活动的有害影响。

施工现场建立卫生急救、保健防疫制度，在安全事故和疾病疫情出现时及时提供救助，提供卫生、健康的工作与生活环境，加强对施工人员的住宿、膳食、饮用水等生活与环境卫生管理，大力改善施工人员的生活条件。

3.绿色施工与环境管理的依据

绿色施工与环境管理是依靠绿色施工与环境管理体系实施运行的。

二、绿色施工与环境管理体系

绿色施工与环境管理体系是实施绿色施工的基本保证。

施工企业应根据国际环境管理体系及绿色评价标准的要求建立、实施、保持和持续改进绿色施工与环境管理体系，确定如何实现这些要求，并形成文件。企业应界定绿色施工与环境管理体系的范围，并形成文件。

1. 环境方针

环境方针确定了实施与改进组织环境管理体系的方向，具有保持和改进环境绩效的作用。因此，环境方针应当反映最高管理者对遵守适用的环境法律法规和其他环境要求、进行污染预防和持续改进的承诺。环境方针是组织建立目标和指标的基础。环境方针的内容应当清晰明确，使内、外相关方能够理解。应当对方针定期进行评审与修订，以反映不断变化的条件和信息。方针的应用范围应当是可以明确的，并反映环境管理体系覆盖范围内活动、新产品和服务的特有性质、规模和环境影响。

应当就环境方针和所有为组织工作或代表其工作的人员进行沟通，包括和为其工作的合同方进行沟通。对于合同方，不必拘泥于传达方针条文，可采取其他形式，如规则、指令、程序等，或仅传达方针中和其有关的部分。如果该组织是更大组织的一部分，组织的最高管理者应当在后者环境方针的框架内规定自己的环境方针，将其形成文件，并得到上级组织的认可。

2. 环境因素识别与评价

环境因素在 ISO14001：2004 中的定义是：一个组织的活动、产品或服务中能与环境发生相互作用的要素。简言之，就是一个组织（企业、事业以及其他单位，包括法人、非法人单位）日常生产、工作、经营等活动提供的产品，以及在服务过程中那些对环境有益或者有害影响的因素。

3. 环境因素识别

环境因素提供了一个过程，供企业对环境因素进行识别，并从中确定环境管理体系应当优先考虑的那些重要环境因素。企业应通过考虑和它当前及过去的有关活动、产品和服务、纳入计划的或新开发的项目、新的或修改的活动，以及产品和服务所伴随的投入和产出（无论是期望还是非期望的），以识别其环境管理体系范围内的环境因素。这一过程中应考虑到正常和异常时的运行条件、关闭与启动时的条件，以及可合理预见的紧急情况。企业不必对每一种具体产品、部件和输入的原材料进行分析，而可以按活动、产品和服务的类别识别环境因素。

（1）三个时态。

环境因素识别应考虑三种时态：过去、现在和将来。过去是指以往遗留的并会对目前的过程、活动产生影响的环境问题；现在是指当前正在发生并持续到未来的环境问题；将来是指计划中的活动在将来可能产生的环境问题，如新工艺、新材料的采用可能产生的环境影响。

（2）三种状态

环境因素识别应考虑三种状态：正常、异常和紧急。正常状态是指稳定、例行性的，计划已做出安排的活动状态，如正常施工状态；异常状态是指非例行的活动或事件，如施工中的设备检修，工程停工状态；紧急状态是指可能出现的突发性事故或环保设施失效的紧急状态，如火灾事故、地震、爆炸等意外状态。

（3）八大环境因素

环境因素识别应考虑八大环境因素：

1）向大气排放的污染物。

2）向水体排放的污染物。

3）固体废弃物和副产品污染。

4）向土壤排放的污染物。

5）原材料与自然资源，能源的使用、消耗和浪费。

6）能量释放，如热、辐射、振动等污染。

7）物理属性，如大小、形状、颜色、外观等。

8）当地其他环境问题和社区问题（如噪声、光污染、绿化等）。

（4）识别环境因素的步骤

选择组织的过程（活动、产品或服务）—确定过程伴随的环境因素—确定环境影响。

4. 环境因素评价

环境因素评价简称环评，英文缩写 EIA，即 Environmental Impact Assessment，是指对规划和建设项目实施后可能造成的环境影响进行分析、预测和评估，提出预防或者减轻不良环境影响的对策和措施，进行跟踪监测的方法与制度。通俗地说，就是分析项目建成投产后可能对环境产生的影响，并提出污染防治对策和措施。

5. 环境目标指标

企业应确定绿色施工和环境管理的方针。

（1）最高管理者应确定本企业的绿色施工和环境管理方针，并在界定的绿色施工和环境管理体系范围内，确保该方针：

1）适合组织活动、产品和服务的性质、规模和环境影响。

2）包括对持续改进和污染预防的承诺。

3）包括对遵守与其环境因素有关的适用法律、法规和其他要求的承诺。

4）提供建立和评审环境目标和指标的框架。

5）形成文件，付诸实施，并予以保持。

6）传达到所有为组织或代表组织工作的人员。

7）可为公众所获取。

企业应对其内部有关职能和层次建立、实施并保持形成文件的环境目标和指标，如目标和指标应可测量。目标和指标应符合环境方针，并包括对污染预防、持续改进和遵守适用的法律法规及其他要求的承诺。企业在建立和评审目标及指标时，应考虑法律法规和其他要求，以及自身的重要环境因素。此外，还应考虑可选的技术方案、财务、运行和经营要求，以及相关方的观点。

（2）企业应制定、实施并保持一个或多个用于实现其目标和指标的方案，其中应包括：

1）规定组织内各有关职能和层次实现目标和指标的职责。

2）实现目标和指标的方法和时间表。

环境管理目标：针对节能减排、施工噪声、扬尘、污水、废气排放、建筑垃圾处置、防火、防爆炸等设立管理目标和指标。

（3）与环境管理相关联的职业健康安全目标包括：

1）杜绝死亡事故、重伤和职业病的发生。

2）杜绝火灾、爆炸和重大机械事故的发生。

3）轻伤事故发生率控制在一定比例以内。

4）创建文明安全工地，并按计划完成。

5）职业健康安全措施无重大失误，重要安全技术措施实施到位率达到一定比例。

6）安全防护设施安装验收合格后正确使用率、临时用电达标率达到一定比例。

7）特殊安全防护用品发放到位率、使用的安全防护用品按规定周期检测率达到一定比例。

8）其他。

6. 环境管理策划

（1）应围绕环境管理目标，策划分解年度目标

目标包括工程安全目标、环境目标指标、合同及中标目标、顾客满意目标等。

分支机构、项目经理部应根据企业的安全目标、环境目标指标和合同要求，策划并分解本项目的安全目标、环境目标指标。

各项目应按照项目—单位工程—分部工程—分项工程逐次进行分解，通过分项工序目标的实施，逐次上升，最终保证项目目标的实现。

企业总的环境目标，要逐年完善和改进。各级安全目标、环境目标指标必须与企业的环境方针保持一致，并且必须满足产品、适用法律法规和相关方要求的各项内容。目标指标必须形成文件，做出具体规定。

（2）企业应建立、实施并保持一个或多个程序，用来识别其环境管理体系覆盖范围内的活动、产品和服务中能够控制或能够施加影响的环境因素，此时应考虑已纳入计划的或新的开发；新的或修改过的活动、产品和服务等因素；确定对环境具有或可能具有重大影响的因素（即重要环境因素）。组织应将这些信息形成文件并及时更新。

（3）企业应确保在建立、实施和保持环境管理体系时，对重要的环境因素加以考虑。绿色施工与环境管理策划通常包括以下方面：

1）环境管理承诺。包括安全目标和环境管理目标。

2）环境方针。向公众宣传企业的环境方针和取得的环境绩效。

3）在追求环境绩效持续改进的过程中，塑造企业的绿色形象。

4）法律与其他要求。集合有关环境保护的法律、法规，发布本项目的环境保护法律、法规清单。

5）项目可能出现的重大环境管理因素。

6）环境目标指标。对各种环境因素提出的具体达标指标。

（4）绿色施工与环境管理体系实施与运行

包括组织机构和职责、管理程序，以及环境意识和能力培训等。

（5）重要环境因素控制措施

这是环境管理策划的主要内容。根据不同的施工阶段，从测量要求、机具使用、控制方法、人员安排等方面进行安排。

（6）应急准备和响应、检查和纠正措施、文件控制方法等。

（7）绿色施工与环境管理方案实施及效果验证。

7. 环境、职业健康安全管理方案

工程开工前，企业或项目经理部应编制旨在实现环境目标指标、职业健康安全目标的管理方案／管理计划。管理方案／管理计划的主要内容包括：

（1）本项目（部门）评价出的重大环境因素或不可接受风险。

（2）环境目标指标或职业健康安全目标。

（3）各岗位的职责。

（4）控制重大环境因素或不可接受风险的方法及时间安排。

（5）监视和测量。

（6）预算费用等。

管理方案／管理计划由各单位编制，授权人员审批。各级管理者应为保证管理方案／管理计划的实施提供必需的资源。

企业内部各单位应对自身管理方案／管理计划的完成情况进行日常监控：在组织环境、安全检查时，应对环境、安全管理方案完成情况进行抽查。在进行环境、职业健康安全管理体系审核及不定期的监测时，对各单位管理方案／管理计划的执行情况进行检查。

当施工内容、外界条件或施工方法发生变化时，项目（部门）应重新识别环境因素和危险源、评价重大环境因素和职业健康安全风险，并修订管理方案／管理计划。管理方案／管理计划被修改时，执行《文件管理程序》的有关规定。

8. 实施与运行

资源、作用、职责和权限的规定要求：

（1）管理者应确保为环境管理体系的建立、实施、保持和改进提供必要的资源。资源包括人力资源专项技能、组织的基础设施、技术和财力资源。

（2）为便于环境管理工作的有效开展，应对作用、职责和权限做出明确规定，形成文件，并予以传达。

（3）企业的最高管理者应任命专门的管理者代表，无论他们是否还负有其他方面的责任，都应明确规定其作用、职责和权限，以便：

1）确保按照本标准的要求建立、实施和保持环境管理体系。

2）向最高管理者报告环境管理体系的运行情况以供评审，并提出改进建议。

环境管理体系的成功实施需要为组织或代表组织工作的所有人员的承诺。因此，不能认为只有环境管理部门才承担环境方面的作用和职责。事实上，企业内的其他部门，如运行管理部门、人事部门等，也不能例外。这一承诺应当始于最高管理者，他们应当建立组织的环境方针，并确保环境管理体系得到实施。作为上述承诺的一部分，指定专门的管理者代表，规定他们对实施环境管理体系的职责和权限。对于大型或复杂的组织，可以有不止一个管理者代表；对于中小型企业，可由一个人承担这些职责。最高管理者还应当确保提供建立、实施和保持环境管理体系所需的适当资源，包括企业的基础设施（如建筑物），通信网络、地下贮罐、下水管道等。另一重要事项是妥善规定环境管理体系中的关键作用和职责，并传达到为组织或代表组织工作的所有人员。

9. 能力、培训和意识

企业应确保所有为它或代表它从事被确定为可能具有重大环境影响的工作的人员，都具备相应的能力。该能力基于必要的教育、培训或经历。组织应保存相关的记录。

企业应确定与其环境因素和环境管理体系有关的培训需求并提供培训，或采取其他措施来满足这些需求。组织应保存相关的记录。

企业应建立、实施并保持一个或多个程序，使为它或代表它工作的人员都意识到：

（1）符合环境方针与程序和符合环境管理体系要求的重要性。

（2）他们工作中的重要环境因素和实际或潜在的环境影响，以及个人工作的改进所能带来的环境效益。

（3）他们在实现与环境管理体系要求符合性方面的作用与职责。

（4）偏离规定的运行程序的潜在后果。

企业应当确定负有职责和权限代表其执行任务的所有人员所需的意识、知识、理解和技能。要求：

（1）其工作可能产生重大环境影响的人员，能够胜任所承担的工作。

（2）确定培训需求，并采取相应措施加以落实。

（3）所有人员了解组织的环境方针和环境管理体系，以及与他们工作有关的组织活动、产品和服务中的环境因素。

可通过培训、教育或工作经历，获得或提高所需的意识、知识、理解能力和技能。企业应当要求代表它工作的合同方能够证实他们的员工具有必要的能力或接受了适当的培训。企业管理者应当确认保障人员（特别是行使环境管理职能的人员）胜任所需的经验、能力和培训的程度。

10. 信息交流

企业应建立、实施并保持一个或多个程序，用于有关其环境因素和环境管理体系的、组织内部各层次和职能间的信息交流，与外部相关方联络的接收、形成文件和回应。

内部交流对于确保环境管理体系的有效实施至为重要。内部交流可通过例行的工作组会议、通信简报、公告板、内联网等手段或方法进行。

企业应当按照程序，对来自相关方的沟通信息进行接收、形成文件并做出响应。程序可包含与相关方交流的内容，以及对他们所关注问题的考虑。在某些情况下，对相关方关注的响应，可包含组织运行中的环境因素及其环境影响方面的内容。这些程序中，还应当包含应急计划和其他问题、与有关公共机构的联络事宜。

企业在对信息交流进行策划时，一般还要考虑进行交流的对象、交流的主题和内容、可采用的交流方式等问题。

企业应决定是否应将其重要环境因素与外界进行信息交流，并将决定形成文件。在考虑应将环境因素进行外部信息交流时，企业应当考虑所有相关方的观点和信息需求。如果企业决定就环境因素进行外部信息交流，它可以制定一个这方面的程序。程序可因所交流的信息类型、交流的对象及企业的个体条件等具体情况的不同而有所差别。进行外部交流的手段可包括年度报告、通信简报、互联网和社区会议等。

11. 文件

环境管理体系文件应包括：

（1）环境方针、目标和指标。

（2）对环境管理体系的覆盖范围的描述。

（3）对环境管理体系主要要素及其相互作用的描述，以及相关文件的查询途径。

（4）本标准要求的文件，包括记录。

（5）企业为确保对涉及重要环境因素的过程进行有效策划、运行和控制所需的文件和记录。

文件的详尽程度，应当足以描述环境管理体系及其各部分协同运作的情况，并指示获取环境管理体系某一部分运行更详细信息的途径。可将环境文件纳入组织所实施的其他体系文件中，而不强求采取手册的形式。对于不同的企业，环境管理体系文件的规模可能由于它们在以下方面的差别而各不相同：

（1）组织及其活动、产品或服务的规模和类型。

（2）过程及其相互作用的复杂程度。

（3）人员的能力。

文件可包括环境方针、目标和指标，重要环境因素信息，程序，过程信息，组织机构图，内、外部标准，现场应急计划，记录。

对于程序是否形成文件，应当从下列方面考虑：不形成文件可能产生的后果，包括环境方面的后果；用来证实遵守法律、法规和其他要求的需要；保证活动一致性的需要；形成文件的益处，例如，易于交流和培训，从而加以实施；易于维护和修订，避免含混和偏离，提供证实功能和直观性等，出于本标准的要求。

不是为环境管理体系所制定的文件，也可用于本体系。此时应当指明其出处。

12. 文件控制

应对环境管理体系所要求的文件进行控制。记录是一种特殊的文件，应该按要求进行控制。企业应建立、实施并保持一个或多个程序，并符合以下规定：

（1）在文件发布前进行审批，确保其充分性和适宜性。

（2）必要时对文件进行评审和更新，并重新审批。

（3）确保对文件的更改和现行修订状态做出标志。

（4）确保在使用处能得到适用文件的有关版本。

（5）确保文件字迹清楚，标志明确。

（6）确保对策划和运行环境管理体系所需的外部文件做出标志，并对其发放予以控制。

（7）防止对过期文件的非预期使用。如需将其保留，要做出适当的标志。

文件控制旨在确保企业对文件的建立和保持能够充分适应实施环境管理体系的需要。但企业应当把主要注意力放在对环境管理体系的有效实施及其环境绩效上，而不是放在建立一个烦琐的文件控制系统上。

13. 运行控制

企业应根据其方针、目标和指标，识别和策划与所确定的重要环境因素有关的运行，以确保它们通过下列方式在规定的条件下进行：

（1）建立、实施并保持一个或多个形成文件的程序，以控制因缺乏程序文件而导致偏离环境方针、目标和指标的情况。

（2）在程序中规定运行准则。

（3）对于企业使用的产品和服务中所确定的重要环境因素，应建立、实施并保持程序，将适用的程序和要求通报供方及合同方。

企业应当评价与所确定的重要环境因素有关的运行，并确保在运行中能够控制或减少有害的环境影响，以满足环境方针的要求，实现环境目标和指标。所有的运行，包括维护活动，都应当做到这一点。

14. 应急准备和响应

企业应建立、实施并保持一个或多个程序，用于识别可能对环境造成影响的潜在的紧急情况和事故，并规定响应措施。

企业应对实际发生的紧急情况和事故做出响应，并预防或减少随之产生的有害环境影响。企业应定期评审其应急准备和响应程序。必要时对其进行修订，特别是当事故或紧急情况发生后。可行时，企业还应定期试验上述程序。

每个企业都有责任制定适合它自身情况的一个或多个应急准备和响应程序。组织在制定这类程序时应当考虑现场危险品的类型，如存在易燃液体，贮罐、压缩气体等，以及发生意外泄漏时的应对措施；对紧急情况或事故类型和规模的预测；处理紧急情况或事故的最适当方法；内、外部联络计划；把环境损害降到最低的措施；针对不同类型的紧急情况或事故的补救和响应措施；事故后考虑制定和实施纠正和预防措施的需要；定期试验应急响应程序；对实施应急响应程序人员的培训；关键人员和救援机构（如消防、泄漏清理等部门）名单，包括详细联络信息；疏散路线和集合地点；周边设施（如工厂、道路、铁路等）可能发生的紧急情况和事故；邻近单位相互支援的可能性。

15. 检查及效果验证

企业应建立、实施并保持一个或多个程序，对可能具有重大环境影响的运行的关键特性进行例行监测和测量。程序中应规定将监测环境绩效、适用的运行控制、目标和指标符合情况的信息形成文件。

企业应确保所使用的监测和测量设备经过校准或验证，并予以妥善维护。且应保存相关的记录。一个企业的运行可能包括多种特性。例如，在对废水排放进行监测和测量时，值得关注的点可包括生物需氧量、化学需氧量、温度和酸碱度。

对监测和测量取得的数据进行分析，能够识别类型并获取信息。这些信息可用于实施纠正和预防措施。

关键特性是指组织在决定如何管理重要环境因素、实现环境目标和指标、改进环境绩效时需要考虑的那些特性。

为了保证测量结果的有效性，应当定期或在使用前，根据测量标准对测量器具进行校准或检验。测量标准要以国家标准或国际标准为依据。如果不存在国家或国际标准，则应当对校验所使用的依据做出记录。

16. 合规性评价

为了履行遵守法律法规要求的承诺，企业应建立、实施并保持一个或多个程序，以定期评价对适用法律法规的遵守情况。企业应保存对上述定期评价结果的记录。

企业应评价对其他要求的遵守情况。企业应保存上述定期评价结果的记录。

企业应当能证实它对遵守法律、法规要求（包括有关许可和执照的要求）的情况进行了评价。企业应当能证实它对遵守其他要求的情况进行了评价。

17. 持续改进

企业应建立、实施并保持一个或多个程序，用来处理实际或潜在的不符合，采取纠正措施和预防措施。程序中应规定以下方面的要求：

（1）识别和纠正不符合，并采取措施减少所造成的环境影响。

（2）对不符合进行调查，确定其产生原因，并采取措施避免再度发生。

（3）评价采取的措施，以预防不符合的需求；实施所制订的适当措施，以避免不符合的发生。

（4）记录采取的纠正措施和预防措施的结果。

（5）评审所采取的纠正措施和预防措施的有效性。所采取的措施应与问题和环境影响的严重程度相符。企业应确保对环境管理文件进行必要的更改。

企业在制定程序以执行本节的要求时，根据不符合的性质，有时可能只需制订少量的正式计划，即能达到目的，有时则有赖于更复杂、更长期的活动。文件的制定应当和这些措施的规模相适配。

18. 记录控制

企业应根据需要，建立并保持必要的记录，用来证实对环境管理体系和本标准要求的符合，以及所实现的结果。

企业应建立、实施并保持一个或多个程序，用于记录的标识、存放、保护、检索、留存和处置。

环境记录可包括抱怨记录；培训记录；过程监测记录；检查、维护和校准记录；有关的供方与承包方记录；偶发事件报告；应急准备试验记录；审核结果；管理评审结果；和外部进行信息交流的决定；适用的环境法律法规要求记录；重要环境因素记录；环境会议记录；环境绩效信息；对法律法规符合性的记录；和相关方的交流记录。

应当对保守机密信息加以考虑。环境记录应字迹清楚，标志明确，并具有可追溯性。

19. 内部审核

企业应确保按照计划的时间间隔对管理体系进行内部审核。目的是：

（1）判定环境管理体系是否符合组织对环境管理工作的预定安排和本标准的要求；是否得到了恰当的实施和保持。

（2）向管理者报告审核结果。

企业应策划、制定、实施和保持一个或多个审核方案，此时，应考虑相关运行环境的重要性和以前的审核结果。应建立、实施和保持一个或多个审核程序，用来规定：策划和实施审核及报告审核结果、保存相关记录的职责和要求；审核准则、范围、频次和方法。

对于环境管理体系的内部审核，可由组织内部人员或组织聘请的外部人员承担，无论哪种情况，从事审核的人员都应当具备必要的能力，并处在独立的位置，从而能够公正、客观地实施审核。对于小型组织，只要审核员与所审核的活动无责任关系，就可以认为审核员是独立的。

20. 管理评审

企业最高管理者应及时实施管理评审，以确保绿色施工与环境管理体系的适宜性、充分性和有效性。评审内容包括：

（1）绿色施工与环境管理的方针、目标。

（2）绿色施工与环境管理的运行情况。

（3）相关方的满意程度。

（4）法规法律的遵守情况。

（5）方针目标的实现程度。

（6）资源提供的充分程度。

（7）改进措施的需求。

管理评审应形成报告和及时发布，并实施相关改进措施。

第二节　绿色施工与环境管理责任

在绿色施工与环境管理的实施过程，绿色施工与环境管理责任是基本的管理内容。承担绿色施工和环境管理责任的所有企业应当：

1. 制定适宜的环境管理方针。

2. 识别其过去、当前或计划中的活动、产品和服务中的环境因素，以确定其中的重大环境影响。

3. 识别适用的法律、法规和组织应该遵守的其他要求。

4. 确定优先事项并建设立适宜的环境目标和指标。

5. 建立组织机构，制定方案，以实施环境方针，实现目标和指标。

6. 开展策划、控制、监测、纠正措施和预防措施、审核和评审活动，以确保对环境方针的遵循和环境管理体系的适宜性。

7. 有根据客观环境的变化做出修正的能力。

8. 完善符合上述环境管理过程需求的绿色施工与环境管理制度。

一、勘察设计单位的绿色施工与环境管理责任

1. 勘察设计单位应遵循的原则

绿色施工的基础是绿色设计。绿色建筑应坚持"可持续发展"的建筑理念。理性的设计思维方式和对科学程序的把握，是提高绿色建筑环境效益、社会效益和经济效益的基本保证。绿色建筑除满足传统建筑的一般要求外，尚应遵循以下基本原则：

（1）关注建筑的全寿命周期

建筑从最初的规划设计到随后的施工建设、运营管理及最终的拆除，形成了一个全寿命周期。关注建筑的全寿命周期，意味着不仅在规划设计阶段充分考虑并利用环境因素，而且确保施工过程中对环境的影响最低，运营管理阶段能为人们提供健康、舒适、低耗、无害空间，拆除后又对环境危害降到最低，并使拆除材料尽可能地循环利用。

（2）适应自然条件，保护自然环境

充分利用建筑场地周边的自然条件，尽量保留和合理利用现有适宜的地形、地貌、植

被和自然水系。

1）在建筑的选址、朝向、布局、形态等方面，充分考虑当地气候特征和生态环境。

2）建筑风格与规模和周围环境保持协调，保持历史文化与景观的连续性。

3）尽可能地减少对自然环境的负面影响，如减少有害气体和废弃物的排放量，减少对生态环境的破坏。

（3）创建适用与健康的环境

绿色建筑应优先考虑使用者的适度需求，努力创造优美和谐的环境；保障使用的安全，减少环境污染，改善室内环境质量；满足人们生理和心理的需求，同时为人们提高工作效率创造条件。

（4）实施资源节约与综合利用，减轻环境负荷

1）通过优良的设计和管理，优化生产工艺，采用适用技术、材料和产品。

2）合理利用和优化资源配置，改变消费方式，减少对资源的占有和消耗。

3）因地制宜，最大限度地利用本地材料与资源。

4）最大限度地提高资源的利用效率，积极促进资源的综合循环利用。

5）增强耐久性能及适应性，延长建筑物的整体使用寿命。

6）尽可能使用可再生的、清洁的资源和能源。

2.绿色建筑规划设计技术要点

（1）节地与室外环境

1）建筑场地

①优先选用已开发且具城市改造潜力的场地。

②场地环境应安全可靠，远离污染源，并对自然灾害有充分的抵御能力。

③保护自然生态环境，充分利用原有场地上的自然生态条件，注重建筑与自然生态环境的协调。

④避免建筑行为造成水土流失或其他灾害。

2）节地

①建筑用地适度密集，适当增大公共建筑的建筑密度，将住宅建筑立足创造宜居环境确定建筑密度和容积率。

②强调土地的集约化利用，充分利用周边的配套公共建筑设施，合理规划用地。

③高效利用土地，如开发利用地下空间，采用新型结构体系与高强轻质结构材料，提高建筑空间的使用率。

3）低环境负荷

①建筑活动对环境的负面影响应控制在国家相关标准规定的允许范围内。

②减少建筑产生的废水、废气、废物的排放量。

③利用园林绿化和建筑外部设计以减缓热岛效应。

④减少建筑外立面和室外照明引起的光污染。

⑤采用雨水回渗措施，维持土壤水生态系统的平衡。

4）绿化

①优先种植乡土植物，采用少维护、耐候性强的植物，减少日常维护的费用。

②采用生态绿地、墙体绿化、屋顶绿化等多样化的绿化方式，对乔木、灌木和攀缘植物进行合理配置，构成多层次的复合生态结构，使得人工配置的植物群落自然和谐，并起到遮阳、降低能耗的作用。

③绿地配置合理，达到局部环境内保持水土、调节气候、降低污染和隔绝噪声的目的。

5）交通

①充分利用公共交通网络。

②合理组织交通，减少人车干扰。

③地面停车场采用透水地面，并结合绿化为车辆遮阴。

（2）节能与能源利用

1）降低能耗

利用场地自然条件，合理考虑建筑朝向和楼距，充分利用自然通风和天然采光，减少使用空调和人工照明。

①提高建筑围护结构的保温隔热性能，采用由高效保温材料制成的复合墙体和屋面及密封保温隔热性能好的门窗，采用有效的遮阳措施。

②采用用能调控和计量系统。

2）提高用能效率

①采用高效建筑供能、用能系统和设备。合理选择用能设备，使设备在高效区工作；根据建筑物用能负荷动态变化，采用合理的调控措施。

②优化用能系统，采用能源回收技术。考虑部分空间、部分负荷下运营时的节能措施；有条件时宜采用热、电、冷联供形式，提高能源利用效率；采用能量回收系统，如采用热回收技术；针对不同能源结构，实现能源梯级利用。

③使用可再生能源。充分利用场地的自然资源条件，开发利用可再生能源，如太阳能、水能、风能、地热能、海洋能、生物质能、潮汐能，以及通过热力等先进技术获取自然环境（如大气、地表水、污水、浅层地下水、土壤等）的能量。可再生能源的使用不应造成对环境和原生态系统的破坏以及对自然资源的污染。

3）确定节能指标

①各分项节能指标。

②综合节能指标。

4）节水与水资源利用

节水规划：根据当地水资源状况，因地制宜地制定节水规划方案，如废水、雨水回用等，保证方案的经济性和可实施性。

5）提高用水效率

①按高质高用、低质低用的原则，生活用水、景观用水和绿化用水等按用水水质要求分别提供、并梯级处理回用。

②采用节水系统、节水器具和设备，如采取有效措施，避免管网漏损，空调冷却水采用循环水处理系统，卫生间采用低水量冲洗便器、感应出水龙头或缓闭冲洗阀等，提倡使用免冲厕技术等。

③采用节水的景观和绿化浇灌设计，如景观用水不使用市政自来水，尽量利用河湖水、收集的雨水或再生水，绿化浇灌采用微灌、滴灌等节水措施。

6）雨污水综合利用

①采用雨水、污水分流系统，有利于污水处理和雨水的回收再利用。

②在水资源短缺地区，通过技术经济比较，合理采用雨水和废水回用系统。

③合理规划地表与屋顶雨水径流途径，最大限度地降低地表径流，采用多种渗透措施增加雨水的渗透量。

7）确定节水指标

①各分项节水指标。

②综合节水指标。

8）节材与材料资源

①节材

A.采用高性能、低材耗、耐久性好的新型建筑体系。

B.选用可循环、可回用和可再生的建筑材料。

C.采用工业化生产的成品，减少现场作业。

D.遵循模数协调原则，减少施工废料。

E.减少不可再生资源的使用。

②使用绿色建材

A.选用蕴能低、高性能、高耐久性的本地建材，减少建材在全寿命周期中的能源消耗。

B.选用可降解、对环境污染少的建材。

C.使用原料消耗量少和采用废弃物生产的建材。

D.使用可节能的功能性建材。

9）室内环境质量

①光环境

A.设计采光性能最佳的建筑朝向，发挥天井、庭院、中庭的采光作用，使天然光线能照亮人员经常停留的室内空间。

B.采用自然光调控设施，如采用反光板、反光镜、集光装置等，改善室内的自然光分布状况。

C.办公和居住空间，开窗能有良好的视野。

D.室内照明尽量利用自然光，如不具备自然采光条件，可利用光导纤维引导照明，以充分利用阳光，减少白天对人工照明的依赖。

E.照明系统采用分区控制、场景设置等技术措施，有效避免过度使用和浪费。

F.分级设计采用一般照明和局部照明，满足低标准的一般照明与符合工作面照度要求的局部照明相结合。

G.局部照明可调节，以利于使用者的健康和照明节能。

H.采用高效、节能的光源、灯具和电器附件。

②热环境

A.优化建筑外围护结构的热工性能，防止因外围护结构内表面温度过高过低、透过玻璃进入室内的太阳辐射热等引起不舒适感。

B.设置室内温度和湿度调控系统，使室内的热舒适度能得到有效的调控，建筑物内的加湿和除湿系统能得到有效调节。

C.根据使用要求合理设计温度可调区域的大小，以满足不同个体对热舒适性的要求。

③声环境

A.采取动静分区的原则进行建筑的平面布置和空间划分，如办公、居住空间不与空调机房、电梯间等设备用房相邻，减少对有安静要求房间的噪声干扰。

B.合理选用建筑围护结构构件，采取有效的隔声、减噪措施，保证室内噪声级和隔声性能符合《民用建筑隔声设计规范》（GB50118—2010）的要求。

C.综合控制机电系统和设备的运行噪声，如选用低噪声设备，在系统、设备、管道（风道）和机房采用有效的减振、减噪、消声措施，控制噪声的产生和传播。

④室内空气品质

A.对自然通风有要求的建筑，人员经常停留的工作和居住空间应能自然通风。可结合建筑设计提高自然通风效率，如采用可开启窗扇自然通风、利用穿堂风作用通风等。

B.合理设置风口位置，有效组织气流，采取有效措施防止串气、乏味，采用全部和局部换气相结合，避免厨房、卫生间、吸烟室等处的受污染空气循环使用。

C.室内装饰、装修材料对空气质量的影响应符合《民用建筑室内环境污染控制规范》（GB50325—2010）的要求。

D.使用可改善室内空气质量的新型装饰、装修材料。

E.设集中空调的建筑，宜设置室内空气质量监测系统，保证用户的健康和舒适。

F.采取有效措施防止结露和滋生霉菌。

二、施工单位的绿色施工与环境管理责任

施工单位应规定各部门的职能及相互关系（职责和权限），形成文件，予以沟通，以促进企业环境管理体系的有效运行。

1. 施工单位的绿色施工和环境管理责任

（1）建设工程实行施工总承包，总承包单位应对施工现场的绿色施工负总责。分包单位应服从总承包单位的绿色施工管理，并对所承包工程的绿色施工负责。

（2）施工单位应建立以项目经理为第一责任人的绿色施工管理体系，制定绿色施工管理责任制度，定期开展自检、考核和评比工作。

（3）施工单位应在施工组织设计中编制绿色施工技术措施或专项施工方案，并确保绿色施工费用的有效使用。

（4）施工单位应组织绿色施工教育培训，增强施工人员绿色施工意识。

（5）施工单位应定期对施工现场绿色施工实施情况进行检查，做好检查记录。

（6）在施工现场的办公区和生活区应设置明显的节水、节能、节约材料等的警示标志，并按规定设置安全警示标志。

（7）施工前，施工单位应根据国家和地方法律、法规的规定，制定施工现场环境保护和人员安全与健康等突发事件的应急预案。

（8）按照建设单位提供的设计资料，施工单位应统筹规划，合理组织一体化施工。

2. 总经理

（1）主持制定、批准和颁布环境方针和目标，批准环境管理手册。

（2）对企业环境方针的实现和环境管理体系的有效运行负全面和最终责任。

（3）组织识别和分析顾客和相关方的明确及潜在要求，代表企业向顾客和相关方做出环境承诺，并向企业传达顾客和相关方要求的重要性。

（4）决定企业发展战略和发展目标，负责规定和改进各部门的管理职责。

（5）主持对环境管理体系的管理评审，对环境管理体系的改进做出决策。

（6）委任管理者代表并听取其报告。

（7）负责审批重大工程（含重大特殊工程）合同评审的结果。

（8）确保环境管理体系运行中管理、执行和验证工作的资源需求。

（9）领导对全体员工进行环境意识的教育、培训和考核。

3. 管理者代表（环境主管领导）

（1）协助法人贯彻与国家有关环境工作的方针、政策，负责管理企业的环境管理体系工作。

（2）主持制定和批准颁布企业程序文件。

（3）负责环境管理体系运行中各单位之间的工作协调。

（4）负责企业内部体系审核和筹备管理评审，并组织接受顾客或认证机构进行的环境管理体系审核。

（5）代表企业与业主或其他外部机构就环境管理体系事宜进行联络。

（6）负责向法人提供环境管理体系的业绩报告和改进需求。

4. 企业总工程师

（1）主持制定、批准环境管理措施和方案。

（2）对企业环境技术目标的实现和技术管理体系的运行负全面责任。

（3）组织识别和分析环境管理的明确及潜在要求。

（4）协助决定企业环境发展战略和发展目标，负责规定和改进各部门的管理职责。

（5）主持对环境技术管理体系的管理评审，对技术环境管理体系的改进做出决策。

（6）负责审批重大工程（含重大特殊工程）绿色施工的组织实施方案。

5. 企业职能部门

（1）工程管理部门

1）收集有关施工技术、工艺方面的环境法律、法规和标准。

2）识别有关新技术、新工艺方面的环境因素，并向企划部传达。

3）负责对监视和测量设备、器具的计量管理工作。

4）负责与设计结合，研发环保技术措施与实施方面的相关问题。

5）负责与国家、北京市政府环境主管部门的联络、信息交流和沟通。

6）负责组织环境事故的调查、分析、处理和报告。

（2）采购部门

1）收集关于物资方面的环境法律、法规和标准，并传送给合约法律部。

2）收集和发布环保物资名录。

3）编制包括环保要求在内的采购招标文件及合同的标准文本。

4）负责有关物资采购、运输、贮存和发放等过程的环境因素识别，评价重要环境因素，并制订有关的目标、指标和环境管理方案／环境管理计划。

5）负责有关施工机械设备的环境因素识别和制订有关的环境管理方案。

6）负责由其购买的易燃、易爆物资及有毒有害化学品的采购、运输、入库、标识、存储和领用的管理，制定并组织实施有关的应急准备和响应措施。

7）向供应商传达企业环保要求并监督实施。

8）组织物资进货验证，检查所购物资是否符合规定的环保要求。

（3）企业各级员工

1）企业代表

①企业工会主席作为企业职业健康安全事务的代表，参与企业涉及职业健康安全方针和目标的制订、评审，参与重大相关事务的商讨和决策。

②组织收集和宣传关于员工职业健康安全方面的法律、法规，并监督行政部门按适用的法律、法规贯彻落实。

③组织收集企业员工意见和要求，负责汇总后向企业行政领导反映，并向员工反馈协商结果。

④按企业和相关法律、法规规定，代表员工适当参与涉及员工职业健康安全事件调查

和协商处理意见，以维护员工合法权利。

2）内审员

①接受审核组长领导，按计划开展内审工作，在审核范围内客观、公正地开展审核工作。

②充分收集与分析有关的审核证据，以确定审核发现并形成文件，协助编写审核报告。

③对不符合、事故等所采取的纠正行动、纠正措施实施情况进行跟踪验证。

3）全体员工

①遵守本岗位工作范围内的环境法律、法规，在各自工作中，落实企业环境方针。

②接受规定的环境教育和培训，增强环境意识。

③参加本部门的环境因素、危险源辨识和风险评价工作，执行企业环境管理体系文件中的相关规定。

④按规定做好节水、节电、节纸、节油与废弃物的分类回收处置，不在公共场所吸烟，做好工作岗位的自身防护，对工作中的环境、职业健康安全管理情况提出合理化建议。

⑤特殊岗位的作业人员必须按规定取得上岗资格，遵章守法、按章作业。

4）项目经理部

①认真贯彻执行适用的国家、行业、地方政策、法规、规范、标准和企业环境方针及程序文件和各项管理制度，全面负责工程项目的环境目标，实现对顾客和相关方的承诺。

②负责具体落实顾客和上级的要求，合理策划并组织实施管理项目资源，不断改进项目管理体系，确保工程环境目标的实现。

③负责组织本项目环境方面的培训，负责与项目有关的环境、信息的交流、沟通、参与和协商，负责工程分包和劳务分包的具体管理，并在环境、职业健康安全施加影响。

④负责参加有关项目的合同评审，编制和实施项目环境技术措施，负责新技术、新工艺、新设备、新材料的实施和作业过程的控制，特殊过程的确认与连续监控，工程产品、施工过程的检验和试验，标识及不合格品的控制，以提高顾客满意度。

⑤负责收集和实施项目涉及的环境法律、法规和标准，组织项目的适用环境、职业健康安全法律、法规和其他要求的合规性评价，负责项目文件和记录的控制。

⑥负责项目涉及的环境因素、危险源辨识与风险评价，制定项目的环境目标，编制和实施环境、职业健康安全管理方案和应急预案，实施管理程序、惯例、运行准则，实现项目环境、职业健康安全目标。

⑦负责按程序、惯例、运行准则对重大环境因素和不可接受风险的关键参数或环节进行定期或不定期的检查、测量、试验，对发现的环境、职业健康安全的不符合项和事件严格处置，分析原因、制定、实施和验证纠正措施和预防措施，不断改善环境、职业健康安全绩效。

⑧负责对项目测量和监控设备的管理，并按程序进行检定或校准，对计算机软件进行确认，组织对内审不符合项整改，执行管理评审提出的相关要求，在"四新技术"推广中

制定和实施环境、职业健康安全管理措施，持续改进管理绩效和提高效率。

5）项目经理

项目经理的绿色施工和环境责任包括：

①履行项目第一责任人的作用，对承包项目的节约计划负全面领导责任。

②贯彻执行安全生产的法律法规、标准规范和其他要求，落实各项责任制度和操作规程。

③确定节约目标和节约管理组织，明确职能分配和职权规定，主持工程项目节约目标的考核。

④领导、组织项目经理部全体管理人员负责对施工现场可能节约因素的识别、评价和控制策划，并落实负责部门。

⑤组织制定节约措施，并监督实施。

⑥定期召开项目经理部会议，布置落实节约控制措施。

⑦负责对分包单位和供应商的评价和选择，保证分包单位和供应商符合节约型工地的标准要求。

⑧实施组织对项目经理部的节约计划进行评估，并组织人员落实评估和内审中提出的改进要求和措施。

⑨根据项目节约计划组织有关管理人员制定针对性的节约技术措施，并经常监督检查。

合理负责对施工现场临时设施的布置，对施工现场的临时道路、围墙合理规划，做到文明施工不铺张。

⑩合理利用各种降耗装置，提高各种机械的使用率和满载率。合理安排施工进度，最大限度发挥施工效率，做到工完料尽和质量一次成优。提高施工操作和管理水平，减少粉刷、地坪等非承重部位的正误差。负责对分包单位合同履约的控制，负责向进场的分包单位进行总交底，安排专人对分包单位的施工进行监控。

实施现场管理标准化，采用工具化防护，确保安全不浪费。

6）技术负责人

项目技术负责人的绿色施工和环境责任包括：

①对已识别浪费因素进行评价，确定浪费因素，并制订控制措施、管理目标和管理方案，组织编制节约计划。

②编制施工组织设计，制定资源管理、节能降本措施，对能耗较大的施工操作方案进行优化。

③和业主、设计方沟通，在建设项目中推荐使用新型节能高效的节约型产品。

④积极推广十项新技术，优先采用节约材料效果明显的新技术。

⑤鼓励技术人员开发新技术、新工艺、建立技术创新激励机制。

⑥制定施工各阶段对新技术交底文本，并对工程质量进行检查。

7）施工员

项目施工员的绿色施工和环境责任包括：

①参与节约策划，按照节约计划要求，对施工现场生产过程进行控制。

②负责在上岗前和施工中对进入现场的从业人员进行节约教育和培训。

③负责对施工班组人员及分包方人员进行有针对性的技术交底，履行签字手续，并对规程、措施及交底执行情况经常进行检查，随时纠正违章作业。

④负责检查督促每项工作的开展和接口的落实。

⑤负责对施工过程中的质量监督，对可能引起质量问题的操作，进行制止、指导、督促。

⑥负责进行工序间的验收，确保上道工序的问题不进入下一道工序。

⑦按照项目节约计划要求，组织各种物资的供应工作。

⑧负责供应商有关评价资料的收集，实施对供应商进行分析、评价，建立合格供应商名录。

⑨负责对进场材料按场容标准化要求堆放，杜绝浪费。

⑩执行材料进场验收制度，杜绝不合格产品流入现场。执行材料领用审批制度，限额领料。

8）安全员

项目安全员的绿色施工和环境责任包括：

①参与浪费因素的调查识别和节约计划的编制，执行各项措施。

②负责对施工过程的指导、监督和检查，督促文明施工、安全生产。

③文明施工业绩评价，发现问题及时处理，并向项目副经理汇报。

安全员应指导和监督分包单位按照绿色施工和环境管理要求，做好以下工作：

①执行安全技术交底制度、安全例会制度与班前安全讲话制度，并做好跟踪、检查、管理工作。

②进行作业人员的班组级安全教育培训，特种作业人员必须持证上岗，并将花名册、特种作业人员复印件进行备案。（特种作业人员包括电工作业、金属焊接、气割作业、起重机械作业、登高架设作业、机械操作等人员）。

③分包单位负责人及作业班组长必须接受安全教育，并签订相关的安全生产责任制。办理安全手续后方可组织施工。

④工人入场一律接受三级安全教育，办理相关安全手续后方可进入现场施工，如果分包人员需要变动，必须提出计划报告，按规定进行教育，考核合格后方可上岗。

⑤特种作业人员的配置必须满足施工需要，并持有有效证件，有效证件必须与操作者本人相符合。

⑥工人变换工种时，要通知总包方对转场或变换工种人员进行安全技术交底和教育，分包方要对其进行转场和转换工种教育。

第三节 施工环境因素及其管理

一、施工环境因素识别

1. 环境因素的识别

对环境因素的识别与评价通常要考虑以下方面：

（1）向大气的排放。

（2）向水体的排放。

（3）向土地的排放。

（4）原材料和自然资源的使用。

（5）能源使用。

（6）能量释放（如热、辐射、振动等）。

（7）废物和副产品。

（8）物理属性，如大小、形状、颜色、外观等。

除了考虑它能够直接控制的环境因素外，企业还应当对它可能施加影响的环境因素加以考虑。

例如，它所使用的产品和服务中的环境因素，以及它所提供的产品和服务中的环境因素。以下提供了一些对这种控制和影响进行评价的指导。不过，在任何情况下，对环境因素的控制和施加影响的程度都取决于企业自身。

应当考虑的与组织的活动、产品和服务有关的因素如下：

（1）设计和开发。

（2）制造过程。

（3）包装和运输。

（4）合同方和供方的环境绩效和操作方式。

（5）废物管理。

（6）原材料和自然资源的获取和分配。

（7）产品的分销、使用和报废。

（8）野生环境和生物多样性。

对企业所使用产品的环境因素的控制和影响，因不同的供方和市场情况而有很大差异。例如，一个自行负责产品设计的组织，可以通过改变某种输入原料施加影响。而一个根据外部产品规范提供产品的组织在这方面的作用就很有限。

一般来说，组织对它所提供的产品的使用和处置（例如，用户如何使用和处置这些产品），控制作用有限。可行时，它可以考虑通过让用户了解正确的使用方法和处置机制来施加影响。完全地或部分地由环境因素引起的对环境的改变，无论其有益还是有害，都称之为环境影响。环境因素和环境影响之间是因果关系。

在某些地方，文化遗产可能成为组织运行环境中的一个重要因素，因而在理解环境影响时应当加以考虑。由于一个企业可能有很多环境因素及相关的环境影响，应当建立判别重要环境的准则和方法。唯一的判别方法是不存在的，原则是所采用的方法应当能提供一致的结果，包括建立和应用评价准则，如有关环境事务、法律法规问题，以及内、外部相关方的关注等方面的准则。

对于重要环境信息，组织除在设计和实施环境管理地应考虑如何使用外，还应当考虑将它们作为历史数据予以留存的必要。

在识别和评价环境因素的过程中，还应当考虑到从事活动的地点、进行这些分析所需的时间和成本，以及可靠数据的获得。对环境因素的识别不要求做详细的生命周期评价。

对环境因素进行识别和评价的要求，不改变或增加组织的法律责任。确定环境因素的依据：客观地具有或可能具有环境影响的；法律、法规及要求有明确规定的；积极的或负面的；相关方有要求的；其他。

2. 识别环境因素的方法

识别环境因素的方法有物料衡算、产品生命周期、问卷调查、专家咨询、现场观察（查看和面谈）、头脑风暴、查阅文件和记录，测量、水平对比——内部、同行业或其他行业比较，纵向对比——组织的现在和过去比较等。这些方法各有利弊，具体使用时可将各种方法组合使用，下面介绍几种常用的环境因素识别方法。

（1）专家评议法

由有关环保专家、咨询师、组织的管理者和技术人员组成专家评议小组，评议小组应具有环保经验、项目的环境影响综合知识，ISO14000标准和环境因素识别知识，并对评议组织的工艺流程十分熟悉，才能对环境因素准确、充分地识别。在进行环境因素识别时，评议小组采用过程分析的方法，在现场分别对过程片段不同的时态、状态和不同的环境因素类型进行评议，集思广益。如果评议小组专业人员选择得当，识别就能有快捷、准确的结果。

（2）问卷评审法（因素识别）

问卷评审是通过事先准备好的一系列问题，通过到现场查看和与人员交谈的方式，来获取环境因素的信息。问卷的设计应本着全面和定性与定量相结合的原则。问卷包括的内容应尽量覆盖组织活动、产品，以及其上、下游相关环境问题中的所有环境因素，一个组织内的不同部门可用同样的设计好的问卷，虽然这样在一定程度上缺乏针对性，但为一个部门设计一份调查问卷是不实际的。典型的调查问卷中的问题可包括以下内容：

1）产生哪些大气污染物？污染物浓度及总量是多少？

2）产生哪些水污染物？污染物浓度及总量是多少？

3）使用哪些有毒有害化学品？数量是多少？

4）在产品设计中如何考虑环境问题？

5）有哪些紧急状态？采取了哪些预防措施？

6）水、电、煤、油用量各多少？与同行业和往年比较结果如何？

7）有哪些环保设备？维护状况如何？

8）产生哪些有毒有害固体废弃物？如何处置的？

9）主要噪声源有哪些？

10）是否有居民投诉情况？做没做调查？

以上只是部分调查内容，可根据实际情况制定完整的问卷提纲。

（3）现场评审法（观察面谈、书面文件收集及环境因素识别）

现场观察和面谈都是快速直接地识别出现场环境因素最有效的方法。这些环境因素可能是已具有重大环境影响的，或者是具有潜在的重大环境影响的，有些是存在环境风险的。例如：

1）观察到较大规模的废机油流向厂外的痕迹。

2）询问现场员工，回答"这里不使用有毒物质"，但在现场房角处发现存有剧毒物质。

3）员工不知道组织是否有环境管理制度，而组织确实存在一些环境制度。

4）发现锅炉房烟囱冒黑烟。

5）听到厂房中传出刺耳的噪声。

6）垃圾堆放场各类废弃物混放，包括金属、油棉布、化学品包装瓶、大量包装箱、生活垃圾等。

现场面谈和观察一方面能获悉组织环境管理的其他现状，如环保意识、培训、信息交流、运行控制等方面的缺陷；另一方面也能发现组织增强竞争力的一些机遇。如果是初始环境评审，评审员还可向现场管理者提出未来体系建立或运行方面的一些有效建议。

一般的组织都存在有一定价值的环境管理信息和各种文件，评审员应认真审查这些文件和资料。需要关注的文件和资料包括：

1）排污许可证、执照和授权。

2）废物处理、运输记录、成本信息。

3）监测和分析记录。

4）设施操作规程和程序。

5）过去场地使用调查和评审。

6）与执法当局的交流记录。

7）内部和外部的抱怨记录。

8）维修记录、现场规划。

9）有毒、有害化学品安全参数。

10）材料使用和生产过程记录，事故报告。

二、施工环境因素评价及确定

1. 环境影响评价的基本条件

环境影响评价具备判断功能、预测功能、选择功能与导向功能。理想情况下，环境影响评价应满足以下条件：

（1）基本上适应所有可能对环境造成显著影响的项目，并能够对所有可能的显著影响做出识别和评估。

（2）对各种替代方案（包括项目不建设或地区不开发的情况）、管理技术、减缓措施进行比较。

（3）生成清楚的环境影响报告书，以使专家和非专家都能了解可能影响的特征及其重要性。

（4）包括广泛的公众参与和严格的行政审查程序。

（5）及时、清晰的结论，以便为决策提供信息。

2. 环境因素评价指标体系的建立原则

建立环境因素评价指标体系的原则：

（1）简明科学性原则

指标体系的设计必须建立在科学的基础上，客观、如实地反映建筑绿色施工各项性能目标的构成，指标繁简适宜、实用、具有可操作性。

（2）整体性原则

构造的指标体系全面、真实地反映绿色建筑在施工过程中资源、能源、环境、管理、人员等方面的基本特征。每一个方面由一组指标构成，各指标之间既相互独立，又相互联系，共同构成一个有机整体。

（3）可比可量原则

指标的统计口径、含义、适用范围在不同施工过程中要相同；保证评价指标具有可比性；可量化原则是要求指标中定量指标可以直接量化，定性指标可以间接赋值量化，易于分析计算。

（4）动态导向性原则

要求指标能够反映我国绿色建筑施工的历史、现状、潜力以及演变趋势，揭示内部发展规律，进而引导可持续发展政策的制定、调整和实施。

3. 环境因素的评价的方法

环境因素的评价是采用某一规定的程序方法和评价准则对全部环境因素进行评价，最终确定重要环境因素的过程。常用的环境因素评价方法有是非判断法、专家评议法、多因子评分法、排放量/频率对比法、等标污染负荷法、权重法等。这些方法中前三种属于定性或半定量方法，评价过程并不要求取得每一项环境因素的定量数据；后四种则需要定量的污染物参数，如果没有环境因素的定量数据则评价难以进行，方法的应用将受到一定的限制。因此，评价前，必须根据评价方法的应用条件、适用的对象进行选择，或根据不同的环境因素类型采用不同的方法进行组合应用，才能得到满意的评价结果。下面介绍几种常用的环境因素评价方法：

（1）是非判断法

是非判断法根据制定的评价准则，进行对比、衡量并确定重要因素。当符合以下评价准则之一时，即可判为重要环境因素。该方法简便、操作容易，但评价人员应熟悉环保专业知识，才能做到判定准确。评价准则如下：

1）违反国家或地方环境法律法规及标准要求的环境因素（如超标排放污染物，水、电消耗指标偏高等）。

2）国家法规或地方政府明令禁止使用或限制使用或限期替代使用的物质（如氟利昂替代、石棉和多氯联苯、使用淘汰的工艺、设备等）。

3）属于国家规定的有毒、有害废物（如国家危险废物名录共47类，医疗废物的排放等）。

4）异常或紧急状态下可能造成严重环境影响（如化学品意外泄漏、火灾、环保设备故障或人为事故的排放）。

5）环保主管部门或组织的上级机构关注或要求控制的环境因素。

6）造成国家或地方级保护动物伤害、植物破坏的（如伤害保护动物一只以上，或毁残植物一棵以上。适用于旅游景区的环境因素评价）。

7）开发活动造成水土流失而在半年内得到控制恢复的（修路、景区开发、开发区开发等）。应用时可根据组织活动或服务的实际情况、环境因素复杂程度制定具体的评价准则。评价准则应适合实际，具备可操作性、可衡量，保证评价结果客观、可靠。

（2）多因子评分法

多因子评分法是对能源、资源、固废、废水、噪声五个方面异常、紧急状况制定评分标准。制定评分标准时尽量使每一项环境影响量化，并以评价表的方式，依据各因子的重要性参数来计算重要性总值，从而确定重要性指标，根据重要性指标可划分不同等级，得到环境因素控制分级，从而确定重要环境因素。

在环境因素评价的实际应用中，不同的组织对环境因素重要性的评价准则略有差异，因此，评价时可根据实际情况补充或修订，对评分标准做出调整，使评价结果客观、合理。

4. 环境因素更新

环境因素更新包括日常更新和定期更新。企业在体系运行过程中，如本部门环境因素发生变化时，应及时填写"环境因素识别、评价表"以便及时更新。当发生以下情况时，应更新环境因素：

（1）法律法规发生重大变更或修改时，应更新环境因素。

（2）发生重大环境事故后应进行环境因素更新。

（3）项目或产品结构、生产工艺、设备发生变化时，应更新环境因素。

（4）发生其他变化需要进行环境因素更新时，应更新环境因素。

5.施工环境因素的基本分类

环境因素的基本分类包括：

（1）水、气、声、渣等污染物排放或处置。

（2）能源、资源、原材料消耗。

（3）相关方的环境问题及要求。

第四节　绿色施工与环境目标指标、管理方案

一、绿色施工与环境管理方案

绿色施工与环境管理是针对环境因素，特别是重要环境因素的管理行为。

绿色施工的目标指标是围绕环境因素，根据企业的发展需求、法规要求、社会责任等集成化内容确定的。相关措施是为了实现目标指标而制定的实施方案。

1.绿色施工与环境管理的编制依据

（1）法规、法律及标准、规范要求。

（2）企业环境管理制度。

（3）相关方需求。

（4）施工组织设计及实施方案。

（5）其他。

2.绿色施工与环境管理方案的内容

（1）环境目标指标。

（2）环境因素识别、评价结果。

（3）环境管理措施。

（4）相关绩效测量方法。

（5）资源提供规定。

3.绿色施工与环境管理方案审批

（1）按照企业文件批准程序执行。

（2）由授权人负责实施审批。

二、常见的管理方案的措施内容

1. 节材措施

（1）图纸会审时，应审核节材与材料资源利用的相关内容，达到材料损耗率比定额损耗率降低 30%。

（2）根据材料计划用量用料时间，选择合适的供应方，确保材料质高价低，按用料时间进场。建立材料用量台账，根据消耗定额，限额领料，做到当日领料当日用完，减少浪费。

（3）根据施工进度、库存情况等合理安排材料的采购、进场时间和批次，减少库存。

（4）现场材料堆放有序。储存环境适宜，措施得当。保管制度健全，责任落实。

（5）材料运输工具适宜，装卸方法得当，防止损坏和遗撒。根据现场平面布置情况就近卸载，避免和减少二次搬运。

（6）采取技术和管理措施提高模板、脚手架等的周转次数。

（7）优化安装工程的预留、预埋、管线路径等方案。

（8）应就地取材，施工现场 500km 以内生产的建筑材料用量占建筑材料总重量的 70% 以上。

（9）减少材料损耗，通过仔细的采购和合理的现场保管、减少材料的搬运次数、减少包装、完善操作工艺、增加摊销材料的周转次数等降低材料在使用中的消耗，提高材料的使用效率。

2. 结构材料节材措施

（1）推广使用预拌混凝土和商品砂浆。准确计算采购数量、供应频率、施工速度等，在施工过程中动态控制。结构工程使用散装水泥。

（2）推广使用高强钢筋和高性能混凝土，减少资源消耗。

（3）推广钢筋专业化加工和配送。

（4）优化钢筋配料和钢构件下料方案。钢筋及钢结构制作前应对下料单及样品进行复核，无误后方可批量下料。

（5）优化钢结构制作和安装方法。大型钢结构宜采用工厂制作，现场拼装；宜采用分段吊装、整体提升、滑移、顶升等安装方法，减少方案的措施用材量。

（6）采取数字化技术，对大体积混凝土、大跨度结构等专项施工方案进行优化。

3. 围护材料节材措施

（1）门窗、屋面、外墙等围护结构选用耐候性及耐久性良好的材料，施工确保密封性、防水性和保温隔热性。

（2）门窗采用密封性、保温隔热性能、隔声性能良好的型材和玻璃等材料。

（3）屋面材料、外墙材料具有良好的防水性能和保温隔热性能。

（4）当屋面或墙体等部位采用基层加设保温隔热系统的方式施工时，应选择高效节能、耐久性好的保温隔热材料，以减小保温隔热层的厚度及材料用量。

（5）屋面或墙体等部位的保温隔热系统采用专用的配套材料，以加强各层次之间的黏结或连接强度，确保系统的安全性和耐久性。

（6）根据建筑物的实际特点，优选屋面或外墙的保温隔热材料系统和施工方式，如保温板粘贴、保温板干挂、聚氨酯硬泡喷涂、保温浆料涂抹等，以保证保温隔热效果，并减少材料浪费。

（7）加强保温隔热系统与围护结构的节点处理，尽量降低热岛效应。针对建筑物的不同部位保温隔热特点，选用不同的保温隔热材料及系统，以做到经济适用。

4. 装饰装修材料节材措施

（1）贴面类材料在施工前，应进行总体排版策划，减少非整块材的数量。

（2）采用非木质的新材料或人造板材代替木质板材。

（3）防水卷材、壁纸、油漆及各类涂料基层必须符合要求，避免起皮、脱落。各类油漆及胶黏剂应随用随开启，不用时及时封闭。

（4）幕墙及各类预留预埋应与结构施工同步。

（5）木制品及木装饰用料、玻璃等各类板材等宜在工厂采购或定制。

（6）采用自黏类片材，减少现场液态胶黏剂的使用量。

5. 周转材料节材措施

（1）应选用耐用、维护与拆卸方便的周转材料和机具。

（2）优先选用制作、安装、拆除一体化的专业队伍进行模板工程施工。

（3）模板应以节约自然资源为原则，推广使用定型钢模、钢框竹模、竹胶板。

（4）施工前应对模板工程的方案进行优化。多层、高层建筑使用可重复利用的模板体系，模板支撑宜采用工具式支撑。

（5）优化高层建筑的外脚手架方案，采用整体提升、分段悬挑等方案。

（6）推广采用外墙保温板替代混凝土施工模板的技术。

（7）现场办公和生活用房采用周转式活动房。现场围挡应最大限度地利用已有围墙，或采用装配式可重复使用围挡封闭。力争工地临房、临时围挡材料的可重复使用率达到 70%。

6. 节水与水资源利用

（1）提高用水效率

1）施工中采用先进的节水施工工艺。

2）施工现场喷洒路面、绿化浇灌不宜使用市政自来水。现场搅拌用水、养护用水应采取有效的节水措施，严禁无措施浇水养护混凝土。

3）施工现场供水管网应根据用水量设计布置，管径合理、管路简洁，采取有效措施减少管网和用水器具的漏损。

4）现场机具、设备、车辆冲洗用水必须设立循环用水装置。施工现场办公区、生活区的生活用水采用节水系统和节水器具，提高节水器具配置比率。项目临时用水应使用节水型产品，安装计量装置，采取针对性的节水措施。

5）施工现场建立可再利用水的收集处理系统，使水资源得到梯级循环利用。

6）施工现场分别对生活用水与工程用水确定用水定额指标，并分别计量管理。

7）大型工程的不同单项工程、不同标段、不同分包生活区，凡具备条件的应分别计量用水量。在签订不同标段分包或劳务合同时，将节水定额指标纳入合同条款，进行计量考核。

8）对混凝土搅拌站点等用水集中的区域和工艺点进行专项计量考核。施工现场建立雨水、废水或可再利用水的搜集利用系统。

（2）非传统水源的利用

1）优先采用废水搅拌、废水养护，有条件的地区和工程应收集雨水养护。

2）处于基坑降水阶段的工地，宜优先采用地下水作为混凝土搅拌用水、养护用水、冲洗用水和部分生活用水。

3）现场机具、设备、车辆冲洗、喷洒路面、绿化浇灌等用水，优先采用非传统水源，尽量不使用市政自来水。

4）大型施工现场，尤其是雨量充沛地区的大型施工现场建立雨水收集利用系统，充分收集自然降水用于施工和生活中适宜的部位。

5）力争施工中非传统水源和循环水的再利用量大于30%。

（3）用水安全。在非传统水源和现场循环再利用水的使用过程中，应制定有效的水质检测与卫生保障措施，确保避免对人体健康、工程质量以及周围环境产生不良影响。

7. 节能与能源利用

（1）节能措施

1）能源节约教育：施工前对所有工人进行节能教育，树立节约能源的意识，养成良好的习惯。

2）制定合理的施工能耗指标，提高施工能源利用率。

3）优先使用国家、行业推荐的节能、高效、环保的施工设备和机具，如选用变频技术的节能施工设备等。

4）施工现场分别设定生产、生活、办公和施工设备的用电控制指标，定期进行计量、核算、对比分析，并有预防与纠正措施。

5）在施工组织设计中，合理安排施工顺序、工作面，以减少作业区域的机具数量，相邻作业区充分利用共有的机具资源。安排施工工艺时，应优先考虑耗用电能的或其他能耗较少的施工工艺。避免设备额定功率远大于使用功率或超负荷使用设备的现象。

6）根据当地气候和自然资源条件，充分利用太阳能、地热等可再生能源。

7）可回收资源利用。使用可再生的或含有可再生成分的产品和材料，这有助于将可回收部分从废弃物中分离出来；同时减少原始材料的使用，即减少自然资源的消耗。加大资源和材料的回收利用、循环利用，如在施工现场建立废物回收系统，再回收或重复利用在拆除时得到的材料，这可减少施工中材料的消耗量或通过销售来增加企业的收入，也可降低企业运输或填埋垃圾的费用。

（2）机械设备与机具

1）建立施工机械设备管理制度，开展用电、用油计量，完善设备档案，及时做好维修保养工作，使机械设备保持低耗、高效的状态。

2）选择功率与负载相匹配的施工机械设备，避免大功率施工机械设备低负载长时间运行。

机电安装可采用节电型机械设备，如逆变式电焊机和能耗低、效率高的手持电动工具等，以利于节电。机械设备宜使用节能型油料添加剂，在可能的情况下，考虑回收利用，节约油量。

3）合理安排工序，提高各种机械的使用率和满载率，降低各种设备的单位耗能。

4）在基础施工阶段，优化土方开挖方案，合理选用挖土机及运载车。

（3）生产、生活及办公临时设施

1）利用场地自然条件，合理设计生产、生活及办公临时设施的体形、朝向、间距和窗墙面积比，使其获得良好的日照、通风和采光。南方地区可根据需要在其外墙窗设遮阳设施。

2）临时设施宜采用节能材料，墙体、屋面使用隔热性能好的材料，减少夏天空调、冬天取暖设备的使用时间及耗能量。

3）合理配置采暖、空调、风扇数量，规定使用时间，实行分段分时使用，节约用电。

（4）施工用电及照明

1）根据工程需要，统计设备加工的工作量，合理使用国家、行业推荐的节能、高效、环保的施工设备和机具。

2）临时用电均选用节能电线和节能灯具，临电线路合理设计、布置。

3）照明设计以满足最低照度为原则，照度不应超过最低照度的20%。

4）合理安排工期，编制施工进度总计划、月计划、周计划，尽量减少夜间施工。

5）夜间施工确保施工段的照明，无关区域不开灯。

6）编制设备保养计划，提高设备完好率、利用率。

7）电焊机配备空载短路装置，降低功耗，配置率100%。

8）安装电度表，进行计量并对宿舍用电进行考核。

9）建立激励和处罚机制，弘扬节约光荣、浪费可耻的风气。

10）宿舍使用限流装置、分路供电技术手段进行控制。

第八章　建筑节能设计和环境效益分析

21 世纪以可持续发展的绿色建筑设计理念指导着绿色建筑的健康发展，提高绿色建筑设计水平，推进节能与绿色建筑，通过节源节能，缓和人口与资源、生态环境的矛盾等措施，是实现建筑与自然共生、人与自然和谐的重要方式。

第一节　绿色建筑节能设计计算指标

一、城市建筑碳排放计算分析

在已有的文献中，对大尺度碳排放的研究主要包括美国佐治亚理工学院的玛丽莲·布朗（Marian Brown）所完成的美国 200 个都市圈低碳研究等，多半采取由上而下的系统输入 / 输出研究方法，仅估计碳排放在区域发展中的总量，无法针对城市空间内部结构所产生的作用进行解释。采用一种由下而上的空间分析方法，探讨城市内部空间结构以及能耗与碳排放的关系，分析城市规划中最核心的开发密度、土地使用以及城市空间形态等因素如何影响碳排放，提出一个低碳城市设计的政策架构与流程让碳足迹的分析落实到城区及街廓尺度以形成低碳设计原则。

1. 三种城市空间尺度的碳排放分析架构

为了分析城市空间对建筑能耗和碳排放的影响，本节选择了三种（城市、街区和单体建筑）城市空间尺度进行系统分析。

首先，在城市空间尺度上，研究人员需要采集城市能耗、统计城市人口数量、分析地区差异并分析城市的用能强度。通过城市空间能耗强度分析，从而获得能耗与人口密度、区域面积等参数间的关系，从而获取社会总量级别的碳排放情况。对于信息采集，主要是通过信息收集的方法进行的，并以宏观数据为主题，如人口密度、城市面积、总能源消耗和人均能源消耗等。

其次，是中尺度的碳排放模型，主要为城市街区或者小区空间。对城市街区和小区的建筑碳排放的计算，主要包括两种方法：（1）根据土地的使用情况进行统计计算，也就是假定某特定区域上的建筑用能强度相同，不存在差异性；（2）通过数值模拟的方法进行分析，在分析中可以考虑建筑外形、气候特征、土地使用率，以及建筑人员的活动等因素的影响。对比上述两种方法：第一种方法便于实行，但是结果较为粗糙；第二种方法相对复杂，但是结果的可靠性和精确度较高。建筑能耗可以通过自下而上的方法进行计算，首先计算单体建筑的能耗，然后逐级累加。

最后，是单体建筑或者具有统一形体的建筑的尺度模型。在建筑场地上，人们能够更加准确地计算分析太阳能接受度，从而计算单体建筑与太阳能接受度之间的关系。小尺度建筑碳排放模型主要包括绘图、建模和分析三个部分。在建模过程中，小尺度模型对建筑的具体参数，例如，建筑高度、面积、类型与体形等的要求较高。

2. 中尺度的系统分析

本节对中尺度的街区建筑耗能进行着重分析。在分析过程中，需要考虑城市设计的尺度与描述城市街区的重要信息，例如，建筑容积率、土地使用方式、建筑尺寸与街道尺寸等。上述属性同时描述建筑碳排放的性质与参数情况，用于研究建筑城市空间与碳排放以及能源消耗之间的关系。

基于土地的利用情况以及建筑外形，可以自下而上地计算建筑的能源消耗和碳排放情况。采用这种方法计算建筑碳排放时，只需要关注土地的利用情况及建筑的耗能强度，同一地域上的建筑碳排放只需要采用简单的相乘即可得出。在建筑设计中，建筑层高通常假设为 3.5m，这是参照美国城市环境委员会处理不确定性的建筑数据得出的。

通过上述叙述可知，计算基地碳排放的方法有两种：第一种方法是基于土地使用面积的计算方法，在单位土地面积上的碳排放量是固定的；第二种方法是基于建筑类型的计算方法，在计算充分考虑了建筑体形、气候特征、使用方式，以及人们的耗能行为等。为了比较分析上述两种方法在计算建筑碳排放时的精确度，有学者对我国澳门特区的建筑用电量进行了对比分析。通过对比上述两种方法的计算结果，可以得出：方法二能够更加精确地计算预测建筑能耗，其误差水平一般控制在 20% 以内；方法一的预测结果误差较大，其结果一般会超出实际结构的 1—2 倍。

虽然采用方法二的结果精度较高，但是在计算过程中的耗时较长，方法一的运算时间较短，因此在实际的应用中，上述两者均可采用。

3. 小尺度建筑类型的碳排放效能分析

小尺度建筑的能耗与空间参数密切相关，参数主要包括土地使用情况、建筑外形、建筑面积与建筑体积，本节将对其进行着重研究分析单位面积的碳排放与土地使用情况之间的关系。以我国澳门特区为例，民用住宅的单位面积的年耗电量为 68 度，商业建筑单位面积的年耗电量为 246 度，办公建筑单位面积的年耗电量为 154 度，其他建筑单位面积的年耗电量为 56 度。通过对同一地块上的住宅的碳排放研究发现，建筑外形（诸如，低矮建筑、塔形建筑以及庭院建筑）与单位面积建筑能耗没有直接的联系，而居住者的行为、建筑材料与供能设备与建筑的能耗有很大的关系。此外，通过对建筑制冷设备（主要包括直接膨胀冷却系统和冷却水系统）进行的比较：在膨胀系统中，主要选用了一体化多区制冷系统；而在冷却水系统中，主要分析了传统变风量再热系统、风机盘管系统和双管系统。

太阳能辐射接收量与建筑外形的关系。人们为了研究建筑物的辐射接收量与建筑体型之间的关系，需要将所有的建筑按照外形进行归类，然后对同类的太阳能辐射量取平均值，从而对比分析同类建筑之间的能耗接收量。通过分析所有外形的建筑发现，阶梯形建筑的太阳能接受量较大；其次是普通阶梯形建筑、庭院式以及三角形建筑。需要指出的是，在实际的建筑空间中，建筑物的太阳能接受量，不但取决于建筑外形，而且受周围环境，如周围建筑高度与外形的影响。

已有的研究发现，对于小尺度的建筑空间，即单栋建筑的比表面积较大，因此可以接受的太阳能辐射量较大；通过太阳能光伏板接收转化的太阳能一般能够满足建筑运行的需求，因此可以中和建筑的碳排放。因此在设立建筑节能目标时，需要预测太阳能的利用率占整个建筑碳排放的比例。也就是说，在城市规划设计中需要同时兼顾某一地区的碳排放和太阳能利用，从而提高环境效益。

在小区空间中，建筑的容积率越高，太阳能板的安装率相应降低，因此减碳率也随着降低。当人口密度较大时，建筑的容积率一般较高，通过可再生能源的方式难以降低建筑的碳排放量，因此需要通过设计手段提高其减碳率。

一般而言，在建筑群中，低层建筑的采光性能受高层建筑的影响很大。在人口密度较大的区域，为了提高空间利用率和扩大开放空间面积，通常建立高层建筑，从而导致低层建筑的采光受到影响。因此在建筑设计过程中，需要注重减少高层建筑对周围建筑和公共活动空间的影响。通过上述建筑空间的节能绩效评估发现，建筑类型、能耗水平、碳排放、太阳能利用程度与建筑碳利用程度具有一定的相关性。

在未来低碳城市的发展过程中，政府应该给予政策与经济支持，引入可再生能源的负碳设计机制。因此，需要将低碳城市发展与城市规划设计工作相结合，然后从单体建筑、小区或者街区、大尺度基地建设等多个方面进行空间形态方案的分析评估。因此建立绩效评估低碳指标应与城市设计准则相适应。

二、绿色建筑的低碳设计

1. 朝向

在住宅建筑低碳设计过程中，首要考虑的是选择并确定建筑物的朝向。建筑物朝向选择的一般原则是既能保证冬季获得足够的太阳辐射热，并能使冬季主导风向避开建筑，又能在夏季保证建筑室内外有良好的自然通风。一般来说，"良好朝向"是相对的，其主要是根据建筑物所处的地区地段和特定的地区气候条件而言的，在多种因素中，日照采光、自然通风等气候因素是确定建筑朝向的主要依据。对于厦门地区而言，决定朝向首要的是夏季的自然通风，次要的是冬季的阳光。

2. 自然通风

良好的建筑朝向，能有效地促进室内外空气的流动，从而在夏季改善建筑室内的热环境。如果仅仅考虑增大建筑单体通风，建筑长边与夏季主导风方向垂直的时候，风压最大，但要考虑到室内人体的降温（室内降温需要最大的房间平均风速以及室内均匀分布气流运动）以及有利于建筑群体布局通风，将在建筑后面形成不稳定的涡流区，严重影响到后排建筑自然通风的顺畅。所以规划朝向（大多数条式建筑的主要朝向）与夏季主导季风方向最好控制在 30° —60° 之间，并且是风向与建筑物墙和窗的开口夹角在 30° —120° ，尤其是在 45° —145° 之间的时候，就可以使建筑物获得良好的自然通风效果。

3. 日照与采光

在厦门地区，由于夏季时间长、太阳辐射强、高度角大，通常表现的是酷暑的炎热。因此首先应考虑到夏季的隔热与遮阳设计，尽量避免朝向东西向，减少东西日晒，结合阳台空间、绿化等措施来进一步降低太阳辐射热对围护结构的影响。但是我们在考虑隔热的同时，还需要注意到建筑的日照与采光要求。引入一定的采光将降低室内光电能源的消耗，而日照在建筑冬季表现的将更为需要，一般将建筑的朝向布置在南北向或偏东、偏西小于 30° 的角度，避免东西向布置，并且在南侧尽量预留出对建筑尺度许可的宽敞室外空间，这样可以获得大量的冬季日照。在具体建筑设计中，我们可以根据计算机模拟技术对建筑各方向的围护结构所接受到的太阳辐射量的分析结果，确定建筑的最佳朝向。在夏热冬暖地区居住建筑节能设计标准中规定，该地区的居住建筑的朝向宜采用南北向或接近南北向。

第二节 绿色节能建筑设计能耗分析

一、低能耗建筑的被动式设计手段

1. 被动式太阳能利用设计要点

被动式太阳能设计要点集中在设法争取太阳辐射得热和夜间储热量；提高围护结构保温性能，减少热量的散失上。建筑方案设计时需要考虑建筑的形体、朝向和热质量材料的运用，主要包括以下几种设计手段：

（1）增加建筑南向墙面的面积

房间平面布置可以采用错落排列的方法，争取南向的开窗，建筑的南向立面，其窗墙面积比应大于 30%，同时考虑南北向空气对流；此外，可以利用建筑的错层、天窗、升高北向房间的高度等使处于北向的房间和大进深房间的深处获得日照。

（2）为了增加建筑的太阳辐射热，建筑通常为南向，其建筑最大偏移角为 30°

太阳房的效果与窗户的朝向具有很大的关系，随着建筑的偏转度，建筑的太阳辐射逐渐降低。根据计算，建筑物门窗 30° 的范围内，其耗能水平会提高。

（3）为了防止室内空间的辐射热

通常情况下，会在建筑结构中采用蓄热性较大的材料，如钢筋混凝土材料、砖石和土坯材料等。在白天有光照时可以通过这些材料吸收一部分的辐射热量；而在没有光照时，又可以散发一部分热量，从而能够对室内温度实现动态调节以避免室内的温度波动。试验证明，直接暴露于阳光下的蓄热材料比普通材料的热量储存能力高4倍。

2. 建筑蓄热与自然通风降温设计要点

基于建筑围护结构的蓄热性与自然通风降温的特点，可对夏季日温差大的区域进行建筑降温。一般白天室内温度较高，通过建筑围护结构的蓄热可以阻隔热量进入室内，但是白天自然通风会导致室内的温度提高，因此需要关窗，完全采用围护结构的蓄热性进行降温。到了夜间，室外温度下降较快，可以通过自然通风的方式降低室内温度，并提高室内空气的清新度。

（1）建筑围护结构采用具有足够热质量的材料，墙体以重质的密实混凝土、砖墙或土墙外加具有一定隔热能力的材料为佳，提高围护结构的蓄热性，通过吸收室外传来的热量降低室外温度波动，降低最高温度值。

（2）在室内均匀布置热质量材料，使其能够均匀吸收热量。夜间有足够的通风使白天储存在材料内的热量尽快散失，降低结构层内表面的温度。

（3）建筑物宜与主导风向成45°左右，并采用前后错列、斜列、前低后高、前疏后密等布局措施。

（4）尽量在迎风墙和背风墙上均设置窗口，使风能够形成一股气流从高压区穿过建筑流向低压区，从而形成穿堂风。在建筑剖面设计中，可以利用自身高耸垂直贯通的空间来实现建筑的通风，常用的利于通风的剖面形式有跃层、中庭、内天井等，也可通过设置通风塔来实现自然通风。

3. 蒸发降温设计要点

夏季酷热、降雨量多，室外温度高于35℃的天数多达97天的地区，建筑需要利用蒸发冷却降温。采用这种方式，需要引导室外空气进入冷却蒸发塔，继而流入室内，降低室内的温度，因此这种降温设计方法又称为冷却塔法。一般情况下，冷却塔置于建筑物的屋顶上，在其进风口处需要将垫子浸湿，因此当室外的热空气进入室内时，干燥空气吸水的同时，也会蒸发降温，使得冷空气下沉进入室内。同时也可以将室内的热空气排出室外。当室外温度低于室内时（夜间），冷却塔又可以作为热压通风的通道，进行夜间通风。冷却塔在屋顶的上面吸入空气，它们可以与热干旱气候的紧凑形式、院落式布局良好结合。

另外可用水作为冷媒，通常在屋顶上实现蒸发冷却。带有活动隔热板的屋面水池就是这种方法的特例。也可利用蒸发及辐射散热的作用使流动的水冷却，此时冷却的水可储藏于地下室或使用空间的内部。冷水由储藏空间经过使用空间再回到进行冷却的地方。

4. 建筑防风设计要点

在冬季建筑容易受寒风的影响，建筑室内温度降低。因此需要考虑建筑的冬季防风，这主要是采用防风林和挡风建筑物来实现的。可以推算，一个单排高密度的防风林，在距离建筑物的 4 倍高度处的风速能够降低 90%。在冬季，这可以减少 60% 的冷风渗透量，从而可以减少 15% 的常规能源消耗。具体的防风林布置方式取决于植被的特点、高度、密度和宽度等。通常情况下，防风林背后最低风速出现在距离林木高度 4—5 倍处。

在较寒冷地区应减少高层建筑产生的"高层风"对户外公共空间的不舒适度影响：高层建筑形体设计符合空气动力学原理。相邻建筑之间的高度差不要变化太大。建筑高度最好不要超过位于它上风向的相邻建筑高度的两倍。当建筑高度和相邻建筑高度相差很大时，建筑的背风面可设计突出的平台，高度在 6—10m，使高层背后形成下行的"涡流"不会影响到室外人行高度处。

5. 建筑遮阳设计要点

遮阳是控制透过窗户的太阳辐射热的最有效的方法。研究表明，大面积玻璃幕墙外围设计 1 米深的遮阳板，可以节约大约 15% 的空调耗电量。另外，室外遮阳构件又是立面的一个重要构成要素。

在进行遮阳设计时，需要考虑遮阳形式和尺寸。遮阳的形式分为永久性遮阳和活动遮阳，其中，永久性遮阳分为水平遮阳、垂直遮阳、综合遮阳和挡板式遮阳。根据需遮阳窗户所处的方位，应选择不同的遮阳形式。而确定遮阳设计时，首先需要确定一些设计参数：需要确定遮阳的时间，即一年中哪些天、一天中的哪些时段需要遮阳？根据遮阳时间提出合适的遮阳形式。

二、低能耗建筑的围护结构

根据建筑的气候控制原理，良好的建筑外围护结构设计会降低室内舒适环境对人工设备的依赖程度。建筑外围护结构作为室内与外界环境间能量流通的必经媒介，通过热传导、空气对流和表面辐射换热三种热传递方式进行能量交换。同时合理的自然光的引入也会降低人工照明设备的使用。基于在不同气候环境下，对于热量传递三种方式采用何种控制，对于自然采光如何引入，成为外围护结构设计的基本思路。按照气候分区，围护结构的设计原则主要有：

1. 在寒冷气候条件下，为了尽量减少建筑的失热量以维持舒适的热环境，可通过加强外围护结构热阻、增加围护结构墙体厚度，使用蓄热系数高的墙体材料等方式减少由围护结构所产生的热损失。同时，强化门窗的气密性，减少冷风渗透的影响，也可以降低室内的能耗。再者，考虑被动式太阳能的利用，适宜的开窗既能将阳光引入室内满足自然采光要求，也可以和材料的良好蓄热性能结合达到采暖目的。

2. 在炎热气候条件下，围护结构的设计就要考虑到隔热设计，以减少热量向室内的传导。再者，在合理布置窗和洞口的前提下组织自然通风，尤其是利用夜间通风降温，可以大大减少夏季的空调负荷。同时，良好的门窗气密性也可防止在过热季节的热风渗透。为了防止过多的太阳辐射进入室内，门窗部位采用各种必需的遮阳方式也是有效地控制环境的策略。此外，屋顶和外墙壁利用遮挡或是采用较强反射能力的材料或是色彩，都能起到降低太阳辐射影响的作用。

目前，随着我国节能规范、标准的更新，对建筑围护结构的热工性能提出了越来越高的要求，因此不断地研制开发出了多种新型的节能材料。与此同时，不同地区的不同传统建筑围护结构同样具有良好的热工性能。以生土材料围护结构为代表，这些传统材料体现了传统建筑的生态观。

三、低能耗建筑的设备系统的设计手段

低能耗建筑设备系统主要包括主被动太阳能、热泵系统、VBRV 系统、VAV 系统、蓄冷系统等，但是在运用各个系统时，要根据具体的情况而定，否则低能耗设计系统就成了高费用运行系统，所以要实现低能耗的手段必须合理设计低能耗设备系统。

第三节 绿色节能建筑热舒适性分析

一、围护结构的得热设计存在的问题

1. 采暖期建筑得热强度低

冬季采暖期，由于冬季的太阳高度角比较低，而且有效日照时间短（从 9：00 到 15：00），辐射的强度也比较低，而且由于太阳高度角比较低的缘故相互遮挡比夏季更加严重。除了住宅有比较严格的日照要求外，大多数公共建筑在冬季能够接受满窗日照的小时数少得可怜，这就使得既有建筑在采暖期接受日照辐射的机会很少。所以，日照时间短、太阳辐射强度低、遮挡严重这三个原因决定了采暖期建筑得热强度很低。

2. 建筑得热不均匀造成温度不均匀

在我国，尤其是在寒冷地区，北向的房间在整个采暖期都没有获得日照的机会，南向获得日照的机会的强度比其他朝向的房间大很多，在相同强度的供暖设施下，南向的房间就会比适宜的温度高许多，甚至超过人体的承受范围。而北侧房间却有可能因为种种原因温度不能满足人体的需要，这种由于建筑得热设计造成的室内温度不均匀在既有建筑中是普遍存在的。

二、加强得热常见的设计方法

通过加强得热要达到的目标应该是：（1）得热强度足够高；（2）均匀得热。这是温室效应的基本目的，也是加强得热设计的主要内容。

1. 采光洞口的精细设计

对于既有建筑来说，建筑接受太阳能辐射的强度很难有大幅度的变化，如果想要有更多的太阳能进入室内必须对采光洞口进行优化设计。过大的采光洞口可以获得更多的太阳辐射有利于得热设计，但与此同时过大的采光洞口会削弱建筑的绝热能力。如何通过对采光洞口的精细设计来加强获得太阳能辐射的能力而不至于过多地影响建筑的绝热能力，是建筑得热设计的主要内容之一。

2. 透光外围护结构的得热设计

据研究，通过透光外围护结构（主要是指门窗的玻璃和玻璃幕墙）传热进入室内的部分热量是以玻璃表面的对流换热形式进入室内的，另一部分是以长波辐射的形式进入室内的。通过透光外围护结构的太阳辐射得热量也分为两部分：一是直接投射进入室内；二是被玻璃吸收，然后再通过长波辐射和对流换热进入室内。由于玻璃在热工计算当中，传热系数高，一般在建筑设计中为了提高玻璃的热阻，常常设计成双层玻璃或者三层玻璃，这样会降低玻璃的透光性，所以对加强建筑的热设计来说，尤其是对既有建筑进行改造，玻璃的透光性就显得特别重要。

3. 均匀得热和热的传递

为了建立一个合理舒适的人体热舒适度，不仅要更多地获得太阳能辐射，还有一点是很重要的，那就是争取均匀地获得太阳辐射，如果不能均匀地获得太阳辐射，就应该通过其他手段将建筑得热区域的太阳能以热传递、热辐射和空气对流的方式，均匀地分配到建筑室内的每个有采暖需要的房间，以提高相应房间的室内空气温度。

4. 合理均衡的得热

合理均衡的得热需要合理的建筑布局，应该将主要的功能房间设置在建筑物的南侧以及层数较高的部位。合理的建筑布局对外围护结构得热性能的影响是策略性的，建筑将需要得热的房间设置在可能得到太阳辐射的部位，这样的得热最为有效直接，而不需要在建筑内部进行热量传递。

第四节　绿色节能建筑环境效益分析

绿色建筑的发展能够获得一定数量的环境效益，包括减少、烟尘等大气污染物排放的环境效益，水资源节约的环境效益等，通过研究绿色建筑环境效益的估算方法，可以定量分析绿色建筑发展带来的环境效益。绿色建筑以追求资源和环境效益为目的，其对能源的减排行为不可避免地与行业的经济利益相冲突。为了保证绿色建筑的发展，政府应给予一定财政扶持力度，包括财政补贴、税收优惠等措施。通过定量分析绿色建筑发展过程中取得的环境效益，可为政府的决策行为提供理论依据。

在全寿命周期成本理论的基础上，构建绿色建筑环境效益测算体系，对推广绿色建筑有重要的现实意义。并且，本节测算出绿色建筑增量成本和增量环境效益，得出合理科学的环境效益评价结果，从环境效益的角度说明绿色建筑在实际应用中的优越性及局限性，有助于推动政府制定合适的调控政策，从而促进绿色建筑的发展。

1. 绿色建筑的效益分析

根据绿色建筑效益的性质，可以将其分为经济效益、环境效益和社会效益。其中环境效益是绿色建筑得以重视和发展的重要前提，因此环境效益是经济效益和社会效益的基础，而经济效益和社会效益是环境效益的后果，这三者相辅相成、互相影响。按照绿色建筑效益的明显性，又可分为显性效益和隐形效益。其中，显性效益是在短期之内可以看得到的，又称为直接效益。

2. 绿色建筑的环境效益分析

人们对绿色建筑评估体系的研究较晚，目前对绿色建筑的环境效益研究较少，对其研究仅有较短的时间。在过去的一段时间里，国内学者李静建立了绿色建筑成本增量模型及其效益模型，进而分析了绿色建筑在运行期间的节水、节能、节材、节地，以及室内环境等因素的影响。学者吴俊杰等人以天津中新生态城为例，分析了住宅建筑全面能耗以及气体排放量，进而分析了绿色建筑的经济效益。刘秀杰等人以建筑全生命周期理论和外部理论为出发点，综合分析了绿色建筑的环境效益。杨婉等人以实际工程案例为依据，分析了绿色建筑节能改造的经济效益和环境效益。曹申等人详细论述了绿色建筑全生命周期的成本与效益，从而定量地分析了绿色建筑的环境效益与社会效益。

我国的《绿色建筑评价标准》指出绿色建筑需要在全生命的周期内，最大限度地减少资源浪费（实行节能、节水、节地和节材）、环境保护和减少污染，从而能够为人们提供一个健康、节能环保的环境。从绿色建筑的定义中可以看出，绿色建筑的环境效益可以分为节能环境效益、节水环境效益、节材环境效益和节地环境效益。同时根据绿色建筑的目的来划分，绿色建筑的环境效益又可以分为健康效益、环保效益、减排效益等。

我国建筑的发展速度较快，建筑的碳排放量将会持续增加。根据联合国环境规划署的调查分析：如果碳排放量按照如今的速度持续增长，那么全球温度将会每百年升高 39℃，人类的生存将会受到严重威胁。因此，绿色建筑追求的目标与未来环境的发展相一致，需要得到大力的推广与发展。

3. 绿色建筑的节能环境效益分析

随着全球气候的变暖以及能源资源的日益短缺，人们为了应对生态环境日益恶化的挑战，提出了碳循环的概念。目前，已经初步形成了以低碳为目标的循环经济、绿色城市的基本体系，以期促进低碳或者零碳建筑的发展。一般绿色建筑以太阳能、地热能等可再生能源为基础，以提高建筑围护结构的保温隔热性能为手段，通过合理的设计采暖与空调设备，实现建筑节能的目的。绿色建筑的节能环境效益分析，主要体现在居住者对自然环境的要求。以此为前提，对环境做出适应性的调整，实现新建建筑或者既有建筑改造之后环境质量的改善，从而实现环境与人之间的和谐统一。通过对比既有建筑改造前后的污染物排放量的变化，提高建筑的环境效益；同时通过定性的指标加以体现，从而形象具体地体现绿色建筑环境效益。研究表明，通过节能改造之后的建筑的能耗量和污染物的排放量明显降低，证明这是缓解能源短缺与 CO_2 排放压力的有效方法。以我国哈尔滨地区为例，冬季较为寒冷漫长，供暖系统一般以燃煤为原料，但是在燃烧过程中，释放出大量的污染物，对环境造成很大的危害；但是在安装保温层之后，煤炭的燃烧量大大降低，带来了巨大的环境效益。

4.绿色建筑与一般建筑的差异分析

为了实现既有建筑的节能改造，除了要了解绿色建筑对节能、节材、节地、节水的目标之外，还需要认识到普通建筑与绿色建筑的主要区别，这样才能够有效地针对普通建筑中的非节能点进行改造。首先，需要强调的是一般建筑并不是说不存在有利的节能点，也有可能具有代表性的节能点。例如，我国传统建筑中的能源使用率普遍较低，但是传统建筑中的自然通风和建筑遮阳技术需要在现代建筑节能设计和改造中加以应用。绿色建筑是人们在长期的节能实践中，做出的对环境的适应性改变与调整，从而实现建筑、环境与人的和谐相处，不产生对环境有害的建筑。经过对比普通建筑和绿色建筑，具体地将其差异性总结为以下几点：

首先，从建筑布局与结构设计方面来讲，与传统建筑相比，绿色建筑采用了现代城市规划与建筑设计手段，因此对空间环境的综合利用程度较高，特别地，能够充分发挥阳光、风和植被等因素，从而能够将人、自然与建筑充分地结合到一起，不但能够达到改善室内环境（热舒适度、采光度、空气质量和相对湿度等）的效果，而且能够充分利用环境降低资源消耗。此外，传统建筑的表现形式较为单体、设计比较呆板，不具有绿色建筑的新颖性。

其次，两种建筑的能耗水平有很大的差异。传统建筑在建筑设计、施工与材料选择上没有节能设计理念的指导，这就导致建筑运行期间的能耗较大，而且产生大量的污染物。但是相对于传统建筑，绿色建筑设置了建筑节能目标，通过可再生能源的使用与提高围护结构保温隔热性能的方法，实现建筑的低能耗或者零能耗的目标。此外，绿色建筑十分注重绿色环保，不但回收利用建筑施工过程中的废料，而且强调回收利用建筑运行期间，人们居住产生的废弃物。也就是说，绿色建筑在整个生命周期内，能够实现建筑、人与自然的和谐共处。通过上述分析可知，与传统建筑相比，绿色建筑充分考虑了外部空间环境的影响。通过绿色建筑的理念，能够提高建筑与环境的协调性；通过现代建筑设计手段，降低环境污染，从而实现节能减排与可持续发展的宏伟目标。从建筑利用效果分析，绿色建筑更加能够实现人、自然与环境的和谐统一，能够满足人们实际生活中的心理和生理需求，实现资源和能源的均衡，尽可能地降低对环境的污染。

5.既有建筑绿色节能改造的技术及分析

（1）既有建筑改造技术参数

对于既有建筑结构的改造工作，在建筑的规划阶段是难以实现的，这主要是由于规划阶段的一些重要参数，例如，建筑布局、建筑体形及建筑朝向等已经确定。因此建筑节能改造工作，需要设计者考虑一些参数，包括围护结构的保温隔热性能、暖通空调设施，以及可再生能源等。

建筑围护结构是指建筑结构以及各个房间的围护系统，主要包括门、窗、墙体、屋面以及地板系统。通过上述建筑各部位的节能改造，能够提高其抵御外部环境变化能力。建筑围护机构的节能改造，按照建筑围护结构各部位的不同，可以将其细分为墙体的节能改造、窗户的节能改造设计、门的节能改造、地板以及屋面的节能改造。一般对建筑的外墙节能改造主要是通过设置墙体内外保温层实现的；门窗则是通过提高结构的气密性，从而减少室内的热量散失，具体表现在添加门窗密封条和镶嵌玻璃材料，以及采用热传导系数较低的窗框材料。对屋面和地面的节能改造，与外墙的节能改造措施一致，也是在屋面上部或者地板下设置保温层，从而减少热量（夏季）或者冷量（冬季）的散失。

暖通空调系统的节能主要表现在设备的设计与运行环节，但是对于既有建筑的暖通空调设备，因设备在建筑中的布局与配置已经确定，因此暖通空调系统的设计环节就不能进行二次设计，只能对其运行环节进行改造。除了通过技术上的建筑节能改造，也可以通过节能管理的方式提高建筑节能效率，降低能耗水平。其中，较为普遍的一种方法便是建筑热量收费方式。在建筑运行期间，通常在供暖处安装热计量装置。这就要求供能商进行能耗计费改革，使其切实地能够在改造后建筑运行中起到显著的节能效果。还可以通过中央空调系统水泵变频节能改造方案来实现节的。

可再生能源因其清洁无污染的特点而得到重视。目前，可再生能源在建筑中的应用技术已经比较成熟，正处于大力推广阶段，现在可以利用的可再生能源主要包括太阳能、风能、地热能、潮汐能、生物质能等。在既有建筑节能改造中，可以利用自然风。一方面可以进行风力发电，减少城市供能系统的压力；另一方面可以形成自然通风机制，改善室内环境，减少暖通空调设备的使用，间接地降低建筑能耗。太阳能是目前利用最为广泛的可再生能源。在建筑中，既可以通过太阳能光热系统，为建筑运行提供必要的热量，又可以通过太阳能光电系统，将建筑捕获的太阳能转化为光能，为建筑提供生活用电。目前，伴随着地热能技术的发展，地热资源受到建筑师的青睐，这既能够满足南方地区制冷需求，又可以满足北方地区供暖需求，在以后建筑可再生能源利用，能够得到大面积的应用。

（2）既有建筑改造技术的可行性分析

在了解了大致的改造技术后，并不是某一种改造技术就是最优或者最差的，要求将进行改造的建筑作为一个整体研究，从技术角度出发，结合该建筑物的外部环境，即气候条件以及土建条件来选择适宜的改造方案。另外，从经济效益方面，就需要将建筑物所处地点的经济条件也纳入考虑范围内。对既有建筑绿色化节能改造在进行节能方案的选取时，因为少了设计时间的节能考虑，所以对改造方案更应该重视，充分了解各种改造技术的可行性以及所能获得的性价比，综合考虑后选取恰当的改造方案。并且既有建筑的改造技术也可以采用分阶段进行，如可先采用既有建筑中能耗高的部分进行改造，或者先使用简单方便的方法改造，逐步将既有建筑改造为绿色建筑。对既有建筑的改造技术有如下几种，各类改造技术的可行性如下。

首先，在既有建筑改造措施中，对可再生资源的利用，从前面的技术途径了解到，在暖通空调方面对太阳能的利用技术方面还没达到成熟，太阳能热水器在我国的发展反而是快速和应用范围最广的，这是我国在对可再生资源利用领域中发展最快也是最成功的范例。对于沼气方面，我国在这一技术上的应用历史很长，但是大多都集中在农村用户上，并且减排效果非常明显，但是城市中的建筑几乎用不上这一可再生能源。不过在利用垃圾填埋进行沼气发电这一领域，很有潜力。目前，我国的生物质发电锅炉尚处在试验阶段，这方面的经验较缺乏，由于自身的技术有待提高，与国外发达国家相比，我国在这方面的基础薄弱，因此导致经济效益不高，无法与目前成熟的大型煤炭发电厂竞争。最后在地热的利用上，因为地热供暖的设计与平时常规的供暖设计不同，所以要对既有建筑进行这一改造将耗费大量的时间和经费；同时散热设备也需要进行大量的更换，对于更换设备所产生的额外投资，这些要结合当地的供热价格以及初投资进行经济评价分析，判断是否适合进行改造。所以对可再生资源的利用方面，对既有建筑进行改造的阻碍较大，改造过程中施工较复杂，甚至有一部分技术尚未成熟，所以就目前的情况，这一途径的可行性不大。

其次，对整个暖通空调系统的改造方案，对于既有建筑，其供暖和空调系统的改造主要在热源、热网和热用户。热源一般是由城市热力站或者锅炉房提供，这类改造范围不属于对既有建筑的节能改造，同理热网也不属于这一范围内，因此主要集中在对热使用者这部分进行改造。目前主要的做法就是实行热计量收费的方式。供热计量技术来自早期的欧洲发达国家，为了度过能源危机而产生的这一热用户的节能行为。这种方式提供了一种科学的计量收费条件，是节约能源的一个重要的途径，同时也可以提高室内的热舒适度。但这同样也随之产生了一些问题，即当一栋建筑的入住率较低时，由于户间传热而导致一些热量的散失，这就要求提高围护结构的保温性能，将传统的围护结构形式改造为新型的适用性、节能性和经济性良好的围护结构，由此来完善分户热计量这种新型的供热方式，以提高使用者的居住环境，节约能源。这样，对整个暖通空调系统的改造又回到了对围护结构的改造上，从这些改造方式来看，最主要的还是对既有建筑围护结构方面的改造。在对既有建筑围护结构改造方式中，外墙的改造有两种，一是添加内保温层；二是添加外保温层。添加内保温层的优点有：安装及使用的整个过程中不用考虑安全方面的风险，不会出现悬挂物坠落以及表面发生渗水等现象；整个系统的组成很简单，使用后的维护成本几乎为零；内保温层在完善使用的情况下，使用寿命较长，可达50年左右；由于保温层在内部，所以开启房间内的空调后能够使房间迅速达到理想的温度，能更加节省能源的消耗。添加外保温层的特点为：能够对整个建筑主体有保护作用，减少热应力的影响，使得主体建筑结构表面的温度差大幅度地减少；有利于房间内的水蒸气通过墙体向外扩散，避免水蒸气凝结在墙体的内部从而使墙体受潮；施工相对较简单方便，不影响建筑的内部活动，同时有美观建筑的作用。

在对门窗进行改造的途径中，发现这些改造工程较为烦琐，而且施工时会影响建筑内的活动，而且有的措施并不能达到理想的效果。例如，设置密闭条，是为了实现气密和隔声的必要措施之一，但是密闭条断面尺寸并不能完全匹配窗户，且性能不稳定，同时由于材质的刚度不够，会导致在窗扇两端部位形成较大的缝隙。除了以上两种改造措施以外，另一个简单快捷的方法就是将原有的窗户更换为节能窗，这种做法的投资较大，但是效果较前两种良好。节能窗在既有建筑绿色化改造中，能节约多少能耗，以及采用这种节能窗所多投资的部分能够在多长时间得到回收，这就需要对其进行节能经济评价。

第九章 对绿色建筑工程管理策略的研究

随着我国可持续发展战略的实施，国家对建筑行业提出了更高的要求，希望在促进社会经济发展的同时，减少对环境造成的污染。这就需要在建筑工程施工的过程中，充分遵循可持续发展的原则，合理利用绿色施工技术，将可持续发展及环保理念深入贯彻并落实在整个建筑工程管理中。

第一节 可再生资源的合理利用

综合资源规划方法是在世界能源危机以后，20 世纪 80 年代初首先在美国发展起来的一种节约能源、改善环境、发展经济的有效手段。石油危机和中东战争之后，美国学者提出了电力部门的"需求侧管理"理论，其中心思想是通过用户端的节能和提高能效，降低电力负荷和电力消耗量，从而减少供应端新建电厂的容量，节约投资。需求侧管理的实施，引起对传统的能源规划方法的反思，将需求侧管理的思想与能源规划结合，就产生了全新的"综合资源规划"（Integrated Resource Planning，IRP）方法。

一、综合资源规划的思想

综合资源规划是除供应侧资源外，把资源效率的提高和需求侧管理也作为资源进行资源规划，提供资源服务，通过合理地利用供需双方的资源潜力，最终达到合理利用能源、控制环境质量、社会效益最大化的目的。IRP 方法的核心是改变过去单纯以增加资源供给来满足日益增长的需求的思维定式，将提高需求侧的能源利用率节约的资源统一作为一种替代资源看待。与传统的"消费需求—供应满足"规划方法不同，IRP 方法不是一味地采取扩容和扩建的措施来满足需求，而是综合利用各种技术提高能源利用率。

把节能量、需求侧管理、可再生能源，以及分散的和未利用能源作为潜在能源来考虑。另外，把对环境和社会的影响纳入资源选择的评价与选择体系。IRP 方法带来了资源的市场或非市场的变化，其期望的结果是建立一个合理的经济环境，以此来发展和利用末端节能技术、清洁能源、可再生能源和未利用能源。与传统方法相比，由于包含了环境效益和社会效益的评价，综合资源规划方法更显示出其强大生命力。

二、综合资源规划思想在建筑能源规划中的应用

建筑能源规划是建筑节能的基础，在规划阶段就应该融合进节能的理念，建筑节能应从规划做起。目前，我国城市（区域）建筑能源规划仍是传统的规划方法，其特点是：

1.在项目的选择和选址中以经济效益为先，例如，地价和将来的市场前景。

2.在考虑能源系统时，指导思想是"供应满足消费需求"。采取扩容和扩建的措施，扩大供给、满足需求，从而成为一种"消费—供应—扩大消费—扩大供应"的恶性循环，在总体规划上，重能源生产、轻能源管理。

3.在预测需求时，一般按某个单位面积负荷指标，乘以总建筑面积，往往还要再按大于1的安全系数放大。负荷偏大是我国多个区域供冷项目和冰蓄冷项目经济效益较差的主要原因。

4.如果在区域规划中不考虑采用区域供冷或热电冷联供系统，规划中就会把空调供冷摒弃在外。随着全球气候的变化和经济发展，空调已经成为公共建筑建设中重要的基础设施。我国城市中越来越大的空调用电负荷成为城市管理中无法回避的问题。

5.区域规划中对建筑节能没有"额外"要求，只要执行现行的建筑节能设计标准就都是节能建筑。实际上，执行设计标准只是建筑节能的底线，是最低的入门标准，设计达标是最起码的要求。

因此，在建筑能源规划中如要克服以上的不足或缺点，必须寻求更为合理的规划方法，综合资源规划方法就为建筑能源规划提供了很好的思路。

IRP方法与传统规划方法的区别在于：

1.IRP方法的资源是广义的，不仅包括传统供应侧的电厂和热电站，还包括需求侧采取节能措施节约的能源和减少的需求，可再生能源的利用，余热、废热以及自然界的低品位能源，即所谓"未利用能源"。

2.IRP方法中资源的投资方可以是能源供应公司，也可以是建筑业主、用户和任何第三方，即IRP实际意味着能源市场的开放。

3.正因为IRP方法涉及多方利益，因此区域能源规划不再只是能源公司的事，而应该成为整体区域规划中的一部分。

4.传统能源规划是以能源供应公司利益最大化为目标，而IRP方法不仅要考虑经济效益的"多赢"，还要考虑环境效益、社会效益和国家能源战略的需要。

应用IRP方法和思路，区域建筑能源规划可以分为以下步骤：

1.设定节能目标。在区域能源规划前，首先要设定区域建筑能耗目标，以及该区域环境目标。这些目标主要有：

（1）低于本地区同类建筑能耗平均水平；

（2）低于国家建筑节能标准的能耗水平；

（3）区域内建筑达到某一绿色建筑评估等级，例如，我国绿色建筑评估标准中的"一星、二星、三星"等级；

（4）根据当地条件，确定可再生能源利用的比例；

（5）该区域建成后的温室气体减排量。

2. 区域建筑可利用能源资源量的估计。区域建筑能源规划的第一步，是对本区域可供建筑利用的能源资源量进行估计，这些资源包括：

（1）来自城市电网、气网和热网的资源量；

（2）区域内可获得的可再生能源资源量，如太阳能、风能、地热能和生物质能；

（3）区域内可利用的未利用能源，即低品位的排热、废热和温差能，如江河湖海的温差能、地铁排热、工厂废热、垃圾焚烧等；

（4）由于采取了比节能设计标准更严格的建筑节能措施减少的能耗；

3. 区域建筑热电冷负荷预测。负荷预测是需求侧规划的起点，在整个规划过程中起着至关重要的作用，由于负荷预测的不准确导致的供过于求与供应不足的状况都会造成能源和经济的巨大损失，所以负荷预测是区域建筑能源规划的基础。区域建筑能源需求预测包括建筑电力负荷预测和建筑冷热负荷预测两部分。

4. 需求侧建筑能源规划。在基本摸清资源和负荷之后，首先要研究需求侧的资源能够满足多少需求。根据区域特点，要考虑资源的综合利用和协同利用，以最大限度地利用需求侧资源。综合利用的基本方式是：

（1）一能多用和梯级利用。

（2）循环利用。

（3）废弃物回收。综合利用中必须考虑是否有稳定和充足的资源量、综合利用的经济性，以及综合利用的环境影响，不能为"利用"而利用。

5. 能源供应系统的优化配置。能源规划最重要的一步是能源的优化配置，这是进行能源规划的关键意义所在。应用 IRP 方法进行建筑能源的优化配置时，需求侧的资源，如可利用的可再生能源、未利用能源、在区域级别上的建筑负荷参差率，以及实行高于建筑节能标准而得到的负荷降低率等；供应侧的资源，如来自城市电网、气网和热网的资源量等，两者结合起来共同组成建筑能源供应系统。其中需求侧的资源可视为"虚拟资源"或"虚拟电厂"，改变了传统能源规划中"按需供给"，即有多少需求就用多少传统能源（矿物能源）来满足的做法。

第二节 水资源的合理利用分析

一、生态保水的都市防洪分析

最近地球许多多雨地区每逢台风季节即提心吊胆于泥石流灾难与都市淹水。许多人把灾难的矛头指向河川整治不力，或山坡地的小区滥建。事实上，这些灾难部分起因于城乡环境丧失了原有的保水功能，使土壤缺乏水涵养能力，断绝了大地水循环机能，因而使得地表径流量暴增，导致水灾频传。然而这些灾难并非不可避免，山坡地小区也并非完全不可开发，我们只要加强建筑基地的保水、透水设计就大可减缓其弊害。过去的都市防洪观念，都希望把自家的雨水尽快往外排出，并认为政府必须设置足够的公共排水设施，尽速把都市雨水排至河川大海。因此所有住家大楼都希望把自家基地垫高，或者设置紧急马达以排出积水。这种"以邻为壑"的想法，给都市公共排水设施造成了莫大的负担，每到大雨，永远有低洼的地区因汇集众人之雨水而被淹。

事实上，不考虑土地保水、渗透、储集的治水对策，是一种很不生态的防洪方式。我们常将池塘填塞，把地面铺上水泥沥青，让大地丧失透水与分洪的功能，再耗费巨资建设大型排水与抽水站，来作为洪水之末端处理，而巨型化、集中化的防洪设施，常伴随很大的社会风险。现在最新的生态防洪对策，均规定建筑及小区基地必须保有储集雨水的能力，以更经济、更生态的小型分散系统进行源头分洪管制，以达到软性防洪的目的。其具体方法是在基地内广设雨水储集水池，甚至兼做景观水池，以便在大雨时储集洪峰水量，而减少都市洪水发生。有些地方更规定公共建筑物之屋顶、车库屋顶、都市广场必须设置雨水储集池，在大雨时紧急储存雨水，待雨后再慢慢释出。这种配合景观、都市、建筑基地的保水设计，就是以分散化、小型化、生态化的分洪，来替代过去集中化、巨型化、水泥化的治水方式，不但能美化环境，又能达到都市生态防洪的目的。

二、不透水化环境加速都市热岛效应

姑且不论都市防洪的问题，居住环境的不透水化也是对土壤生态的一大伤害。过去的城乡环境开发，由人行道、柏油路、水泥地、停车场乃至游戏场、都市广场，常采用不透水铺面设计，使得大地丧失良好的吸水、渗透、保水能力，更剥夺了土壤内微生物的活动空间，减弱了滋养植物的能力。尤其在都市成长失控的国家，更造成土地超高密度使用，使居住环境呈现高度不透水化现象。这不透水化的大地，使土壤失去了蒸发功能，进而难以调节气候，因而引发居住环境日渐高温化的"都市热岛效应"。为了应付炎热的都市气候，家家户户更加速使用空调、加速排热，形成都市更加炎热的恶性循环。

有学者对中国台湾四大都会区气候研究发现，只要降低都市内非透水性的建蔽率

10%，会使周围夏季最高气温下降 0.14℃—0.46℃，相当于减少了空调用电 0.84%—2.76%，可见透水环境对调节气候的功能。有鉴于此，以都市透水化来缓和都市热岛效应的政策，已在先进国家积极展开。例如，在德国有些地方政府规定建筑基地内必须保有 40% 以上的透水面积，甚至规定空地内除了两条车道线之外必须全面透水化。又如，日本建设省与环境厅已宣誓，全面推动都市地面与道路的透水化来改善都市热岛效应。

日本现在正准备修改道路工程法令，积极鼓励透水化沥青道路工程。根据日本的实验发现，透水沥青道路甚至能降低夏日路表面温度 15℃，对降低都市气温与节省周边建筑空调能源有很大功用。由于透水性沥青道路混有高吸水性、高间隙材料，不但能增加路面含水蒸发能力，也能减少道路积水，降低车辆照明反光，增加行车安全。同时由于透水沥青道路的高间隙，能降低车辆的路面反射噪声约 3—5dB。虽然透水沥青道路的建设费用高达一般道路工程的 1.5 倍，但在考虑环境质量与投资边际效益上，其投资不但值得，且物超所值。

三、宛如塑料布包起来的都市环境分析

许多经济快速发展的亚洲都市由于缺乏绿地，产生都市水泥化、不透水化现象。水泥铺面与 PU 跑道，简直是最糟糕的环保教育示范。过高的不透水率，犹如塑料布覆盖了大地，难怪都市气候越来越热，建筑耗能越来越多，生态环境越来越恶化。

第三节　建筑材料的节约使用研究分析

一、清水混凝土技术

清水混凝土极具装饰效果，所以又称装饰混凝土。它浇筑的是高质量的混凝土，而且在拆除浇筑模板后，不再进行任何外部抹灰等工程。它不同于普通混凝土，表面非常光滑，棱角分明，无任何外墙装饰，只是在表面涂一层或两层透明的保护剂，显得十分天然、庄重。采用清水混凝土作为装饰面，不仅美观大方，而且节省了附加装饰所需的大量材料，堪称建筑节材技术的典范。

二、结构选型和结构体系节材

在土木工程的建筑物和构筑物中，结构永远是最重要、最基础的组成部分。无论是古代人为自己或家庭建造简单的掩蔽物，还是现代人建造可以容纳成百上千人在那里生产、贸易、娱乐的大空间，以及各种工程构筑物，都必须采用一定的建筑材料，建造成具有足够抵抗能力的空间骨架，抵御自然界可能发生的各种作用力，为人类生产和生活服务，这

种空间骨架称为结构。

1. 房屋都是由基本构件有序组成的

每一栋独立的房屋都是由各种不同的构件有规律按序组成的，这些构件从其承受外力和所起作用上看，大体可以分成结构构件和非结构构件两种类别。

（1）结构构件

起支撑作用的受力构件，如板、梁、墙、柱。这些受力构件的有序结合可以组成不同的结构受力体系，如框架、剪力墙、框架—剪力墙等，用来承担各种不同的垂直、水平荷载以及产生各种作用。

（2）非结构构件

对房屋主体不起支撑作用的自承重构件，如轻隔墙、幕墙、吊顶、内装饰构件等。这些构件可以自成体系和自承重，但一般条件下均视其为外荷载作用在主体结构上。

上述构件的合理选择和使用对节约材料至关重要，因为在不同的结构类型、结构体系里有着不同的特质和性能，所以在房屋节材工作中需要特别做好结构类型和结构体系的选择。

2. 不同材料组成的结构类型

建筑结构的类型主要以其所采用的材料作为依据，在我国主要有以下几种结构类型。

（1）砌体结构

其材料主要有砖砌块、石体砌块、陶粒砌块，以及各种工业废料所制作的砌块等。建筑结构中所采用的砖一般指黏土砖。黏土砖以黏土为主要原料，经泥料处理、成型、干燥和焙烧而成。黏土砖按其生产工艺不同可分为机制砖和手工砖；按其构造不同又可分为实心砖、多孔砖、空心砖。砖块不能直接用于形成墙体或其他构件，必须将砖和砂浆砌筑成整体的砖砌体，才能形成墙体或其他结构。砖砌体是我国目前应用最广的一种建筑材料。与砖类似，石材也必须用砂浆砌筑成石砌体，才能形成石砌体或石结构。石材较易就地取材，在产石地区采用石砌体比较经济，应用较为广泛。

砌体结构的优点是：能够就地取材、价格比较低廉、施工比较简便，在我国有着悠久的历史和经验。缺点是：结构强度比较低、自重大、比较笨重，建造的建筑空间和高度都受到一定的限制。其中，采用最多的黏土砖还要耗费大量的农田。应当指出，我国近代所采用的各种轻质高强的空心砌块，正在逐步改进原有砌体结构的不足，在扩大其应用上发挥了十分重要的作用。

（2）木结构

其材料主要有各种天然和人造的木质材料。这种结构的优点是：结构简便、自重较轻、建筑造型和可塑性较大，在我国有着传统的应用优势。缺点是：需要耗费大量宝贵的天然木材，材料强度比较低，防火性能较差，一般条件下，建造的建筑空间和高度都受到很大限制，在我国应用的比率比较低。

（3）钢筋混凝土结构

其材料主要有沙、石、水泥、钢材和各种添加剂。通常讲的"混凝土"一词，是指用水泥做胶凝材料，以沙、石子做骨料与水按一定比例混合，经搅拌、成型、养护而得的水泥混凝土，在混凝土中配置钢筋形成钢筋混凝土构件。

这种结构的优点是：材料中主要成分可以就地取材，混合材料中级配合理，结构整体强度和延展性都比较高，其创造的建筑空间和高度都比较大，也比较灵活，造价适中，施工也比较简便，是当前我国建筑领域采用的主导建筑类型。缺点是：结构自重相对砌体结构虽然有所改进，但还是相对偏大，结构自身的回收率也比较低。

（4）钢结构

其材料主要为各种性能和形状的钢材。这种结构的优点是：结构轻质高强，能够创造很大的建筑空间和高度，整体结构也有很高的强度和延伸性。在现有技术经济环境下，符合大规模工业化生产的需要，施工快捷方便，结构自身的回收率也很高，这种体系在世界和我国都是发展的方向。缺点是：在当前条件下造价相对比较高，工业化施工水平也有比较高的要求，在大面积推广的道路上，还有一段路程要走。

结构选型是由多种因素确定的，如建筑功能、结构的安全度、施工的条件、技术经济指标等，但应充分考虑节约建筑自身的材料，并使其循环利用。要做到这一点，在选择结构类型时需要考虑如下一些基本原则：1）优先选择"轻质高强"的建筑材料。2）优先选择在建筑生命周期中自身可回收率比较高的材料。3）因地制宜优先采用技术比较先进的钢结构和钢筋混凝土结构。

第四节　绿色建筑的智能化技术安装与研究

一、住宅智能化系统

绿色住宅建筑的智能化系统是指，通过智能化系统的参与，实现高效的管理与优质的服务，为住户提供一个安全、舒适、便利的居住环境；同时最大限度地保护环境、节约资源（节能、节水、节地、节材）和减少污染。居住小区智能化系统由安全防范系统、管理与监控系统、信息网络系统和智能型产品组成。

居住小区智能化系统是通过电话线、有线电视网、现场总线、综合布线系统、宽带光纤接入网等组成的信息传输通道，安装智能产品，组成各种应用系统，为住户、物业服务公司提供各类服务平台。

安全防范系统由以下 5 个功能模块组成：

1. 居住报警装置；

2. 访客对讲装置；

3. 周边防越报警装置；

4. 闭路电视监控装置；

5. 电子巡更装置。

管理与监控系统由以下 5 个功能模块组成：

1. 自动抄表装置；

2. 车辆出入与停车管理装置；

3. 紧急广播与背景音乐；

4. 物业服务计算机系统；

5. 设备监控装置。

通信网络系统由以下 5 个功能模块组成：

1. 电话网；

2. 有线电视网；

3. 宽带接入网；

4. 控制网；

5. 家庭网。

智能型产品由以下 6 个功能模块组成：

1. 节能技术与产品；

2. 节水技术与产品；

3. 通风智能技术；

4. 新能源利用的智能技术；

5. 垃圾收集与处理的智能技术；

6. 提高舒适度的智能技术。

绿色住宅建筑智能化系统的硬件较多，主要包括信息网络、计算机系统、智能型产品、公共设备、门禁、IC 卡、计量仪表和电子器材等。系统硬件首先应具备实用性和可靠性，应优先选择适用、成熟、标准化程度高的产品。这个理由是十分明显的，因为居住小区涉及几百户甚至上千户住户的日常生活。另外，由于智能化系统施工中隐蔽工程较多，有些预埋产品不易更换。小区内居住有不同年龄、不同文化程度的居民，因此，要求操作尽量简便，具有很高的适用性。智能化系统中的硬件应考虑先进性，特别是对建设档次较高的系统，其中，涉及计算机、网络、通信等部分的属于高新技术，发展速度很快。因此，必须考虑先进性，避免短期内因选用的技术陈旧，造成整个系统性能不高，不能满足发展需求而过早淘汰。另外，从住户使用来看，要求能按菜单方式提供功能，这要求硬件系统具有可扩充性。从智能化系统的总体来看，由于住户使用系统的数量及程度的不确定性，要求系统可升级，具有开发性，提供标准接口，可根据用户实际要求对系统进行拓展或升级。所选产品具有兼容性也很重要，系统设备优先选择按国际标准或国内标准生产的产品，便于今后更新和日常维护。系统软件是智能化系统中的核心，其功能好坏直接关系到整个系统的运行。居住小区智能化系统软件主要是指应用软件、实时监控软件、网络与单机版操作系统等，其中，最为关注的是居住小区物业服务软件。对软件的要求是：应具有高可靠性和安全性；软件人机界面图形化，采用多媒体技术，使系统具有处理声音及图像的功能；软件应符合标准，便于升级和更多地支持硬件产品；软件应具有可扩充性。

二、安全防范系统

安全防范子系统是通过在小区周界、重点部位与住户室内安装安全防范装置，并由小区物业服务中心统一管理，来提高小区安全防范水平。它主要有住宅报警装置、访客对讲装置、周界防越报警装置、视频监控装置、电子巡更装置等。

1. 住宅报警装置

住户室内安装家庭紧急求助报警装置。家里有人得了急病、发现了漏水或其他意外情况，可按紧急求助报警按钮，小区物业服务中心可立即收到此信号，速来处理。物业服务中心还应实时记录报警事件。

依据实际需要还可安装户门防盗报警装置、阳台外窗安装防范报警装置、厨房内安装燃气泄漏自动报警装置等。有的还可做到一旦家里进了小偷，报警装置就会立刻打手机通知你。

2. 访客可视对讲装置

家里来了客人，只要在楼道入口处，甚至小区出入口处按一下访客可视对讲室外主机按钮，主人通过访客可视对讲室内机，在家里就可看到或听到谁来了，便可开启楼寓防盗门。

3. 周界防越报警装置

周界防范应遵循以阻挡为主、报警为辅的思路，把入侵者阻挡在周界外，让入侵者知难而退。为预防安全事故发生，应主动出击，争取有利的时间，把一切不利于安全的因素控制在萌芽状态，确保防护场所的安全和减少经济损失。

小区周界设置越界探测装置，一旦有人入侵，小区物业服务中心立即发现非法越界者，并进行处理，还能实时显示报警地点和报警时间，自动记录与保存报警信息。物业服务中心还可采用电子地图指示报警区域，并配置声、光提示。

4. 视频监控装置

根据小区安全防范管理的需要，对小区的主要出入口及重要公共部位安装摄像机，也就是"电子眼"，直接观看被监视场所的一切情况。它可以把被监视场所的图像、声音同时传送到物业服务中心，使被监控场所的情况一目了然。物业服务中心通过遥控摄像机及其辅助设备，对摄像机云台及镜头进行控制；可自动／手动切换系统图像；并实现对多个被监视画面长时间的连续记录，从而对曾出现过的一些情况进行分析，为日后破案提供极大的方便。

同时，视频监控装置还可以与防盗报警等其他安全技术防范装置联动运行，使防范能力更加强大。特别是近年来，数字化技术及计算机图像处理技术的发展，使视频监控装置在实现自动跟踪、实时处理等方面有了更长足的发展，从而使视频监控装置在整个安全技术防范体系中具有举足轻重的地位。

5. 电子巡更系统

随着社会的发展和科技的进步，人们的安全意识也在逐渐增强。以前的巡逻主要靠员工的自觉性，巡逻人员在巡逻的地点上定时签到，但是这种方法不能避免一次多签，从而形同虚设。电子巡更系统有效地防止了人员对巡更工作不负责的情况，有利于进行有效、公平合理的监督管理。

电子巡更系统分在线式、离线式和无线式三大类。在线式和无线式电子巡更系统是在监控室就可以看到巡更人员所在巡逻路线及到达的巡更点的时间，其中，无线式可简化布线，适用于范围较大的场所。离线式电子巡更系统巡逻人员手持巡更棒，到每一个巡更点器采集信息后，回物业服务中心将信息传输给计算机，就可以显示整个巡逻过程。相比于在线式电子巡更系统，离线式电子巡更系统的缺点是不能实时管理，优点是无须布线、安装简单。

三、管理与监控系统

管理与监控子系统主要有自动抄表装置、车辆出入与停车管理装置、紧急广播与背景音乐、物业服务计算机系统、设备监控装置等。

1. 自动抄表装置

自动抄表装置的应用须与公用事业管理部门协调。在住宅内安装水、电、气、热等具有信号输出的表具之后，表具的计量数据将可以远传至供水、电、气、热相应的职能部门或物业服务中心，实现自动抄表。应以计量部门确认的表具显示数据作为计量依据，定期对远传采集数据进行校正，达到精确计量。住户可通过小区内部宽带网、互联网等查看表具数据。

2. 车辆出入与停车管理装置

小区内车辆出入口通过 IC 卡或其他形式进行管理或计费，实现车辆出入、存放时间记录、查询和小区内车辆存放管理等。车辆出入口管理装置与小区物业服务中心计算机联网使用，小区车辆出入口地方安装车辆出入管理装置。持卡者将车驶至读卡机前取出 IC 卡在读卡机感应区域晃动，值班室电脑自动核对、记录，感应过程完毕，发出"嘀"的一声，过程结束；道闸自动升起；司机开车入场；进场后道闸自动关闭。

3. 紧急广播与背景音乐装置

在小区公众场所内安装紧急广播与背景音乐装置，平时播放背景音乐，在特定分区内可播业务广播、会议广播或通知等。在发生紧急事件时可作为紧急广播强制切入使用，指挥引导疏散。

4.物业服务计算机系统

物业公司采用计算机管理，也就是用计算机取代人力，完成烦琐的办公、大量的数据检索、繁重的财务计算等管理工作。物业服务计算机系统基本功能包括物业公司管理、托管物业服务、业主管理和系统管理四个子系统。其中，物业公司管理子系统包括办公管理、人事管理、设备管理、财务管理、项目管理和 ISO 9000、ISO 14000 管理等；托管物业服务子系统包括托管房产管理、维修保养管理、设备运行管理、安防卫生管理、环境绿化管理、业主委员会管理、租赁管理、会所管理和收费管理等；业主管理包括业主资料管理、业主入住管理、业主报修管理、业主服务管理和业主投诉管理等；系统管理包括系统参数管理、系统用户管理、操作权限管理、数据备份管理和系统日志管理等；系统基本功能中还应具备多功能查询统计和报表功能。系统扩充功能包括工作流程管理、地理信息管理、决策分析管理、远程监控管理、业主访问管理等功能。

物业服务计算机系统可分为单机系统、物业局域网系统和小区企业内部网系统三种体系结构，单机系统和物业局域网系统只面向服务公司，适用于中小型物业服务公司；小区企业内部网系统面向物业服务公司和小区业主服务，适用于大中型物业服务公司。

5.设备监控装置

在小区物业服务中心或分控制中心内应具备下列功能：

（1）变配电设备状态显示、故障警报；

（2）电梯运行状态显示、查询、故障警报；

（3）场景的设定及照明的调整；

（4）饮用蓄水池过滤、杀菌设备检测；

（5）园林绿化浇灌控制；

（6）对所有监控设备的等待运行维护进行集中管理；

（7）对小区集中供冷和供热设备的运行与故障状态进行监测；

（8）公共设施监控信息与相关部门或专业维修部门联网。

四、通信网络系统

通信网络系统由小区宽带接入网、控制网、有线电视网和电话网等组成。近年来，新建的居住小区每套住宅内大多安装了家居综合配线箱。它具有完成室外线路（电话线、有线电视线、宽带接入网线等）接入及室内信息插座线缆的连接、线缆管理等功能。

结　语

综上所述，对于建筑工程而言，建筑电气工程是一项复杂的专业工程，电气系统的稳定运行直接关系到建筑工程设备的正常使用。为了提升建筑品质，一定要重视建筑电气工程的优化。要合理应用智能化技术提升建筑电气工程的自动控制程度，发挥智能化技术的优势，针对当前智能化技术应用中存在的问题，结合智能化技术的实际应用对其不断地优化，进一步推进智能化技术在建筑电气工程中的应用。

建筑电气系统涉及很多电气设备，还有较为庞杂的强电线路和弱电线路，在日常的维护工作中，对设备和线路的检修是一项复杂的工作。通过合理应用智能化技术，可以建立智能化故障检测系统，在设备运行时对电气系统进行故障检测，利用信息化技术和数据传输技术将检修内容进行记录，这样可以形成设备检修的庞大数据库。在设备的运行中，可以根据检修记录对电气设备和线路进行故障检测，及时发现设备和线路中存在的故障隐患，并通过自动报警和估值高定位等功能快速确定故障位置，及时恢复电气设备的正常运行。

配电自动化系统的使用，以智能化终端设备为主，而且各项数据在采集与监控上能够最大化发挥其作用，从而实现智能化配电自动系统，实时对变压器等各项设备的运行情况进行监察，对其运行的安全性有着充分的了解，而且在信息交流等各方面，可以与控制中心有效配合，保证各项数据的准确性，为后期工作提供有价值的参考。但由于各项设备运行的过程中，经常会受多种因素影响，从而产生多种故障，所以为了有效控制影响，并保证电气设备的正常运行，可以有效地运用配电自动化系统，其能够对异常线路的情况进行较为全面的分析，并通过智能化技术对故障的部位进行切除，使得其他部位能够顺利运行，保持供电的同时，为后期的维修提供有力依据。此外，在配电变压器低压侧适当地安装无功补偿智能控制器的同时，能够对电容器进行适当的切换，保证电路运行的稳定性，无功电流进行准确的检测，从而实现自动无功补偿的功能。所以，针对配电自动化系统的应用来讲，为了最大化发挥智能化技术的效果，并保证电机工程的安全性，应该加强对各项工作的重视，并积极做好相对较为全面的分析，针对传统电梯工程运行面临的问题，做好相对较为全面的优化，促进智能化技术的良性发展，为建筑电气工程的安装与设备的维护工作，提供更多有力的帮助。

建筑电气工程信息系统作为建筑工程内部网络通畅的关键保障，对新时期智能建筑建设具有重要意义。建筑电气工程信息系统的智能化技术应用中，通过智能化技术构建了楼宇自控系统和管理系统，尤其是在该项目商业综合体的地下车库管理中，该系统更是发挥了巨大价值，通过自动、手动、远程控制、连锁控制等模式，实现了全面的楼宇自控。

　　设计是整个电气工程中的重点环节，这需要相关专业的专员能够基于电气工程的实际运作情况，对系统进行分析，完成子系统的构建。目前，我国的信息技术正处于飞速发展的时代，各种机器和设备的运作都趋于信息数据化，这就使得其系统内部变得更加复杂，一旦系统的某一环节出现了偏差，就可能导致整个电气系统瘫痪。如果这些问题不能及时解决，那么就可能导致整个运行系统效率降低，不利于企业的发展。智能化技术能够有效地弥补这一方面的不足，通过智能化技术，能够提前有效地设定好设备的运行参数，并下达指令，这样不需要人为操作就能自动控制整个电力系统的运行，整个操作过程更加省时省力也更为流畅。有些电气工程自动化控制系统内设有人工智能芯片，系统在运作时能够自动识别芯片中的数据，这就方便系统操作人员能根据实际工作情况随时更改系统设定，以便更好更快地实现原来的操作预期，保障系统的安全运行。

参考文献

[1] 吴景山，王欢.建筑节能市场化机制中美对比研究 [J].建设科技，2021(21).

[2] 史作廷.新时期中国重点领域节能增效潜力分析及对策建议 [J].宏观经济研究，2021(10).

[3] 刘珊，邱育平，周宁.北京与纽约建筑能效提升政策对比与启示 [J].建设科技，2021(11).

[4] 肖朋林.基于微服务的建筑能效管理SaaS云平台架构设计 [J].电子技术与软件工程，2021(5).

[5] 朱文祥，许锦峰，陈龙，季柳金，李世宏，徐亦陈.既有公共建筑能效提升与全过程管理研究 [J].江苏建筑，2020(5).

[6] 何锦丛.依斯干达绿色建筑发展经验借鉴 [J].中国机关后勤，2020(9).

[7] 王彬彬，戴天鹰，顾凯华，吴必妙.基于物联网的智慧建筑能效管理技术 [J].建筑电气，2020，39(5).

[8] 关于印发《杭州市公共建筑能效提升示范项目管理办法》的通知 [J].杭州市人民政府公报，2019(6).

[9] 关于印发《杭州市公共建筑能效提升专项补助资金管理暂行办法》的通知 [J].杭州市人民政府公报，2019(6).

[10] 山东省住房和城乡建设厅关于发布《山东省公共建筑能效提升重点城市项目管理办法》的通知 [J].山东省人民政府公报，2018(23).

[11] 崔莹.公共建筑碳排放特征及分析模型研究 [D].北京建筑大学，2018.

[12] 林娟，刘正荣.大型商业建筑能效管理现状及改进建议:基于昆明市的调查研究 [J].建筑经济，2017，38(11).

[13] 林婵，林娟，刘正荣.云南省温和地区大型商业建筑能效管理现状及改进建议 [J].建设科技，2017(18).

[14] 邹和平，郑安刚，祝恩国，刘兴奇.基于高级量测技术的能效管理系统设计及应用 [J].节能技术，2017，35(3).

[15] 王飞.智能电网需求侧建筑能效管理系统的设计与实现 [D].南京邮电大学，2016.

[16] 俞杰.建筑能效管理系统在综合性园区节能领域的应用 [J].现代建筑电气，2016，7(9).

[17] 赖晓路，张腾飞，肖碧涛，王永．一种基于无线传感网的建筑能效管理系统 [J].南京工业职业技术学院学报，2016，16(3).

[18] 龙惟定．对建筑节能 2.0 的思考 [J].暖通空调，2016，46(8).

[19] 范同顺，苏玮等．基于智能化工程的建筑能效管理策略研究 [M].北京：中国建材工业出版社，2015.

[20] 袁家海，张军帅．"十四五"普通高等教育本科系列教材 绿色建筑与能效管理 [M].北京：中国电力出版社，2021.

[21] 龙惟定．建筑节能与建筑能效管理 [M].北京：中国建筑工业出版社，2005.

[22] 高晓萍．能效与电能替代 [M].上海：上海财经大学出版社，2018.

[23] 屈利娟．绿色大学校园能效管理研究与实践 [M].杭州：浙江大学出版社，2018.

[24] 孔戈．建筑能效评估 [M].北京：中国建材工业出版社，2013.

[25] 李春旺．建筑设备自动化 第 2 版 [M].武汉：华中科技大学出版社，2017.

[26] 杨丽．绿色建筑设计 建筑节能 [M].上海：同济大学出版社，2016.

[27] 国家发展和改革委员会能源研究所编．能效及可再生能源项目融资指导手册 [M].北京：中国环境科学出版社，2010.

[28] 杨文领．建筑工程绿色监理 [M].杭州：浙江大学出版社，2017.